数据结构教程

第6版　学习指导

◎ 李春葆　主编

尹为民　蒋晶珏　喻丹丹　蒋林　编著

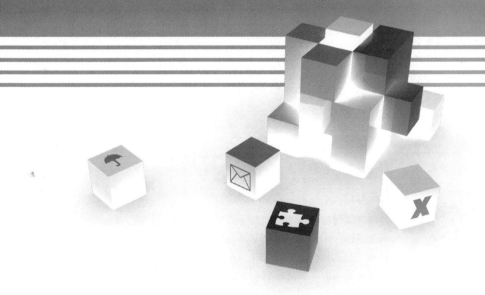

清华大学出版社
北京

内 容 简 介

本书是《数据结构教程(第6版·微课视频·题库版)》(李春葆主编,清华大学出版社出版)的配套学习指导书。两书的章节一一对应,内容包括绪论、线性表、栈和队列、串、递归、数组和广义表、树和二叉树、图、查找、内排序、外排序等。本书各章除给出该章练习题的参考答案外,还总结了该章的知识体系结构,并补充了大量的练习题且予以解析,因此自成一体,可以脱离主教材单独使用。

本书适合高等院校计算机和相关专业的学生使用。

图书在版编目(CIP)数据

数据结构教程(第6版)学习指导/李春葆主编. —北京:清华大学出版社,2022.7(2022.8重印)
高等学校数据结构课程系列教材
ISBN 978-7-302-59709-4

Ⅰ. ①数… Ⅱ. ①李… Ⅲ. ①数据结构-高等学校-教学参考资料 Ⅳ. ①TP311.12

中国版本图书馆 CIP 数据核字(2021)第 263067 号

策划编辑:魏江江
责任编辑:王冰飞
封面设计:刘 键
责任校对:郝美丽
责任印制:朱雨萌

出版发行:清华大学出版社
　　　　　网　　址:http://www.tup.com.cn,http://www.wqbook.com
　　　　　地　　址:北京清华大学学研大厦 A 座　　　邮　　编:100084
　　　　　社 总 机:010-83470000　　　　　　　　邮　　购:010-62786544
　　　　　投稿与读者服务:010-62776969,c-service@tup.tsinghua.edu.cn
　　　　　质量反馈:010-62772015,zhiliang@tup.tsinghua.edu.cn
　　　　　课件下载:http://www.tup.com.cn,010-83470236
印 装 者:北京嘉实印刷有限公司
经　　销:全国新华书店
开　　本:185mm×260mm　　印　　张:18　　　　　字　　数:442 千字
版　　次:2022 年 7 月第 1 版　　　　　　　　　印　　次:2022 年 8 月第 2 次印刷
印　　数:1501~3500
定　　价:49.80 元

产品编号:093956-01

前 言 Preface

本书是《数据结构教程（第6版·微课视频·题库版）》（清华大学出版社出版，以下简称《教程》）的配套学习指导书。全书分为11章，第1章为绪论；第2章为线性表；第3章为栈和队列；第4章为串；第5章为递归；第6章为数组和广义表；第7章为树和二叉树；第8章为图；第9章为查找；第10章为内排序；第11章为外排序。本书各章节与《教程》的章节相对应。附录A给出了5份本科生期末考试试题及参考答案，附录B给出了3份研究生入学考试（单考）数据结构部分试题及参考答案，附录C给出了两份全国计算机学科专业考研题数据结构部分试题及参考答案。

每章包括以下内容。

- 本章知识体系：高度概括本章的知识结构图、基本知识点和要点。
- 教材中的练习题及参考答案：给出了《教程》中对应章节练习题的参考答案。
- 补充练习题及参考答案：列出了大量相关的练习题，并按单项选择题、填空题、判断题、简答题和算法设计题或算法分析题分类，同时给出了这些题目的参考答案。其中许多题目是多年来全国各高校计算机专业的数据结构考研题。

资源下载提示

源码等资源：为了便于学习，本书提供了教材练习题和补充练习题中全部算法设计题的源代码（使用 Dev C++ 5.1 编译环境），扫描目录上方的二维码下载。

习题答案等资源：各章的补充练习题和附录中10套试题的参考答案以二维码形式提供，扫描封底的文泉云盘防盗码，再扫描书中相应章节标题旁边的二维码，可以获得相应答案和详解。

书中列出了全部的练习题题目，因此自成一体，可以脱离《教程》单独使用。

由于编者水平所限，尽管不遗余力，本书仍可能存在错误和不足之处，敬请教师和同学们批评指正。

编 者

2022年5月

目 录 Contents

源码下载

第 11 章　外排序　/250

附录 A　5 份本科生期末考试试题　/256

附录 B　3 份研究生入学考试（单考）数据结构部分试题　/269

附录 C　两份全国计算机学科专业考研题数据结构部分试题　/276

第 1 章 绪论

1.1 本章知识体系

1. 知识结构图

本章的知识结构如图 1.1 所示。

2. 基本知识点

（1）数据的逻辑结构、存储结构和数据运算三方面的概念及相互关系。

（2）采用抽象数据类型描述求解问题。

（3）算法描述中的输出型参数描述方法。

（4）算法的时间和空间复杂度分析。

（5）如何设计"好"的算法。

3. 要点归纳

（1）数据结构是相互之间存在一种或多种特定关系的数据元素的集合。数据是由数据元素组成的，数据元素可以由若干个数据项组成，数据元素是数据的基本单位，数据项是数据的最小单位。

（2）数据结构一般包括数据逻辑结构、数据存储结构和数据运算三方面。数据运算分为抽象运算（运算功能描述）和运算实现两个层次。

（3）数据的逻辑结构分为集合、线性结构、树形结构和图形结构，树形结构和图形结构统称为非线性结构。

（4）数据的存储结构分为顺序存储结构、链式存储结构、索引存储结构和哈希（散列）存储结构。

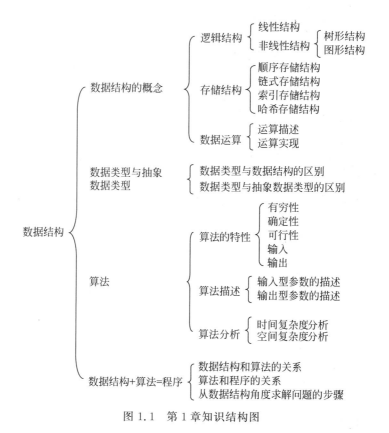

图 1.1　第 1 章知识结构图

（5）在设计数据的存储结构时既要存储逻辑结构的每个元素值，又要存储元素之间的逻辑关系。同一逻辑结构可以设计相对应的多个存储结构。

（6）描述一个求解问题的抽象数据类型由数据逻辑结构和抽象运算两部分组成。

（7）算法是对特定问题求解步骤的一种描述，它是指令的有限序列。运算实现通过算法来表示。

（8）算法具有有穷性、确定性、可行性、输入和输出 5 个重要特性。

（9）算法满足有穷性，程序不一定满足有穷性。算法可以用计算机程序来描述，但并不是说任何算法都必须用程序来描述。

（10）在用 C/C++语言描述算法时，通常采用 C/C++函数的形式来描述，复杂算法可能需要多个函数来表示。

（11）在设计一个算法时先要弄清哪些是输入（已知条件）、哪些是输出（求解结果），通常将输入参数设计成非引用型形参，将输出参数设计成引用型形参。在有些情况下，算法的求解结果可以用函数返回值表示。

（12）对于算法的输入通常需要判断其有效性，当输入有效并正确执行时返回 true（真），否则返回 false（假）。

（13）算法分析包括时间复杂度分析和空间复杂度分析，其目的是分析算法的效率以求改进，所以通常采用事前估算法，而不是进行算法绝对执行时间的比较。

（14）在分析算法的时间复杂度时通常选取算法中的基本运算，求出其频度，取最高阶并置序数为1作为该算法的时间复杂度。

（15）通常算法是建立在数据存储结构之上的，设计好的存储结构可以提高算法的效率。

（16）求解问题的一般步骤是建立其抽象数据类型，针对运算的实现设计出合理的存储结构，在此基础上设计出尽可能高效的算法。

1.2 教材中的练习题及参考答案 ✳

1. 简述数据与数据元素的关系与区别。

答：凡是能被计算机存储、加工的对象统称为数据，数据是一个集合。数据元素是数据的基本单位，是数据的个体。数据元素与数据之间的关系是元素与集合之间的关系。

2. 采用二元组表示的数据逻辑结构 $S=<D,R>$，其中 $D=\{a,b,\cdots,i\}$，$R=\{r\}$，$r=\{<a,b>,<a,c>,<c,d>,<c,f>,<f,h>,<d,e>,<f,g>,<h,i>\}$，问关系 r 是什么类型的逻辑结构？哪些结点是开始结点？哪些结点是终端结点？

答：该逻辑结构为树形结构，其中 a 结点没有前驱结点，它是开始结点，b、e、i 和 g 结点没有后继结点，它们都是终端结点。

3. 简述数据逻辑结构与存储结构的关系。

答：在数据结构中，逻辑结构与计算机无关，存储结构是数据元素之间的逻辑关系在计算机中的表示。存储结构不仅将逻辑结构中的所有数据元素存储到计算机内存中，还要在内存中存储各数据元素间的逻辑关系。通常情况下，一种逻辑结构可以有多种存储结构，例如线性结构可以采用顺序存储结构或链式存储结构表示。

4. 简述数据结构中运算描述和运算实现的异同。

答：运算描述是指逻辑结构上的操作，而运算实现是指一个完成该运算功能的算法。它们的相同点都是对数据的"处理"或某种特定的操作，不同点是运算描述只是描述处理功能，不包括处理步骤和方法是抽象的，而运算实现的核心是设计处理步骤，是具体的。

5. 数据结构和数据类型有什么区别？

答：数据结构是相互之间存在一种或多种特定关系的数据元素的集合，一般包括三方面的内容，即数据的逻辑结构、存储结构和数据的运算。数据类型是一个值的集合和定义在这个值集上的一组运算的总称，例如 C 语言中的 short int 数据类型是由 $-32\,768\sim32\,767$ 的整数和＋、－、＊、/、％等运算符构成的。

6. 在 C/C++ 中提供了引用运算符，简述其在算法描述中的主要作用。

答：在算法设计中，一个算法通常用一个或多个 C/C++ 函数来实现，在 C/C++ 函数之间传递参数时有两种情况：一是从实参到形参的单向值传递；二是实参和形参之间的双向值传递。对形参使用引用运算符即在形参名前加上"&"，不仅可以实现实参和形参之间的双向值传递，而且使算法设计简单、明晰。

7. 有以下用 C/C++ 语言描述的算法, 说明其功能:

```
void fun(double &y, double x, int n)
{   y = x;
    while (n > 1)
    {   y = y * x;
        n -- ;
    }
}
```

答: 本算法的功能是计算 $y = x^n$。

8. 用 C/C++ 语言描述下列算法, 并给出算法的时间复杂度。

(1) 求一个 n 阶二维整数数组的所有元素之和。

(2) 对于输入的任意 3 个整数, 将它们按从小到大的顺序输出。

(3) 对于输入的任意 n 个整数, 输出其中的最大元素和最小元素。

答: (1) 算法如下。

```
int sum(int A[N][N], int n)
{   int i, j, s = 0;
    for (i = 0; i < n; i++)
        for (j = 0; j < n; j++)
            s = s + A[i][j];
    return(s);
}
```

本算法的时间复杂度为 $O(n^2)$。

(2) 算法如下。

```
void order(int a, int b, int c)
{   if (a > b)
    {   if (b > c)
            printf("%d, %d, %d\n", c, b, a);
        else if (a > c)
            printf("%d, %d, %d\n", b, c, a);
        else
            printf("%d, %d, %d\n", b, a, c);
    }
    else
    {   if (b > c)
        {   if (a > c)
                printf("%d, %d, %d\n", c, a, b);
            else
                printf("%d, %d, %d\n", a, c, b);
        }
        else printf("%d, %d, %d\n", a, b, c);
    }
}
```

本算法的时间复杂度为 $O(1)$。

（3）算法如下。

```
void maxmin(int A[],int n,int &max,int &min)
{   int i;
    min = min = A[0];
    for (i = 1;i < n;i++)
    {   if (A[i]> max)   max = A[i];
        else if (A[i]< min)   min = A[i];
    }
}
```

本算法的时间复杂度为 $O(n)$。

9. 设 3 个表示算法频度的函数 f、g 和 h 分别为：

$$f(n) = 100n^3 + n^2 + 1000$$
$$g(n) = 25n^3 + 5000n^2$$
$$h(n) = n^{1.5} + 5000n\log_2 n$$

求它们对应的时间复杂度。

答：$f(n) = 100n^3 + n^2 + 1000 = O(n^3)$，$g(n) = 25n^3 + 5000n^2 = O(n^3)$

当 $n \to \infty$ 时，$\sqrt{n} > \log_2 n$，所以 $h(n) = n^{1.5} + 5000n\log_2 n = O(n^{1.5})$。

10. 分析下面程序段中循环语句的执行次数。

```
int j = 0,s = 0,n = 100;
do
{   j = j + 1;
    s = s + 10 * j;
} while (j < n && s < n);
```

答：$j = 0$，第 1 次循环 $j = 1$，$s = 10$。第 2 次循环 $j = 2$，$s = 30$。第 3 次循环 $j = 3$，$s = 60$。第 4 次循环 $j = 4$，$s = 100$。while 条件不再满足。所以其中循环语句的执行次数为 4。

11. 设 n 为正整数，给出下列 3 个算法关于问题规模 n 的时间复杂度。

（1）算法 1：

```
void fun1(int n)
{   i = 1,k = 100;
    while (i <= n)
    {   k = k + 1;
        i += 2;
    }
}
```

（2）算法 2：

```
void fun2(int b[],int n)
{   int i,j,k,x;
```

```
for (i = 0; i < n - 1; i++)
{   k = i;
    for (j = i + 1; j < n; j++)
        if (b[k] > b[j]) k = j;
    x = b[i]; b[i] = b[k]; b[k] = x;
}
}
```

（3）算法3：

```
void fun3(int n)
{   int i = 0, s = 0;
    while (s <= n)
    {   i++;
        s = s + i;
    }
}
```

答：（1）设 while 循环语句的执行次数为 $T(n)$，则有 $i = 2T(n) + 1 \leqslant n$，即 $T(n) \leqslant (n-1)/2 = O(n)$。

（2）算法中的基本运算语句是 if $(b[k] > b[j])$ $k = j$，设其执行次数为 $T(n)$，有：

$$T(n) = \sum_{i=0}^{n-2} \sum_{j=i+1}^{n-1} 1 = \sum_{i=0}^{n-2} (n-i-1) = \frac{n(n-1)}{2} = O(n^2)$$

（3）设 while 循环语句的执行次数为 $T(n)$，有：

$$s = 1 + 2 + \cdots + T(n) = \frac{T(n)(T(n)+1)}{2} \leqslant n$$

则 $T(n) = O(\sqrt{n})$。

12. 描述一个集合的抽象数据类型 ASet，其中所有元素为正整数且所有元素不相同，集合的基本运算包括：

（1）由整数数组 $a[0..n-1]$ 创建一个集合。

（2）输出一个集合中的所有元素。

（3）判断一个元素是否在一个集合中。

（4）求两个集合的并集。

（5）求两个集合的差集。

（6）求两个集合的交集。

在此基础上设计集合的顺序存储结构，并实现各基本运算的算法。

答：抽象数据类型 ASet 的描述如下。

```
ADT ASet
{   数据对象：D = {d_i | 0 ≤ i ≤ n, n 为一个正整数}
    数据关系：无
    基本运算：
        createset(&s, a, n)：创建一个集合 s;
        dispset(s)：输出集合 s;
```

```
        inset(s,e):判断 e 是否在集合 s 中;
        void add(s1,s2,&s3):s3 = s1∪s2;              //求集合的并集
        void sub(s1,s2,&s3):s3 = s1 - s2;            //求集合的差集
        void intersection(s1,s2,&s3):s3 = s1∩s2;     //求集合的交集
}
```

设计集合的顺序存储结构类型如下:

```
typedef struct                    //集合结构体类型
{   int data[MaxSize];            //存放集合中的元素,其中 MaxSize 为常量
    int length;                   //存放集合中的实际元素个数
} Set;                            //将集合结构体类型用一个新类型名 Set 表示
```

采用 Set 类型的变量存储一个集合。对应的基本运算算法设计如下:

```
void createset(Set &s,int a[],int n)      //创建一个集合
{   int i;
    for (i = 0;i < n;i++)
        s.data[i] = a[i];
    s.length = n;
}
void dispset(Set s)                       //输出一个集合
{   int i;
    for (i = 0;i < s.length;i++)
        printf("% d ",s.data[i]);
    printf("\n");
}
bool inset(Set s,int e)                   //判断 e 是否在集合 s 中
{   int i;
    for (i = 0;i < s.length;i++)
        if (s.data[i] == e)
            return true;
    return false;
}
void add(Set s1,Set s2,Set &s3)           //求集合的并集
{   int i;
    for (i = 0;i < s1.length;i++)         //将集合 s1 中的所有元素复制到 s3 中
        s3.data[i] = s1.data[i];
    s3.length = s1.length;
    for (i = 0;i < s2.length;i++)         //将 s2 中不在 s1 中出现的元素复制到 s3 中
        if (!inset(s1,s2.data[i]))
        {   s3.data[s3.length] = s2.data[i];
            s3.length++;
        }
}
void sub(Set s1,Set s2,Set &s3)           //求集合的差集
{   int i;
    s3.length = 0;
    for (i = 0;i < s1.length;i++)         //将 s1 中不出现在 s2 中的元素复制到 s3 中
```

```
        if (!inset(s2,s1.data[i]))
        {   s3.data[s3.length] = s1.data[i];
            s3.length++;
        }
}
void intersection(Set s1,Set s2,Set &s3)      //求集合的交集
{   int i;
    s3.length = 0;
    for (i = 0;i < s1.length;i++)             //将 s1 中出现在 s2 中的元素复制到 s3 中
        if (inset(s2,s1.data[i]))
        {   s3.data[s3.length] = s1.data[i];
            s3.length++;
        }
}
```

1.3 补充练习题及参考答案

1.3.1 单项选择题

习题答案

1. 数据结构是一门研究程序设计中数据的 ____①____ 以及它们之间的 ____②____ 和运算等的学科。

　　① A. 元素　　　　　　　　　　　　　B. 计算方法

　　　　C. 逻辑存储　　　　　　　　　　D. 映像

　　② A. 结构　　　　　　　　　　　　　B. 关系

　　　　C. 运算　　　　　　　　　　　　D. 算法

2. 数据的逻辑结构分为_____两类。

　　A. 动态结构和静态结构　　　　　　B. 紧凑结构和非紧凑结构

　　C. 线性结构和非线性结构　　　　　D. 内部结构和外部结构

3. 数据的逻辑结构是_____关系的整体。

　　A. 数据元素之间逻辑　　　　　　　B. 数据项之间逻辑

　　C. 数据类型之间　　　　　　　　　D. 存储结构之间

4. 下列说法中不正确的是_____。

　　A. 数据元素是数据的基本单位

　　B. 数据项是数据中不可分割的最小可标识单位

　　C. 数据可由若干个数据元素构成

　　D. 数据项可由若干个数据元素构成

5. 在计算机的存储器中表示数据时,物理地址和逻辑地址的相对位置相同并且是连续的,称之为_____。

　　A. 逻辑结构　　　　　　　　　　　　B. 顺序存储结构

    C. 链式存储结构   D. 以上都对

6. 在链式存储结构中,一个内存结点通常用于存储一个_____。

    A. 数据项   B. 数据元素

    C. 数据结构   D. 数据类型

7. 数据运算_____。

    A. 其执行效率与采用何种存储结构有关   B. 是根据存储结构来定义的

    C. 有算术运算和关系运算两大类   D. 必须用程序设计语言来描述

8. 数据结构在计算机内存中的表示是指_____。

    A. 数据的存储结构   B. 数据结构

    C. 数据的逻辑结构   D. 数据元素之间的关系

9. 在数据结构中,与所使用的计算机无关的是_____。

    A. 逻辑结构   B. 存储结构

    C. 逻辑结构和存储结构   D. 物理结构

10. 数据采用链式存储结构时要求_____。

    A. 每个结点占用一片连续的存储区域

    B. 所有结点占用一片连续的存储区域

    C. 结点的最后一个数据域是指针类型

    D. 每个结点有多少个后继就设多少个指针域

11. 以下叙述中正确的是_____。

    Ⅰ. 顺序存储方法仅适合存储线性结构的数据

    Ⅱ. 算法分析的目的就是找出算法中输入和输出之间的关系

    Ⅲ. 链式存储结构通过链指针表示数据元素之间的关系

    Ⅳ. 抽象数据类型用于描述计算机求解问题的过程

    A. 仅Ⅰ、Ⅲ   B. 仅Ⅱ、Ⅳ   C. 仅Ⅲ   D. 仅Ⅳ

12. 以下_____不是算法的基本特性。

    A. 可行性   B. 长度有限

    C. 在确定的时间内完成   D. 确定性

13. 在计算机中算法指的是解决某一问题的有限运算序列,它必须具备输入、输出、_____。

    A. 可行性、可移植性和可扩充性   B. 可行性、有穷性和确定性

    C. 确定性、有穷性和稳定性   D. 易读性、稳定性和确定性

14. 下面关于算法的说法正确的是_____。

    A. 算法最终必须由计算机程序实现

    B. 一个算法所花的时间等于该算法中每条语句的执行时间之和

    C. 算法的可行性是指指令不能有二义性

    D. 以上几个都是错误的

15. 算法的时间复杂度与_____有关。

    A. 问题规模   B. 计算机硬件性能

    C. 编译程序质量   D. 程序设计语言

16. 算法分析的主要任务之一是分析_____。

　　A. 算法是否具有较好的可读性

　　B. 算法中是否存在语法错误

　　C. 算法的功能是否符合设计要求

　　D. 算法的执行时间和问题规模之间的关系

17. 算法分析的目的是_____。

　　A. 找出数据结构的合理性　　　　　B. 研究算法中的输入和输出关系

　　C. 分析算法的效率以求改进　　　　D. 分析算法的易读性和文档性

18. 某算法的时间复杂度为 $O(n^2)$,表明该算法的_____。

　　A. 问题规模是 n^2　　　　　　　B. 执行时间等于 n^2

　　C. 执行时间与 n^2 成正比　　　　D. 问题规模与 n^2 成正比

19. 某算法的时间复杂度为 $O(n)$,表示该算法的_____。

　　A. 执行时间是 n　　　　　　　　B. 执行时间与 n 呈现线性增长关系

　　C. 执行时间不受 n 的影响　　　　D. 以上都不对

20. 算法的空间复杂度是指_____。

　　A. 算法中输入数据所占用的存储空间的大小

　　B. 算法本身所占用的存储空间的大小

　　C. 算法执行时所有存储空间的大小

　　D. 算法中临时变量所占用存储空间的大小

1.3.2　填空题

习题答案

1. 数据的逻辑结构是指_____。

2. 一个数据结构在计算机内存中的_____称为存储结构。

3. 顺序存储方法是把逻辑上____①____存储在物理位置上____②____里;链式存储方法中结点间的逻辑关系是由____③____的。

4. 一个算法具有 5 个特性,即_____、_____、_____、输入和输出。

5. 在分析算法的时间复杂度时,通常认为算法的执行时间是_____的函数。

6. 在算法描述中,输出型参数应该设计成_____。

7. 在算法描述中,引用型参数的修改就是对相应_____的修改。

8. 以下为各算法所有语句频度之和的表达式,其中时间复杂度相同的是_____。

　　A. $T_A(n)=2n^3+3n^2+1000$　　　　B. $T_B(n)=n^3-n^2\log_2 n-1000$

　　C. $T_C(n)=n^2\log_2 n+n^2$　　　　D. $T_D(n)=n^2+1000$

1.3.3　判断题

习题答案

1. 判断以下叙述的正确性。

(1) 数据元素是数据的最小单位。

(2) 数据对象就是一组数据元素的集合。

(3) 任何数据结构都具备 3 个基本运算,即插入、删除和查找。

(4) 数据对象是由有限个类型相同的数据元素构成的。

（5）数据的逻辑结构与各数据元素在计算机中如何存储有关。

（6）如果数据元素值发生改变,则数据的逻辑结构也随之改变。

（7）逻辑结构相同的数据可以采用多种不同的存储方法。

（8）逻辑结构不相同的数据必须采用不同的存储方法来存储。

（9）数据的逻辑结构是指数据元素的各数据项之间的逻辑关系。

（10）抽象数据类型指的是某种特定的数据类型。

2. 判断以下叙述的正确性。

（1）顺序存储方式只能用于存储线性结构。

（2）数据元素是数据的最小单位。

（3）算法可以用计算机语言描述,所以算法等同于程序。

（4）数据结构是带有结构的数据元素的集合。

（5）数据的逻辑结构是指数据元素之间逻辑关系的整体。

（6）数据逻辑结构、数据元素、数据项在计算机内存中的映像（或表示）分别称为存储结构、结点和数据域。

（7）数据的物理结构是指数据结构在计算机内存中的实际存储形式。

（8）算法 A 和算法 B 用于求解同一问题,算法 A 的最好时间复杂度为 $O(n)$,而算法 B 的最坏时间复杂度为 $O(n^3)$,则算法 A 好于算法 B。

（9）一个算法的空间复杂度为 $O(1)$,表示执行该算法不需要任何临时空间。

1.3.4 简答题

习题答案

1. 什么是存储实现? 什么是运算实现?

2. 算法的时间复杂度反映的是算法的绝对执行时间吗? 两个时间复杂度都为 $O(n^2)$ 的算法,对于相同的问题规模 n,它们的绝对执行时间一定相同吗?

3. 设有算法如下:

```
int Find(int a[ ],int n,int x)
{   int i;
    for (i = 0;i < n;i++)
        if (a[i] == x)
            return i;
    return − 1;
}
```

成功找到 x 的最好和最坏时间复杂度是多少?

4. 当为解决某一问题选择数据的存储结构时应从哪些方面考虑?

5. 按增长率由小到大的顺序排列下列各函数:

$2^{100},(2/3)^n,(3/2)^n,n^n,n!,2^n,\log_2 n,n^{\log_2 n},n^{3/2},\sqrt{n}$

1.3.5 算法设计题及算法分析题

1. 分析以下算法的时间复杂度。

```
void fun( int n)
{    int y = 0;
     while (y * y < = n)
          y++ ;
}
```

解：设 while 语句的执行频度为 $T(n)$，每循环一次 y 增大 1，即 $y = T(n)$，有以下关系。

$$T(n) \times T(n) \leqslant n, \text{即} [T(n)]^2 \leqslant n, T(n) \leqslant \sqrt{n} = O(\sqrt{n})$$

该算法的时间复杂度为 $O(\sqrt{n})$。

2. 分析以下算法的时间复杂度。

```
void fun( int n)
{    int i, x = 0;
     for (i = 1; i < n; i++)
          for (j = i + 1; j < = n; j++)
               x++ ;
}
```

解：设基本运算 $x++$ 的执行次数为 $T(n)$，则有以下关系。

$$T(n) = \sum_{i=1}^{n-1} \sum_{j=i+1}^{n} 1 = \sum_{i=1}^{n-1} (n - i) = n(n-1)/2 = O(n^2)$$

该算法的时间复杂度为 $O(n^2)$。

3. 分析以下算法的时间复杂度。

```
void fun( int n)
{    int s = 0, i, j, k;
     for (i = 0; i < = n; i++)
          for (j = 0; j < = i; j++)
               for (k = 0; k < j; k++)
                    s++ ;
}
```

解：该算法的基本运算是 $s++$，其频度如下。

$$T(n) = \sum_{i=0}^{n} \sum_{j=0}^{i} \sum_{k=0}^{j-1} 1 = \sum_{i=0}^{n} \sum_{j=0}^{i} (j - 1 - 0 + 1) = \sum_{i=0}^{n} \sum_{j=0}^{i} j$$

$$= \sum_{i=0}^{n} \frac{i(i+1)}{2} = \frac{1}{2} \left(\sum_{i=0}^{n} i^2 + \sum_{i=0}^{n} i \right)$$

$$= \frac{1}{2} \left[\frac{n(n+1)(2n+1)}{6} + \frac{n(n+1)}{2} \right]$$

$$= \frac{2n^3 + 6n^2 + 4n}{12} = O(n^3)$$

该算法的时间复杂度为 $O(n^3)$。

4. 设 n 是偶数,试计算执行以下算法后 m 的值,并给出其时间复杂度。

```
void fun(int n)
{   int m = 0, i, j;
    for (i = 1; i < = n; i++)
        for (j = 2 * i; j < = n; j++)
            m++;
}
```

解:算法的基本运算为 $m++$,由于内循环为 $2*i\sim n$,即 i 的最大值满足 $2i\leqslant n$,$i\leqslant n/2$,所以基本运算的频度如下。

$$T(n) = \sum_{i=1}^{n/2} \sum_{j=2i}^{n} 1 = \sum_{i=1}^{n/2} (n - 2i + 1) = n \times \frac{n}{2} - 2\sum_{i=1}^{n/2} i + \frac{n}{2} = \frac{n^2}{4}$$

而 m 是从 0 开始的,所以算法执行后 $m = n^2/4$。该算法的时间复杂度为 $O(n^2)$。

5. 设 n 为正整数,分析以下算法中各语句的频度。

```
void fun(int n)
{   int i, j, k;
    for (i = 0; i < n; i++)                         //语句①
        for (j = 0; j < n; j++)                     //语句②
        {   c[i][j] = 0;                            //语句③
            for (k = 0; k < n; k++)                 //语句④
                c[i][j] = c[i][j] + a[i][k] * b[k][j];  //语句⑤
        }
}
```

解:语句①的频度为 $n+1$(i 从 0 到 $n-1$,共计 n 次,当 $i=n$ 时还要执行一次 $i<n$ 的比较,计一次,故总共 $n+1$ 次)。

语句②的频度为 $\displaystyle\sum_{i=0}^{n-1}(n+1) = n(n+1)$。

语句③的频度为 $\displaystyle\sum_{i=0}^{n-1}\sum_{j=0}^{n-1} 1 = n^2$。

语句④的频度为 $\displaystyle\sum_{i=0}^{n-1}\sum_{j=0}^{n-1}(n+1) = n^3 + n^2$。

语句⑤的频度为 $\displaystyle\sum_{i=0}^{n-1}\sum_{j=0}^{n-1}\sum_{k=0}^{n-1} 1 = n^3$。

6. 设 n 为 3 的倍数,分析以下算法的时间复杂度。

```
void fun(int n)
{   int i, j, x, y;
    for (i = 1; i < = n; i++)
        if (3 * i < = n)
            for (j = 3 * i; j < = n; j++)
            {   x++;
                y = 3 * x + 2;
            }
}
```

解：该算法中的基本运算是 $x++$ 和 $y=3*x+2$。对于外层的 for 循环，其执行频度为 $n+1$，但对于里层的 for 循环，只在 $3i\leqslant n$（即 $i\leqslant n/3$）时才执行，故基本运算的执行频度 $=\sum\limits_{i=1}^{n/3}\sum\limits_{j=3i}^{n}1=\sum\limits_{i=1}^{n/3}(n-3i+1)=\dfrac{n(n-1)}{6}=O(n^2)$。本算法的时间复杂度为 $O(n^2)$。

7. 设计一个尽可能高效的算法，在长度为 n 的一维实型数组 $a[0..n-1]$ 中查找值最大的元素 max 和值最小的元素 min，并分析算法在最好、最坏和平均情况下元素的比较次数。

解：对应的算法如下。

```
void MaxMin(double a[ ],int n,int &max,int &min)
{   int i;
    max = min = a[0];
    for (i = 1;i < n;i++)
        if (a[i]> max)
            max = a[i];
        else if (a[i]< min)
            min = a[i];
}
```

该算法在最好、最坏和平均情况下元素的比较次数分别是 $n-1$、$2(n-1)$ 和 $3(n-1)/2$。

该算法的时间主要花费在元素的比较上。最好情况是 a 中的元素递增排列，元素的比较次数为 $n-1$。最坏情况是 a 中的元素递减排列，元素的比较次数为 $2(n-1)$。

对于平均情况，a 中有一半的元素比 max 大，$a[i]>$max 比较执行 $n-1$ 次，$a[i]<$min 比较执行 $(n-1)/2$ 次，因此平均元素比较次数为 $3(n-1)/2$。

8. 设计尽可能高效的算法求一个整数数组中的最大元素和次大元素，并分析该算法在最好和最坏情况下元素的比较次数和时间复杂度。

解：对应的算法如下。

```
void maxmin(int a[ ],int n,int &max1,int &max2)
{   int i;
    max1 = (a[0]> a[1])?a[0]:a[1];          //求 a[0]、a[1]中的较大者
    max2 = (a[0]> a[1])?a[1]:a[0];          //求 a[0]、a[1]中的较小者
    for (i = 2;i < n;i++)
        if (a[i]> max1)
        {   max2 = max1;
            max1 = a[i];
        }
        else if (a[i]> max2)
            max2 = a[i];
}
```

算法中 max1 保存最大元素，max2 保存次大元素。首先通过两次比较求出 $a[0]$、$a[1]$ 中的最大元素和次大元素，再通过 for 循环遍历其余元素。

在最好情况下，for 循环中的 if 条件（$a[i]>$max1）总是满足的，即数组 a 中的元素递增排列，这样不会执行 else 语句部分，for 循环中总的元素比较次数为 $n-2$。这样总共的元素比较次数 $=n-2+2=n$。

在最坏情况下,for 循环中的 if 条件($a[i]$>max1)总是不满足的,即数组 a 中的元素递减排列,这样就会执行 else 语句部分,for 循环中总的元素比较次数为 $2(n-2)$。这样总共的元素比较次数=$2n-2$。

本算法的时间复杂度为 $O(n)$。

第 **2** 章 线性表

1. 知识结构图

本章的知识结构如图 2.1 所示。

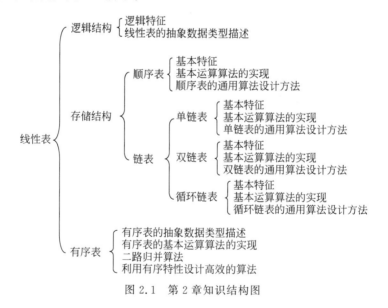

图 2.1　第 2 章知识结构图

2. 基本知识点

（1）线性表的顺序存储结构和链式存储结构的优缺点。

（2）顺序表的插入和删除操作过程及其实现。

（3）单链表的查找、插入和删除操作过程及其实现。

（4）双链表的查找、插入和删除操作过程及其实现。

（5）循环链表的查找、插入和删除操作过程及其实现。

（6）有序表的二路归并算法的思路及其实现算法，以及该算法的时间复杂度分析。

（7）利用线性表求解复杂的应用问题。

3. 要点归纳

（1）线性表是由 $n(n \geqslant 0)$ 个数据元素组成的有限序列，所有元素的性质相同，元素之间呈现线性关系，即除开始元素以外，每个元素只有唯一的前驱，除终端元素以外，每个元素只有唯一的后继。

（2）在线性表中通过序号来唯一标识一个元素，所以同一个线性表中可以存在值相同的元素。

（3）顺序表采用数组存放元素，既可以顺序查找，也可以随机查找（对于给定的序号 i，在常量时间内找到对应的元素值）。

（4）分配给顺序表的所有内存单元地址必须是连续的。

（5）当从一个长度为 n 的顺序表中删除第 i 个元素（$1 \leqslant i \leqslant n$）时需向前移动 $n-i$ 个元素，所以删除算法的时间复杂度为 $O(n)$。

（6）在一个长度为 n 的顺序表中插入第 i 个元素（$1 \leqslant i \leqslant n+1$）时需向后移动 $n-i+1$ 个元素，所以插入算法的时间复杂度为 $O(n)$。

（7）链表由若干内存结点构成，结点的次序由地址确定，通过指针域反映数据的逻辑关系。

（8）一个链表的所有结点的地址既可以连续，也可以不连续。

（9）对链表只能顺序查找，不能随机查找，即给定序号 i，不能在常量时间内找到对应的结点。

（10）对链表插入或删除结点不需要移动结点，只需要修改相应结点的指针域。

（11）在单链表中存储每个结点有两个域，一个是数据域，另一个是指针域，指针域指向该结点的后继结点。

（12）在带头结点的单链表中，通常用头结点指针标识整个单链表；在不带头结点的单链表中，通常用首结点指针标识整个单链表。

（13）单链表只能按从前向后一个方向遍历。

（14）在单链表中，插入一个新结点需要找到插入位置的前驱结点，通过修改两个指针域来实现。例如插入一个新结点作为第 i 个结点，需要查找到第 $i-1$ 个结点 p，然后在结点 p 的后面插入新结点。

（15）在单链表中，删除一个结点需要找到该结点的前驱结点，只需要修改一个指针域。例如删除第 i 个结点，需要查找到第 $i-1$ 个结点 p，然后删除结点 p 的后继结点。

（16）双链表可以按从前向后、从后向前两个方向遍历。

（17）在双链表中，插入一个新结点需要找到插入位置的前驱结点或者后继结点，通过修改 4 个指针域来实现。例如插入一个新结点作为第 i 个结点，需要查找到第 $i-1$ 个结点 p，然后在结点 p 的后面插入新结点；或者查找到第 i 个结点 q，然后在结点 q 的前面插入新结点。

（18）在双链表中，删除一个结点通过该结点就可以直接实现，只需要修改两个指针域。例如删除第 i 个结点，只需要查找到第 i 个结点 p，然后通过修改其前驱结点和后继结点的相应指针域来删除它。

（19）循环链表分为循环单链表和循环双链表，循环单链表的结点构成一个查找环路，循环双链表的结点构成两个查找环路。

（20）在循环单链表中没有指针域为空的结点。

（21）在循环双链表中可以通过 $O(1)$ 的时间找到尾结点，删除它的时间复杂度为 $O(1)$。

（22）线性表除了顺序表和链表两类存储结构以外，还可以设计成静态链表，静态链表采用静态空间分配方式，其中元素采用链表方式操作。静态链表不再具有随机查找特性。

（23）有序表是一种按元素值有序排列的线性表，可以采用顺序表或链表存储。

（24）长度分别为 n、m 的两个有序表采用二路归并方法合并成的一个有序表的时间复杂度为 $O(n+m)$，这是一种高效的方法。

2.2 教材中的练习题及参考答案 ✳

1. 简述线性表的两种存储结构的主要特点。

答：线性表的两种存储结构分别是顺序存储结构和链式存储结构。顺序存储结构的主要特点如下：

（1）数据元素中只有自身的数据域，没有关联指针域，因此顺序存储结构的存储密度较大。

（2）顺序存储结构需要分配一整块比较大的存储空间，所以存储空间的利用率较低。

（3）逻辑上相邻的两个元素在物理上也是相邻的，通过元素的逻辑序号可以直接获取其元素值，即具有随机存取特性。

（4）插入和删除操作会引起大量元素的移动。

链式存储结构的主要特点如下：

（1）数据结点中除自身的数据域以外还有表示逻辑关系的指针域，因此链式存储结构比顺序存储结构的存储密度小。

（2）链式存储结构的每个结点是单独分配的，每个结点的存储空间相对较小，所以存储空间的利用率较高。

（3）在逻辑上相邻的结点在物理上不一定相邻，因此不具有随机存取特性。

（4）插入和删除操作方便、灵活，不必移动结点，只需修改结点中的指针域即可。

2. 简述对单链表设置头结点的主要作用。

答：对单链表设置头结点的主要作用如下。

（1）对于带头结点的单链表,在单链表的任何结点之前插入结点或删除结点,所要做的都是修改前一个结点的指针域,因为任何结点都有前驱结点(若单链表没有头结点,则首结点没有前驱结点,在其前插入结点和删除该结点时操作复杂一些),所以算法设计方便。

（2）对于带头结点的单链表,在表空时也存在一个头结点,因此空表与非空表的处理是一样的。

3. 假设某个含 n 个元素的线性表有以下运算:

Ⅰ. 查找序号为 $i(1 \leqslant i \leqslant n)$ 的元素;

Ⅱ. 查找第一个值为 x 的元素;

Ⅲ. 插入新元素作为第一个元素;

Ⅳ. 插入新元素作为最后一个元素;

Ⅴ. 插入第 $i(2 \leqslant i \leqslant n)$ 个元素;

Ⅵ. 删除第一个元素;

Ⅶ. 删除最后一个元素;

Ⅷ. 删除第 $i(2 \leqslant i \leqslant n)$ 个元素。

现设计该线性表的以下存储结构:

① 顺序表;

② 带头结点的单链表;

③ 带头结点的循环单链表;

④ 不带头结点仅有尾结点指针标识的循环单链表;

⑤ 带头结点的双链表;

⑥ 带头结点的循环双链表。

指出各种存储结构对应运算算法的时间复杂度。

答:各种存储结构对应运算算法的时间复杂度如表 2.1 所示。

表 2.1　各种存储结构对应运算算法的时间复杂度

	Ⅰ	Ⅱ	Ⅲ	Ⅳ	Ⅴ	Ⅵ	Ⅶ	Ⅷ
①	$O(1)$	$O(n)$	$O(n)$	$O(1)$	$O(n)$	$O(n)$	$O(1)$	$O(n)$
②	$O(n)$	$O(n)$	$O(1)$	$O(n)$	$O(n)$	$O(1)$	$O(n)$	$O(n)$
③	$O(n)$	$O(n)$	$O(1)$	$O(n)$	$O(n)$	$O(1)$	$O(n)$	$O(n)$
④	$O(n)$	$O(n)$	$O(1)$	$O(1)$	$O(n)$	$O(1)$	$O(n)$	$O(n)$
⑤	$O(n)$	$O(n)$	$O(1)$	$O(n)$	$O(n)$	$O(1)$	$O(n)$	$O(n)$
⑥	$O(n)$	$O(n)$	$O(1)$	$O(1)$	$O(n)$	$O(1)$	$O(1)$	$O(n)$

4. 对于顺序表 L,指出以下算法的功能。

```
void fun(SqList * &L)
{   int i, j = 0;
    for (i = 1; i < L -> length; i++)
        if (L -> data[i] > L -> data[j])
            j = i;
```

```
        for (i = j;i < L -> length - 1;i++)
            L -> data[i] = L -> data[i + 1];
        L -> length -- ;
    }
```

答：该算法的功能是在顺序表 L 中查找第一个值最大的元素，并删除该元素。

5. 对于顺序表 L，指出以下算法的功能。

```
void fun(SqList  * &L,ElemType x)
{   int i,j = 0;
    for (i = 1;i < L -> length;i++)
        if (L -> data[i] < = L -> data[j])
            j = i;
    for (i = L -> length;i > j;i -- )
        L -> data[i] = L -> data[i - 1];
    L -> data[j] = x;
    L -> length++ ;
}
```

答：在顺序表 L 中查找最后一个值最小的元素，在该位置上插入一个值为 x 的元素。

6. 有人设计以下算法用于删除整数顺序表 L 中所有值在 $[x,y]$ 范围内的元素，该算法显然不是高效的，请设计一个同样功能的高效算法。

```
void fun(SqList  * &L,ElemType x)
{   int i,j;
    for (i = 0;i < L -> length;i++)
        if (L -> data[i] > = x && L -> data[i] < = y)
        {   for (j = i;j < L -> length - 1;j++)
                L -> data[j] = L -> data[j + 1];
            L -> length -- ;
        }
}
```

解：该算法在每次查找到 x 元素时都通过移动来删除它，时间复杂度为 $O(n^2)$，显然它不是高效的算法。实现同样功能的算法如下：

```
void fun(SqList  * &L,ElemType x,ElemType y)
{   int i,k = 0;
    for (i = 0;i < L -> length;i++)
        if (!(L -> data[i] > = x && L -> data[i] < = y))
        {   L -> data[k] = L -> data[i];
            k++;
        }
    L -> length = k;
}
```

该算法(思路参见《教程》中例 2.3 的解法一)的时间复杂度为 $O(n)$，是一种高效的算法。

7. 设计一个算法,将 x 元素插入一个有序(从小到大排序)顺序表的适当位置,并保持有序性。

解:通过比较在顺序表 L 中找到插入 x 的位置 i,将该位置及后面的元素均后移一个位置,将 x 插入位置 i 中,最后将 L 的长度增1。对应的算法如下:

```
void Insert(SqList * &L,ElemType x)
{    int i = 0,j;
     while (i < L -> length && L -> data[i]< x) i++;
     for (j = L -> length - 1;j >= i;j -- )
         L -> data[j + 1] = L -> data[j];
     L -> data[i] = x;
     L -> length++;
}
```

8. 假设一个顺序表 L 中的所有元素为整数,设计一个算法调整该顺序表,使其中所有小于零的元素放在所有大于或等于零的元素的前面。

解:先让 i、j 分别指向顺序表 L 的第一个元素和最后一个元素。当 $i < j$ 时循环,i 从前向后遍历顺序表 L,找大于或等于 0 的元素,j 从后向前遍历顺序表 L,找小于 0 的元素,当 $i < j$ 时将两元素交换(思路参见《教程》中例 2.4 的解法一)。对应的算法如下:

```
void fun(SqList * &L)
{    int i = 0,j = L -> length - 1;
     while (i < j)
     {    while (L -> data[i]< 0) i++;
          while (L -> data[j]>= 0) j -- ;
          if (i < j)            //L -> data[i]与 L -> data[j]交换
              swap(L -> data[i],L -> data[j]);
     }
}
```

9. 对于不带头结点的单链表 $L1$,其结点类型为 LinkNode,指出以下算法的功能。

```
void fun1(LinkNode * &L1,LinkNode * &L2)
{    int n = 0,i;
     LinkNode * p = L1;
     while (p!= NULL)
     {    n++;
          p = p -> next;
     }
     p = L1;
     for (i = 1;i < n/2;i++)
         p = p -> next;
     L2 = p -> next;
     p -> next = NULL;
}
```

答:对于含有 n 个结点的单链表 $L1$,将 $L1$ 拆分成两个不带头结点的单链表 $L1$ 和 $L2$,

其中 $L1$ 含有原来的前 $n/2$ 个结点,$L2$ 含有余下的结点。

10. 在结点类型为 DLinkNode 的双链表中给出将 p 所指结点(非尾结点)与其后继结点交换的操作。

答:将 p 所指结点(非尾结点)与其后继结点交换的操作如下。

```
q = p -> next;                        //q指向p结点的后继结点
if (q -> next != NULL)                //从链表中删除p结点
    q -> next -> prior = p;
p -> next = q -> next;
p -> prior -> next = q;               //将q结点插到p结点的前面
q -> prior = p -> prior;
q -> next = p;
p -> prior = q;
```

11. 有一个线性表 $(a_1, a_2, \cdots, a_n)$,其中 $n \geq 2$,采用带头结点的单链表 L 存储,每个结点存放线性表中的一个元素,结点类型为 $(data, next)$。现查找某个元素值等于 x 的结点指针,若不存在这样的结点,返回 NULL。分别写出下面 3 种情况的查找语句,要求使用的时间尽量少。

(1) 线性表中的元素无序。

(2) 线性表中的元素按递增有序排列。

(3) 线性表中的元素按递减有序排列。

解:(1) 元素无序时的查找语句如下。

```
p = L -> next;
while (p != NULL && p -> data != x)
    p = p -> next;
if (p == NULL) return NULL;
else return p
```

(2) 元素按递增有序排列时的查找语句如下。

```
p = L -> next;
while (p != NULL && p -> data < x)
    p = p -> next;
if (p == NULL ‖ p -> data > x) return NULL;
else return p;
```

(3) 元素按递减有序排列时的查找语句如下。

```
p = L -> next;
while (p != NULL && p -> data > x)
    p = p -> next;
if (p == NULL ‖ p -> data < x) return NULL;
else return p;
```

12. 设计一个算法,将一个带头结点的数据域依次为 a_1、a_2、$\cdots$、$a_n (n \geq 3)$ 的单链表的所有结点逆置,即第 1 个结点的数据域变为 a_n,第 2 个结点的数据域变为 a_{n-1},…,尾结点的数据域变为 a_1。

解:首先让 p 指针指向首结点,将头结点的 next 域设置为空,表示新建的单链表为空表。用 p 遍历单链表的所有数据结点,将 p 结点采用头插法插到新建的单链表中。对应的算法如下:

```
void Reverse(LinkNode * &L)
{   LinkNode * p = L->next, * q;
    L->next = NULL;
    while (p!= NULL)              //扫描所有的结点
    {   q = p->next;              //q临时保存p结点的后继结点
        p->next = L->next;        //总是将p结点作为首结点插入
        L->next = p;
        p = q;                    //让p指向下一个结点
    }
}
```

13. 一个线性表 $(a_1, a_2, \cdots, a_n)$ $(n > 3)$ 采用带头结点的单链表 L 存储,设计一个高效的算法求中间位置的元素(n 为偶数时对应序号为 $n/2$ 的元素,n 为奇数时对应序号为 $(n+1)/2$ 的元素)。

解:让 p(快指针)、q(慢指针)首先指向首结点,然后在 p 结点的后面存在两个结点时循环,p 后移两个结点,q 后移一个结点,当循环结束后 q 指向的就是中间位置的结点。对应的算法如下:

```
ElemType Midnode(LinkNode * L)
{   LinkNode * p = L->next, * q = p;
    while (p->next!= NULL && p->next->next!= NULL)
    {   p = p->next->next;
        q = q->next;
    }
    return q->data;
}
```

14. 设计一个算法,在带头结点的非空单链表 L 中的第一个最大值结点(最大值结点可能有多个)之前插入一个值为 x 的结点。

解:先在单链表 L 中查找第一个最大值结点的前驱结点 maxpre,然后在其后面插入值为 x 的结点。对应的算法如下:

```
void Insertbeforex(LinkNode * &L, ElemType x)
{   LinkNode * p = L->next, * pre = L;
    LinkNode * maxp = p, * maxpre = L, * s;
    while (p!= NULL)
    {   if (maxp->data < p->data)
        {   maxp = p;
            maxpre = pre;
        }
```

```
        pre = p;p = p->next;
    }
    s = (LinkNode *)malloc(sizeof(LinkNode));
    s->data = x;
    s->next = maxpre->next;
    maxpre->next = s;
}
```

15. 设有一个带头结点的单链表 L,结点的结构为(data,next),其中 data 为整数元素,next 为后继结点的指针。设计一个算法,首先按递减次序输出该单链表中各结点的数据元素,然后释放所有结点占用的存储空间,并要求算法的空间复杂度为 $O(1)$。

解:先对单链表 L 中的所有结点递减排序(思路参见《教程》中的例 2.8),再输出所有结点值,最后释放所有结点的空间。对应的算法如下:

```
void Sort(LinkNode *&L)              //对单链表 L 递减排序
{   LinkNode *p, *q, *pre;
    p = L->next->next;               //p 指向第 2 个数据结点
    L->next->next = NULL;
    while (p!= NULL)
    {   q = p->next;
        pre = L;
        while (pre->next!= NULL && pre->next->data > p->data)
            pre = pre->next;
        p->next = pre->next;         //在 pre 结点之后插入 p 结点
        pre->next = p;
        p = q;
    }
}
void fun(LinkNode *&L)               //完成本题的算法
{   printf("排序前单链表 L:");
    DispList(L);                     //调用基本运算算法
    Sort(L);
    printf("排序后单链表 L:");
    DispList(L);                     //调用基本运算算法
    printf("释放单链表 L\n");
    DestroyList(L);                  //调用基本运算算法
}
```

16. 设有一个双链表 h,每个结点中除了有 prior、data 和 next 几个域以外,还有一个访问频度域 freq,在链表被启用之前,其值均初始化为 0。每当进行 $LocateNode(h,x)$ 运算时,令元素值为 x 的结点中 freq 域的值加 1,并调整表中结点的次序,使其按访问频度的递减次序排列,以便使频繁访问的结点总是靠近表头。试编写一个符合上述要求的 LocateNode 运算的算法。

解:在 DLinkNode 类型的定义中添加整型 freq 域,将该域初始化为 0。在每次查找到一个 p 结点时将其 freq 域增 1,再与它前面的一个 pre 结点进行比较,若 p 结点的 freq 域值较大,则两者交换,如此找一个合适的位置。对应的算法如下:

```
bool LocateNode(DLinkNode * h,ElemType x)
{    DLinkNode * p = h - > next, * pre;
     while (p!= NULL && p - > data!= x)
         p = p - > next;                              //找 data 域值为 x 的 p 结点
     if (p == NULL)                                   //未找到的情况
         return false;
     else                                             //找到的情况
     {    p - > freq++;                               //频度增 1
          pre = p - > prior;                          //pre 结点为 p 结点的前驱结点
          while (pre!= h && pre - > freq < p - > freq)
          {    p - > prior = pre - > prior;
               p - > prior - > next = p;               //交换 p 结点和 pre 结点的位置
               pre - > next = p - > next;
               if (pre - > next!= NULL)                //若 p 结点不是尾结点
                   pre - > next - > prior = pre;
               p - > next = pre;pre - > prior = p;
               pre = p - > prior;                      //q 指向 p 结点的前驱结点
          }
          return true;
     }
}
```

17. 设 ha $=(a_1,a_2,\cdots,a_n)$ 和 hb $=(b_1,b_2,\cdots,b_m)$ 是两个带头结点的循环单链表,设计一个算法将这两个表合并为带头结点的循环单链表 hc。

解:先找到 ha 的尾结点 p,将 p 结点的 next 域指向 hb 的首结点,再找到 hb 的尾结点 p,将其构成循环单链表。对应的算法如下:

```
void Merge(LinkNode * ha,LinkNode * hb,LinkNode * &hc)
{    LinkNode * p = ha - > next;
     hc = ha;
     while (p - > next!= ha)                          //找到 ha 的尾结点 p
         p = p - > next;
     p - > next = hb - > next;                         //将 p 结点的 next 域指向 hb 的首结点
     while (p - > next!= hb)
         p = p - > next;                               //找到 hb 的尾结点 p
     p - > next = hc;                                  //构成循环单链表
     free(hb);                                        //释放 hb 单链表的头结点
}
```

18. 设两个非空线性表分别用带头结点的循环双链表 ha 和 hb 表示,设计一个算法 Insert(ha,hb,i),其功能是当 $i=0$ 时将 hb 插到 ha 的前面;当 $i>0$ 时将 hb 插到 ha 中第 i 个结点的后面;当 i 大于或等于 ha 的长度时将 hb 插到 ha 的后面。

解:利用带头结点的循环双链表的特点设计的算法如下。

```
void Insert(DLinkNode * &ha, DLinkNode * &hb,int i)
{    DLinkNode * p = ha - > next, * post;
     int lena = 1, j;
     while (p - > next!= ha)                          //求出 ha 的长度 lena
```

```
{    lena++;
     p = p -> next;
}
if (i == 0)                          //将 hb 插到 ha 的前面
{    p = hb -> prior;               //p 指向 hb 的尾结点
     p -> next = ha -> next;         //将 p 结点链到 ha 的首结点的前面
     ha -> next -> prior = p;
     ha -> next = hb -> next;
     hb -> next -> prior = ha;        //将 ha 头结点与 hb 的首结点链起来
}
else if (i < lena)                    //将 hb 插到 ha 中间
{    j = 1;
     p = ha -> next;
     while (j < i)                     //在 ha 中查找第 i 个 p 结点
     {    p = p -> next;
          j++;
     }
     post = p -> next;                 //post 指向 p 结点的后继结点
     p -> next = hb -> next;           //将 hb 的首结点作为 p 结点的后继结点
     hb -> next -> prior = p;
     hb -> prior -> next = post;       //将 post 结点作为 hb 尾结点的后继结点
     post -> prior = hb -> prior;
}
else                                 //将 hb 链到 ha 之后
{    ha -> prior -> next = hb -> next; //ha -> prior 指向 ha 的尾结点
     hb -> next -> prior = ha -> prior;
     hb -> prior -> next = ha;
     ha -> prior = hb -> prior;
}
free(hb);                            //释放 hb 头结点
}
```

19. 用带头结点的单链表表示整数集合,完成以下算法并分析时间复杂度:

(1) 设计一个算法求两个集合 A 和 B 的并集运算,即 $C = A \cup B$,要求不破坏原有的单链表 A 和 B。

(2) 假设集合中的元素按递增排列,设计一个高效的算法求两个集合 A 和 B 的并集运算,即 $C = A \cup B$,要求不破坏原有的单链表 A 和 B。

解:(1) 集合 A、B、C 分别用单链表 ha、hb、hc 存储。采用尾插法创建单链表 hc,先将 ha 单链表中的所有结点复制到 hc 中,然后扫描单链表 hb,将其中所有不属于 ha 的结点复制到 hc 中。对应的算法如下:

```
void Union1(LinkNode * ha, LinkNode * hb, LinkNode * &hc)
{    LinkNode * pa = ha -> next, * pb = hb -> next, * pc, * rc;
     hc = (LinkNode * )malloc(sizeof(LinkNode));
     rc = hc;
     while (pa != NULL)              //将 A 复制到 C 中
     {    pc = (LinkNode * )malloc(sizeof(LinkNode));
```

```
        pc - > data = pa - > data;
        rc - > next = pc;
        rc = pc;
        pa = pa - > next;
    }
    while (pb!= NULL)                    //将 B 中不属于 A 的元素复制到 C 中
    {   pa = ha - > next;
        while (pa!= NULL && pa - > data!= pb - > data)
            pa = pa - > next;
        if (pa == NULL)                  //pb - > data 不在 A 中
        {   pc = (LinkNode * )malloc(sizeof(LinkNode));
            pc - > data = pb - > data;
            rc - > next = pc;
            rc = pc;
        }
        pb = pb - > next;
    }
    rc - > next = NULL;                   //将尾结点的 next 域置为空
}
```

本算法的时间复杂度为 $O(m \times n)$，其中 m、n 为单链表 ha 和 hb 中的数据结点个数。

（2）同样采用尾插法创建单链表 hc，并利用单链表的有序性，采用二路归并方法来提高算法的效率。对应的算法如下：

```
void Union2(LinkNode * ha, LinkNode * hb, LinkNode * &hc)
{   LinkNode * pa = ha - > next, * pb = hb - > next, * pc, * rc;
    hc = (LinkNode * )malloc(sizeof(LinkNode));
    rc = hc;
    while (pa!= NULL && pb!= NULL)
    {   if (pa - > data < pb - > data)          //将较小的结点 pa 复制到 hc 中
        {   pc = (LinkNode * )malloc(sizeof(LinkNode));
            pc - > data = pa - > data;
            rc - > next = pc;
            rc = pc;
            pa = pa - > next;
        }
        else if (pa - > data > pb - > data)     //将较小的结点 pb 复制到 hc 中
        {   pc = (LinkNode * )malloc(sizeof(LinkNode));
            pc - > data = pb - > data;
            rc - > next = pc;
            rc = pc;
            pb = pb - > next;
        }
        else                                 //相等的结点只复制一个到 hc 中
        {   pc = (LinkNode * )malloc(sizeof(LinkNode));
            pc - > data = pa - > data;
            rc - > next = pc;
            rc = pc;
            pa = pa - > next;
```

```
            pb = pb - > next;
        }
    }
    if (pb!= NULL) pa = pb;//让 pa 指向没有扫描完的单链表结点
    while (pa!= NULL)
    {   pc = (LinkNode  * )malloc(sizeof(LinkNode));
        pc - > data = pa - > data;
        rc - > next = pc;
        rc = pc;
        pa = pa - > next;
    }
    rc - > next = NULL;//将尾结点的 next 域置为空
}
```

本算法的时间复杂度为 $O(m+n)$,其中 m、n 为单链表 ha 和 hb 中的数据结点个数。

20. 用带头结点的单链表表示整数集合,完成以下算法并分析时间复杂度:

(1) 设计一个算法求两个集合 A 和 B 的差集运算,即 $C=A-B$,要求算法的空间复杂度为 $O(1)$,并释放单链表 A 和 B 中不需要的结点。

(2) 假设集合中的元素按递增排列,设计一个高效的算法求两个集合 A 和 B 的差集运算,即 $C=A-B$,要求算法的空间复杂度为 $O(1)$,并释放单链表 A 和 B 中不需要的结点。

解:集合 A、B、C 分别用单链表 ha、hb、hc 存储。由于要求空间复杂度为 $O(1)$,不能采用复制方法,只能利用原来单链表中的结点重组产生结果单链表。

(1) 将 ha 单链表中所有在 hb 中出现的结点删除,然后将 hb 中的所有结点删除。对应的算法如下:

```
void Sub1(LinkNode * ha,LinkNode * hb,LinkNode * &hc)
{   LinkNode  * prea = ha,  * pa = ha - > next,  * pb,  * p,  * post;
    hc = ha;                        //将 ha 的头结点作为 hc 的头结点
    while (pa!= NULL)               //删除 A 中属于 B 的结点
    {   pb = hb - > next;
        while (pb!= NULL && pb - > data!= pa - > data)
            pb = pb - > next;
        if (pb!= NULL)              //pa - > data 在 B 中,从 A 中删除结点 pa
        {   prea - > next = pa - > next;
            free(pa);
            pa = prea - > next;
        }
        else
        {   prea = pa;              //prea 和 pa 同步后移
            pa = pa - > next;
        }
    }
    p = hb; post = hb - > next;      //释放 B 中的所有结点
    while (post!= NULL)
    {   free(p);
        p = post;
```

```
        post = post -> next;
    }
    free(p);
}
```

本算法的时间复杂度为 $O(m \times n)$,其中 m、n 为单链表 ha 和 hb 中的数据结点个数。

（2）同样采用尾插法创建单链表 hc,并利用单链表的有序性,采用二路归并方法来提高算法的效率,一边比较一边将不需要的结点删除。对应的算法如下:

```
void Sub2(LinkNode * ha, LinkNode * hb, LinkNode * &hc)
{   LinkNode * prea = ha, * pa = ha -> next;      //pa 扫描 ha,prea 是 pa 结点的前驱结点指针
    LinkNode * preb = hb, * pb = hb -> next;      //pb 扫描 hb,preb 是 pb 结点的前驱结点指针
    LinkNode * rc;                                //hc 的尾结点指针
    hc = ha;                                      //ha 的头结点作为 hc 的头结点
    rc = hc;
    while (pa!= NULL && pb!= NULL)
    {   if (pa -> data < pb -> data)              //将较小的结点 pa 链到 hc 之后
        {   rc -> next = pa;
            rc = pa;
            prea = pa;                            //prea 和 p 同步后移
            pa = pa -> next;
        }
        else if (pa -> data > pb -> data)         //删除较大的 pb 结点
        {   preb -> next = pb -> next;
            free(pb);
            pb = preb -> next;
        }
        else                                      //删除相等的 pa 结点和 pb 结点
        {   prea -> next = pa -> next;
            free(pa);
            pa = prea -> next;
            preb -> next = pb -> next;
            free(pb);
            pb = preb -> next;
        }
    }
    while (pb!= NULL)                             //删除 pb 余下的结点
    {   preb -> next = pb -> next;
        free(pb);
        pb = preb -> next;
    }
    free(hb);                                     //释放 hb 的头结点
    rc -> next = NULL;                            //将尾结点的 next 域置为空
}
```

本算法的时间复杂度为 $O(m+n)$,其中 m、n 为单链表 ha 和 hb 中的数据结点个数。

2.3　补充练习题及参考答案

习题答案

2.3.1　单项选择题

1. 线性表是_____。
    A. 一个有限序列,可以为空　　　　B. 一个有限序列,不可以为空
    C. 一个无限序列,可以为空　　　　D. 一个无限序列,不可以为空

2. 在一个长度为 n 的顺序表中向第 i 个元素 $(1 \leqslant i \leqslant n+1)$ 之前插入一个新元素时需要向后移动_____个元素。
    A. $n-i$　　　　B. $n-i+1$　　　　C. $n-i-1$　　　　D. i

3. 一个顺序表所占用存储空间的大小与_____无关。
    A. 顺序表的长度
    B. 顺序表中元素的数据类型
    C. 顺序表中元素各数据项的数据类型
    D. 顺序表中各元素的存放次序

4. 顺序表具有随机存取特性指的是_____。
    A. 查找值为 x 的元素的时间与顺序表中元素个数 n 无关
    B. 查找值为 x 的元素的时间与顺序表中元素个数 n 有关
    C. 查找序号为 i 的元素的时间与顺序表中元素个数 n 无关
    D. 查找序号为 i 的元素的时间与顺序表中元素个数 n 有关

5. 顺序表和链表相比存储密度较大,这是因为_____。
    A. 顺序表的存储空间是预先分配的
    B. 顺序表不需要增加指针来表示元素之间的逻辑关系
    C. 链表的所有结点是连续的
    D. 顺序表的存储空间是不连续的

6. 链表不具有的特点是_____。
    A. 可随机访问任一元素　　　　B. 插入、删除不需要移动元素
    C. 不必事先估计存储空间　　　　D. 所需空间与线性表长度成正比

7. 当线性表采用链式存储结构时,各结点之间的地址_____。
    A. 必须是连续的　　　　　　　　B. 一定是不连续的
    C. 部分地址必须是连续的　　　　D. 连续与否均可以

8. 在线性表的下列存储结构中,读取指定序号的元素所花费的时间最少的是_____。
    A. 单链表　　　　B. 双链表　　　　C. 循环链表　　　　D. 顺序表

9. 若线性表最常用的运算是存取第 i 个元素及其前驱元素值,则采用_____存储方式节省时间。
    A. 单链表　　　　B. 双链表　　　　C. 循环单链表　　　　D. 顺序表

10. 对于含有 n 个元素的顺序表,其算法的时间复杂度为 $O(1)$ 的操作是_____。

A. 将 n 个元素从小到大排序　　　　B. 删除第 i 个元素 $(1 \leqslant i \leqslant n)$
C. 查找第 i 个元素　　　　　　　　D. 在第 i 个元素之后插入一个元素

11. 设某个线性表有 n 个元素，在以下运算中，_____在顺序表上实现比在链表上实现效率更高。

A. 输出第 $i\,(1 \leqslant i \leqslant n)$ 个元素值　　B. 交换第 1 个元素与第 2 个元素的值
C. 顺序输出所有 n 个元素的值　　　　D. 求第 1 个值为 x 的元素的逻辑序号

12. 以下关于单链表的叙述正确的是_____。

Ⅰ. 结点除自身信息以外还包括指针域，存储密度小于顺序表
Ⅱ. 找第 i 个结点的时间为 $O(1)$
Ⅲ. 在进行插入、删除运算时不必移动结点

A. 仅Ⅰ、Ⅱ　　　B. 仅Ⅱ、Ⅲ　　　C. 仅Ⅰ、Ⅲ　　　D. Ⅰ、Ⅱ、Ⅲ

13. 通过含有 $n(n \geqslant 1)$ 个元素的数组 a，采用头插法建立一个单链表 L，则 L 中结点值的次序_____。

A. 与数组 a 的元素次序相同　　　　B. 与数组 a 的元素次序相反
C. 与数组 a 的元素次序无关　　　　D. 以上都不对

14. 在单链表中，若 p 结点不是尾结点，在其后插入 s 结点的操作是_____。

A. $s->next=p$；$p->next=s$　　　　B. $s->next=p->next$；$p->next=s$
C. $s->next=p->next$；$p=s$　　　　D. $p->next=s$；$s->next=p$

15. 在一个含有 n 个结点的有序单链表中插入一个新结点并使其仍然有序，则算法的时间复杂度为_____。

A. $O(\log_2 n)$　　　B. $O(1)$　　　C. $O(n^2)$　　　D. $O(n)$

16. 在一个单链表中，删除 p 结点（非尾结点）之后的一个结点的操作是_____。

A. $p->next=p$　　　　　　　　　B. $p->next->next=p->next$
C. $p->next->next=p$　　　　　　　D. $p->next=p->next->next$

17. 在单链表中删除 p 所指结点的后继结点，该算法的时间复杂度是_____。

A. $O(1)$　　　B. $O(\sqrt{n})$　　　C. $O(\log_2 n)$　　　D. $O(n)$

18. 与单链表相比，双链表的优点之一是_____。

A. 插入、删除操作更简单　　　　B. 可以进行随机访问
C. 可以省略表头指针或表尾指针　　D. 访问前后相邻结点更方便

19. 在长度为 $n(n \geqslant 1)$ 的双链表 L 中，在 p 所指结点之前插入一个新结点的时间复杂度为_____。

A. $O(1)$　　　B. $O(n)$　　　C. $O(n^2)$　　　D. $O(n\log_2 n)$

20. 在长度为 $n(n \geqslant 1)$ 的双链表 L 中，删除尾结点的时间复杂度为_____。

A. $O(1)$　　　B. $O(n)$　　　C. $O(n^2)$　　　D. $O(n\log_2 n)$

21. 在长度为 $n(n \geqslant 1)$ 的双链表 L 中，删除 p 所指结点的时间复杂度为_____。

A. $O(1)$　　　B. $O(n)$　　　C. $O(n^2)$　　　D. $O(n\log_2 n)$

22. 在长度为 $n(n \geqslant 1)$ 的双链表 L 中，删除 p 所指结点的前驱结点的时间复杂度为_____。

A. $O(1)$　　　B. $O(n)$　　　C. $O(n^2)$　　　D. $O(n\log_2 n)$

23. 在不带头结点的循环单链表 L 中,至少有一个结点的条件是 ___①___ ,尾结点 p 的条件是 ___②___ 。

    A. $L!=$NULL   B. $L->$next$!=L$

    C. $p==$NULL   D. $p->$next$==L$

24. 在带头结点的循环单链表 L 中,至少有一个结点的条件是 ___①___ ,结点 p 为尾结点的条件是 ___②___ 。

    A. $L->$next$!=$NULL   B. $L->$next$!=L$

    C. $p==$NULL   D. $p->$next$==L$

25. 在只有尾结点指针 rear 没有头结点的非空循环单链表中,删除开始结点的时间复杂度为 _____ 。

    A. $O(1)$ B. $O(n)$ C. $O(n^2)$ D. $O(n\log_2 n)$

26. 在长度为 $n(n \geqslant 1)$ 的循环双链表 L 中,删除尾结点的时间复杂度为 _____ 。

    A. $O(1)$ B. $O(n)$ C. $O(n^2)$ D. $O(n\log_2 n)$

27. 某线性表最常用的运算是在尾元素之后插入元素和删除尾元素,则以下 _____ 存储方式最节省运算时间。

    A. 单链表   B. 循环单链表   C. 双链表   D. 循环双链表

28. 某线性表最常用的运算是在尾元素之后插入元素和删除开始元素,则以下 _____ 存储方式最节省运算时间。

    A. 单链表   B. 仅有头结点指针的循环单链表

    C. 双链表   D. 仅有尾结点指针的循环单链表

29. 如果对含有 $n(n>1)$ 个元素的线性表的运算只有 4 种,即删除第一个元素、删除尾元素、在第一个元素的前面插入新元素、在尾元素的后面插入新元素,则最好使用 _____ 。

    A. 只有尾结点指针没有头结点的循环单链表

    B. 只有尾结点指针没有头结点的非循环双链表

    C. 只有首结点指针没有尾结点指针的循环双链表

    D. 既有头指针又有尾指针的循环单链表

30. 以下关于有序表的叙述正确的是 _____ 。

    A. 有序表只能采用顺序表存储

    B. 有序表中元素之间的关系是非线性关系

    C. 有序表只能采用链表存储

    D. 有序表既可以采用顺序表存储,也可以采用链表存储

31. 将两个各有 n 个元素的递增有序顺序表归并成一个有序顺序表,其最少的元素比较次数是 _____ 。

    A. n B. $2n-1$ C. $2n$ D. $n-1$

32. 将两个长度分别为 n、m 的递增有序顺序表归并成一个有序顺序表,其元素最多的比较次数是 _____ (MIN 表示取最小值)。

    A. n B. $m+n$ C. MIN(m,n) D. $m+n-1$

2.3.2　填空题

1. 在线性表的顺序存储结构中,元素之间的逻辑关系是通过　①　决定的;在线性表的链式存储结构中,元素之间的逻辑关系是通过　②　决定的。

2. 在有 n 个元素的顺序表中删除任意一个元素所需移动元素的平均次数为_____。

3. 在一个长度为 $n(n \geqslant 1)$ 的顺序表中删除第 i 个元素($1 \leqslant i \leqslant n$)时需向前移动_____个元素。

4. 在有 n 个元素的顺序表中的任意位置插入一个元素所需移动元素的平均次数为_____。

5. 在长度为 n 的顺序表中,若删除第 $i(1 \leqslant i \leqslant n)$ 个元素的概率是 p_i,则删除元素时移动元素的平均次数是_____。

6. 在长度为 n 的顺序表 L 中将所有值为 x 的元素替换成 y,该算法的时间复杂度为_____。

7. 带头结点的单链表 L 为空的判定条件是_____。

8. 在一个单链表 L 中,已知 p 指向某个非尾结点,若要删除其后继结点,并释放其空间,则执行的操作是_____。

9. 对于一个具有 $n(n \geqslant 1)$ 个结点的单链表,插入一个尾结点的时间复杂度是_____。

10. 有一个含有 n 个元素的线性表,可以采用单链表或双链表存储,其主要的操作是插入和删除第一个元素,最好选择_____存储结构。

11. 以下算法是删除带头结点的单链表 L 中 p 所指的结点并释放它,请填空。

```
bool Delp(LinkNode * &L, LinkNode * p)
{   LinkNode * pre = L;
    while (pre -> next != p)
            ①    ;
    if (pre == NULL)
        return false;
    else
    {    ②    ;
        free(p);
        return true;
    }
}
```

12. 求一个双链表长度的算法的时间复杂度为_____。

13. 某个含有 n 个元素的线性表可以采用单链表或双链表存储结构,但要求快速删除指定地址的结点,应采用_____。

14. 对于双链表,删除 p 结点的前驱结点需要修改_____个指针域。

15. 在一个双链表 L 中,若要在 p 结点(非尾结点)之前插入一个结点 s,则执行的操作是_____。

16. 在长度为 n 的循环单链表 L 中查找值最大的结点,其时间复杂度为_____。

17. 有一个长度为 n 的循环单链表 L,在 p 所指的结点之前插入一个新结点,其时间复杂度为_____。

18. 在结点个数大于 1 的循环单链表中,指针 p 指向其中某个结点,当执行以下程序段后让指针 s 指向结点 p 的前驱结点,请填空。

```
s = p;
while (_____) s = s -> next;
```

19. 线性表采用某种链式存储结构,在该链表上删除尾结点的时间复杂度为 $O(1)$,则该链表是_____。

20. 在含有 n 个结点的循环双链表中要删除 p 所指的结点,其时间复杂度为_____。

21. 两个长度分别为 m、n 的有序单链表,在采用二路归并算法产生一个有序单链表时,算法的时间复杂度为_____。

22. 两个长度分别为 m、n 的有序顺序表,在采用二路归并算法产生一个有序顺序表时,最少的元素比较次数为_____。

2.3.3 判断题

习题答案

1. 判断以下叙述的正确性。

(1) 在一个含有 $n(n \geqslant 1)$ 个元素的线性表中,所有元素值不能相同。

(2) 顺序表具有随机存取特性,所以查找值为 x 的元素的时间复杂度为 $O(1)$。

(3) 线性表(含 n 个元素)的基本运算之一是删除第 i 个元素,其中 i 的有效取值范围是 $0 \leqslant i \leqslant n-1$。

(4) 顺序表采用一维数组存放线性表中的元素,所以顺序表与一维数组是等同的。

(5) 线性表的顺序存储表示属于静态结构,而链式存储表示属于动态结构。

(6) 在含有 n 个结点的单链表 L 中,将 p 所指结点(非首结点)与其前驱结点交换,时间复杂度为 $O(1)$。

(7) 在含有 n 个结点的双链表 L 中,将 p 所指结点(非首结点)与其前驱结点交换,时间复杂度为 $O(1)$。

(8) 在含有 n 个结点的双链表 L 中删除 p 所指的结点,时间复杂度为 $O(1)$。

(9) 在循环单链表中,从表中任一结点出发都可以通过指针前后移动操作遍历整个循环链表。

(10) 在含有 n 个结点的循环单链表 L 中删除 p 所指结点(非首结点)的前驱结点,时间复杂度为 $O(1)$。

2. 判断以下叙述的正确性。

(1) 分配给一个单链表中所有结点的内存单元地址必须是连续的。

(2) 与顺序表相比,在链表中顺序访问所有结点,其算法的效率比较低。

(3) 从长度为 n 的顺序表中删除任何一个元素所需要的时间复杂度均为 $O(n)$。

(4) 向顺序表中插入一个元素平均要移动大约一半的元素。

(5) 空的单链表不含有任何结点。

（6）如果单链表带有头结点，则任何插入操作都不会改变头结点指针的值。

（7）在单链表中删除一个结点，首先需要找到该结点的前驱结点。

（8）在双链表中删除一个结点（非尾结点），需要修改 4 个指针域。

（9）在循环单链表中没有为空的指针域。

（10）要想在 $O(1)$ 的时间内访问尾结点，应采用循环单链表存储结构。

3. 判断以下叙述的正确性。

（1）顺序存储结构的特点是存储密度大且插入、删除运算的效率高。

（2）线性表的顺序存储结构总是优于链式存储结构。

（3）由于顺序表需要一整块连续的存储空间，所以存储空间的利用率高。

（4）同一个线性表采用单链表和双链表存储时，单链表的存储密度高于双链表。

（5）对于单链表来说，需要从头结点出发才能遍历表中的全部结点。

（6）双链表的特点是很容易找任一结点的前驱和后继结点。

（7）在双链表中删除一个结点 p 的前驱结点所花费的时间复杂度是 $O(n)$。

（8）在双链表中删除第 i 个结点的前驱结点所花费的时间复杂度是 $O(n)$。

（9）对于循环单链表来说，从表中任一结点出发都能遍历整个链表。

（10）利用非循环单链表实现的功能采用相应的循环单链表也可以实现。

2.3.4 简答题

习题答案

1. 线性表有两种存储结构，一是顺序表；二是链表，试问：

（1）如果有多个线性表同时共存，并且各表需要大量的插入和删除操作，在此情况下应选用哪种存储结构？为什么？

（2）若线性表的元素个数基本稳定，且很少进行插入和删除操作，但要求快速存取线性表中指定序号的元素，那么应采用哪种存取结构？为什么？

2. 在线性表的以下链式存储结构中，若不知链表头结点的地址，仅已知 p 指针指向的结点，能否从中删除该结点？为什么？

（1）单链表。

（2）双链表。

（3）循环单链表。

3. 在单链表和双链表中能否从当前结点出发访问到任一结点？

4. 哪些链表从尾结点出发可以访问到链表中的任意结点？

5. 为什么在不带头结点的循环单链表中设置尾指针比设置首指针更好？

6. 带头结点的双链表和循环双链表相比有什么不同？在何时使用循环双链表？

7. 以下算法用于统计带头结点的单链表 L 中结点值等于 x 的结点的个数，其中存在错误，请指出错误的地方并修改为正确的算法。

```
int count(LinkNode * L, ElemType x)
{    int n = 0;
     while (L != NULL)
     {    L = L -> next;
          if (L -> data == x) n++;
```

```
    }
    return n;
}
```

8. 有以下关于单链表 L 的算法：

```
bool fun(LinkNode * &L, int i, ElemType e)
{    int j = 0;
    LinkNode * p = L, * s;
    while (j < i - 1 && p!= NULL)
    {    j++;
        p = p -> next;
    }
    if (p == NULL)
        return false;
    else
    {    s = (LinkNode * )malloc(sizeof(LinkNode));
        s -> data = e;
        s -> next = p -> next;
        p -> next = s;
        return true;
    }
}
```

(1) 指出 fun(L, i, e) 算法的功能。

(2) 当 $L = (1, 2, 3, 4, 5, 6, 7, 8)$ 时，执行 fun(L, 3, 9) 后 L 的结果是什么？

9. 有以下关于单链表 L 的算法：

```
void fun(LinkNode * &L)
{    LinkNode * prep = L, * p, * q;
    while (true)
    {    p = prep -> next;
        if (p == NULL) break;
        q = p -> next;
        if (q == NULL) break;
        p -> next = q -> next;
        q -> next = p;
        prep -> next = q;
        prep = p;
    }
}
```

(1) 指出 fun(L) 算法的功能。

(2) 当 $L = (1, 2, 3, 4, 5, 6, 7, 8, 9)$ 时，执行 fun(L) 后 L 的结果是什么？

10. 有以下关于单链表 L 的算法：

```
void fun(LinkNode * &L, int i, int j)
{    int k = 0;
```

```
LinkNode * pre, * p = L;
while (k < i - 1 && p!= NULL)
{    k++;
     p = p - > next;
}
if (p == NULL) return;
pre = p;
p = pre - > next;
while (k < j && p!= NULL)
{    pre - > next = p - > next;
     free(p);
     p = pre - > next;
     k++;
}
}
```

（1）指出 $fun(L,i,j)$ 算法的功能。

（2）当 $L=(1,2,3,4,5,6,7,8)$ 时，执行 $fun(L,2,5)$ 后 L 的结果是什么？

2.3.5 算法设计题

1.【顺序表算法】设计一个高效的算法，将顺序表 L 中的所有元素逆置，要求算法的空间复杂度为 $O(1)$。

解：用 i 遍历顺序表 L 的前半部分元素，对于元素 $L->data[i]$（$0 \leqslant i < L->length/2$），将其与后半部分对应的元素 $L->data[L->length-i-1]$ 进行交换。对应的算法如下：

```
void reverse(SqList * &L)
{    int i;
     for (i = 0;i < L - > length/2;i++)              //交换一半的元素
         swap(L - > data[i],L - > data[L - > length - i - 1]);
}
```

2.【顺序表算法】设计一个时间和空间两方面尽可能高效的算法，将顺序表 L 中存放的整数序列循环左移 p（$0 < p < n$，n 为 L 中元素的个数）个位置，即将 L 中的数据序列 $(X_0,X_1,\cdots,X_{n-1})$ 变换为 $(X_p,X_{p+1},\cdots,X_{n-1},X_0,X_1,\cdots,X_{p-1})$。

解：设 $R=(X_0,X_1,\cdots,X_p,X_{p+1},\cdots,X_{n-1})$，其中 $a=(X_0,X_1,\cdots,X_{p-1})$（共有 p 个元素），$b=(X_p,\cdots,X_{n-1})$（共有 $n-p$ 个元素），并设 $reverse(A)$ 用于原地逆置数组 R，则 a 原地逆置后 a' 变为 $(X_{p-1},\cdots,X_1,X_0)$，b 原地逆置后 b' 变为 $(X_{n-1},\cdots,X_{p-1},X_p)$，也就是说 $a'b'=(X_{p-1},\cdots,X_1,X_0,X_{n-1},\cdots,X_{p-1},X_p)$，再将 $a'b'$ 原地逆置变为 $(X_p,X_{p-1},\cdots,X_{n-1},X_0,X_1,\cdots,X_{p-1})$ 即为所求，即 $reverse(R)=reverse(reverse(a),reverse(b))$。

对应的算法如下：

```
void reverse(SqList * &L,int m,int n)            //将 R[m..n]逆置
{    int i;
     for (i = 0;i < (n - m + 1)/2;i++)
         swap(L - > data[m + i],L - > data[n - i]);    //将 data[m + i]与 data[n - i]进行交换
```

```
    }
    bool creverse(SqList * &L, int p)        //将 L 中的元素循环左移 p 个位置
    {   if (p<=0 ‖ p>=L->length)
            return false;
        else
        {   reverse(L,0,p-1);
            reverse(L,p,L->length-1);
            reverse(L,0,L->length-1);
            return true;
        }
    }
```

其中,reverse(R,m,n)算法的时间复杂度为$O(n-m)$,所以 creverse(R,n,p)算法的时间复杂度为$O(p)+O(n-p)+O(n)=O(n)$。另外,在 creverse(R,n,p)算法中只定义几个变量,所以空间复杂度为$O(1)$。

3.【顺序表算法】若一个线性表采用顺序表 L 存储,其中所有元素为整数,每个元素的值只能取 0、1 或 2。设计一个算法,将所有元素按 0、1、2 的顺序排列。

解:用 $0\sim i$ 表示 0 元素区间,$k\sim n-1$ 表示 2 元素区间,中间部分为 1 元素区间,如图 2.2 所示。初始时,$i=-1$,$k=n$ 表示这些区间为空。用 j 遍历顺序表 L 中部的所有元素,j 的初始值为 0,当 j 所指的元素为 0 时,说明它一定属于前部,i 增 1(扩大 0 元素区间),将该元素交换到位置 i(从前面交换过来的元素一定是 1),j 前进;当 j 所指的元素为 2 时,说明它一定属于后部,k 减 1(扩大 2 元素区间),将该元素交换到位置 k,若此时 j 前进则会导致该位置不能被交换到前部,所以 j 不前进;当 j 所指的元素为 1 时,说明它一定属于中部,保持原来的位置不动,j 前进。对应的算法如下:

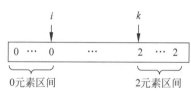

图 2.2　3 个区间

```
    void move(SqList * &L)
    {   int i=-1,j=0,k=L->length;
        while (j<k)
        {   if (L->data[j]==0)
            {   i++;
                swap(L->data[i],L->data[j]);
                j++;
            }
            else if (L->data[j]==2)
            {   k--;
                swap(L->data[k],L->data[j]);
            }
            else j++;
        }
    }
```

4.【顺序表算法】若一个线性表采用顺序表 L 存储,其中所有元素为整数。设计一个

时间和空间两方面尽可能高效的算法将所有元素划分成两部分,其中前半部分的每个元素均小于或等于整数 $k1$,后半部分的每个元素均大于或等于整数 $k2$。例如,对于 $(6,4,10,7,9,2,20,1,3,30)$,当 $k1=5,k2=8$ 时,一种结果为 $([3,4,1,2],6,7,[20,10,9,30])$。如果 $k1>k2$,算法返回 false,否则返回 true。

解:当 $k1 \leqslant k2$ 时,先将所有小于或等于整数 $k1$ 的元素前移,置 $i=0,j=n-1$,从左向右找大于 $k1$ 的元素 $data[i]$,再从右向左找小于或等于 $k1$ 的元素 $data[j]$,将两者交换,如此重复,直到 $i=j$ 为止。然后采用类似的方法将 $data[i..n-1]$ 中所有大于或等于 $k2$ 的元素移到右半部分,最后返回真。如果 $k1>k2$,直接返回假。对应的算法如下:

```
bool Rearrangement(SqList * &L,int k1,int k2)
{   int i = 0,j = L-> length-1;
    if (k1 > k2)                     //参数错误返回假
        return false;
    while (i < j)                    //将所有小于或等于 k1 的元素前移
    {   while (L->data[i]<= k1) i++;
        while (L->data[j]>k1) j--;
        if (i < j)
        {   swap(L->data[i],L->data[j]);
            i++; j--;
        }
    }
    j = L-> length-1;
    while (i < j)                    //将所有大于或等于 k2 的元素后移
    {   while (L->data[i]<k2) i++;
        while (L->data[j]>= k2) j--;
        if (i < j)
        {   swap(L->data[i],L->data[j]);
            i++;j--;
        }
    }
    return true;                     //操作成功返回真
}
```

5.【有序顺序表算法】用顺序表 A 和 B 表示的两个线性表,元素的个数分别为 m 和 n,假设表中元素都是递增排列的,且这 $(m+n)$ 个元素中没有重复的。

(1) 设计一个算法将这两个线性表合并成一个递增有序线性表,并存储到另一个顺序表 C 中。

(2) 如果顺序表 A 的大小为 $(m+n)$ 个单元,是否可以不利用顺序表 C 而将合并结果存放于顺序表 A 中,若可以,请设计对应的算法;若不可以,请说明理由。

(3) 设顺序表 A 中的前 k 个元素有序,后 $n-k$ 个元素有序,试设计一个算法使得整个顺序表有序,要求算法的空间复杂度为 $O(1)$。

解:(1) 采用基本的二路归并方法。用 i 和 j 分别遍历顺序表 A 和 B,比较它们当前的元素,将较小者复制到顺序表 C 中,重复这一过程,直到其中的一个顺序表遍历完毕为止,将另一个顺序表余下的元素全部复制到顺序表 C 中。对应的算法如下:

```
void merge1(SqList * A, SqList * B, SqList * &C)
{   int i = 0, j = 0, k = 0;
    C = (SqList * )malloc(sizeof(SqList));
    while (i < A -> length && j < B -> length)
    {   if (A -> data[i] < B -> data[j])
        {   C -> data[k] = A -> data[i];
            i++; k++;
        }
        else
        {   C -> data[k] = B -> data[j];
            j++; k++;
        }
    }
    while (i < A -> length)
    {   C -> data[k] = A -> data[i];
        i++; k++;
    }
    while (j < B -> length)
    {   C -> data[k] = B -> data[j];
        j++; k++;
    }
    C -> length = k;
}
```

本算法的时间复杂度为 $O(m+n)$，空间复杂度为 $O(1)$。

（2）可以，设顺序表 A、B 的长度分别为 m、n，重新置 A 的长度为 $m+n$。$i=0,j=0$，$k=m+n-1$，采用二路归并，将归并的元素放在新表 A 中，但从 A 的尾部开始放置。对应的算法如下：

```
void merge2(SqList * &A, SqList * B)
{   int i = A -> length - 1, j = B -> length - 1;
    int k = A -> length + B -> length - 1;
    A -> length = A -> length + B -> length;    //重置 A 的长度
    while (i >= 0 && j >= 0)                     //原来的 A 和 B 都没有扫描完毕时
    {   if (A -> data[i] >= B -> data[j])        //将较大元素 A -> data[i] 复制到新表 A 的尾部
        {   A -> data[k] = A -> data[i];
            i--; k--;
        }
        else                                    //将较小元素 B -> data[j] 复制到新表 A 的尾部
        {   A -> data[k] = B -> data[j];
            j--; k--;
        }
    }
    while (j >= 0)                               //将 B 的余下元素复制到新表 A 的尾部
    {   A -> data[k] = B -> data[j];
        j--; k--;
    }
}
```

本算法的时间复杂度为 $O(m+n)$，空间复杂度为 $O(1)$。

(3) 将顺序表 A 的后半部分插到前半部分中,使整个表有序。用 j 遍历后半部分的有序表,用 i 记录在前半部分有序表中要插入 $A->data[j]$ 元素的位置。对应的算法如下:

```
void merge3(SqList * &A, int k)
{   int i = 0, i1, j = k;              //用 j 遍历后半部分的有序表,同时记录前半部分有序表的长度
    ElemType tmp;
    while (j < A->length && i < j)
    {   if (A->data[j] > A->data[j-1])       //整个表已递增有序,退出循环
            break;
        else if (A->data[j] < A->data[i])    //将 A->data[j] 插到前半部分中
        {   tmp = A->data[j];
            for (i1 = j-1; i1 >= i; i1--)        //将 A->data[i] 及之后的元素后移
                A->data[i1+1] = A->data[i1];
            A->data[i] = tmp;                //将 A->data[j] 插到 A->data[i] 处
            i++; j++;
        }
        else i++;
    }
}
```

本算法的时间复杂度为 $O(m \times n)$,空间复杂度为 $O(1)$。

6. 【有序顺序表算法】假设表示集合的顺序表是一个有序顺序表,设计一个高效的算法实现集合的求交集运算,即 $C = A \cap B$。

解:可以利用有序表二路归并方法来提高算法的效率,在归并过程中只将有序顺序表 A、B 中公共的元素复制到 C 中。对应的算法如下:

```
void Intersection(SqList * A, SqList * B, SqList * &C)
{   int i = 0, j = 0, k = 0;               //k 记录 C 中元素的个数
    C = (SqList *)malloc(sizeof(SqList));
    while (i < A->length && j < B->length)
    {   if (A->data[i] == B->data[j])        //将公共的元素放入 C 中
        {   C->data[k] = A->data[i];
            i++; j++; k++;
        }
        else if (A->data[i] < B->data[j]) i++;
        else j++;
    }
    C->length = k;                         //修改集合的长度
}
```

本算法的时间复杂度为 $O(m+n)$,空间复杂度为 $O(1)$,其中 m、n 分别为两个顺序表的长度。

7. 【有序顺序表算法】假设表示集合的顺序表是一个有序顺序表,设计一个高效的算法实现集合的求并集运算,即 $C = A \cup B$。

解:可以利用有序表二路归并方法来提高算法的效率。在归并过程中将有序顺序表 A、B 中不同的元素复制到 C 中,公共的元素只复制一次,当有一个表遍历完毕时将另外一

个表的所有元素复制到 C 中。对应的算法如下：

```
void Union(SqList * A,SqList * B,SqList * &C)
{   int i = 0,j = 0,k = 0;                      //k 记录 C 中元素的个数
    C = (SqList * )malloc(sizeof(SqList));
    while (i < A -> length && j < B -> length)
    {   if (A -> data[i] < B -> data[j])
        {   C -> data[k] = A -> data[i];
            i++; k++;
        }
        else if (A -> data[i] > B -> data[j])
        {   C -> data[k] = B -> data[j];
            j++; k++;
        }
        else                                    //公共元素只复制一次
        {   C -> data[k] = A -> data[i];
            i++; j++; k++;
        }
    }
    while (i < A -> length)                      //若 A 未遍历完,将余下的所有元素复制到 C 中
    {   C -> data[k] = A -> data[i];
        i++; k++;
    }
    while (j < B -> length)                      //若 B 未遍历完,将余下的所有元素复制到 C 中
    {   C -> data[k] = B -> data[j];
        j++; k++;
    }
    C -> length = k;                             //修改顺序表的长度
}
```

本算法的时间复杂度为 $O(m+n)$，空间复杂度为 $O(1)$，其中 m、n 分别为两个顺序表的长度。

8.【有序顺序表算法】假设表示集合的顺序表是一个有序顺序表，设计一个高效的算法实现集合的求差集运算，即 $C=A-B$。

解：可以利用有序表二路归并方法来提高算法的效率。在归并过程中只将有序顺序表 A 中较小的元素复制到 C 中，若 B 表扫描完毕，表示 A 表余下的元素都较大，将它们都复制到 C 中。对应的算法如下：

```
void Diffence(SqList * A,SqList * B,SqList * &C)
{   int i = 0,j = 0,k = 0;                      //k 记录 C 中元素的个数
    C = (SqList * )malloc(sizeof(SqList));
    while (i < A -> length && j < B -> length)
    {   if (A -> data[i] < B -> data[j])        //只将 A 中较小的元素放入 C 中
        {   C -> data[k] = A -> data[i];
            i++; k++;
        }
        else if (A -> data[i] > B -> data[j])
            j++;
```

```
        else                        //公共元素不能放入C中
        {    i++;
             j++;
        }
    }
    while (i < A -> length)          //若A未遍历完,将余下的所有元素放入C中
    {   C -> data[k] = A -> data[i];
        i++; k++;
    }
    C -> length = k;                 //修改集合的长度
}
```

本算法的时间复杂度为 $O(m+n)$,空间复杂度为 $O(1)$,其中 m、n 分别为两个顺序表的长度,和上例相比,因为其数据有序而降低了算法的时间复杂度。

9.【单链表算法】设计一个算法,查找带头结点的非空单链表 L 中的最后一个最小结点(最小结点可能有多个),并返回该结点的逻辑序号。

解:通过遍历方法查找最后一个最小结点 minp,用 mini 记录其逻辑序号。对应的算法如下:

```
int MinLast(LinkNode * L)
{   LinkNode * p = L -> next, * minp = p;
    int i = 1, mini = i;
    while (p!= NULL)
    {   if (minp -> data >= p -> data)
        {   minp = p;
            mini = i;
        }
        i++;
        p = p -> next;
    }
    return mini;
}
```

10.【单链表算法】有两个整数序列 $A=(a_1, a_2, \cdots, a_n)$ 和 $B=(b_1, b_2, \cdots, b_m)$,分别用单链表 ha 和 hb 存储,设计一个算法判断 B 是否为 A 的连续子序列。

解:采用穷举法进行判断,即从 ha 的每一个结点开始与 hb 的所有结点依次匹配,若 hb 比较完毕,表示是子序列,返回真;如果 ha 的所有结点都比较完毕,表示不是子序列,返回假。对应的算法如下:

```
bool subseq(LinkNode * ha, LinkNode * hb)
{   LinkNode * pa = ha -> next, * pb, * pa1, * pb1;
    while (pa!= NULL)
    {   pb = hb -> next;                        //pb指向hb的首结点
        pa1 = pa; pb1 = pb;
        while (pa1!= NULL && pb1!= NULL && pa1 -> data == pb1 -> data)
        {   pa1 = pa1 -> next;                   //若相等,继续比较后续结点
            pb1 = pb1 -> next;
```

```
        }
        if (pb1 == NULL)              //匹配成功返回 true
            return true;
        pa = pa -> next;              //从 ha 的下一个结点继续匹配
    }
    return false;
}
```

11.【单链表算法】设计一个算法,判断单链表 L(带头结点)是否为递增的。

解:从链表 L 的第 2 个结点开始,判断每个结点的值是否比其前驱结点的值大。若有一个不成立,则整个链表就不是递增的,否则是递增的。对应的算法如下:

```
bool increase(LinkNode * L)
{   LinkNode * p = L -> next, * post;    //p 指向首结点
    post = p -> next;                    //post 指向 p 结点的后继结点
    while (post!= NULL)
    {   if (post -> data > p -> data)    //若正序则继续判断下一个结点
        {   p = post;                    //p、post 同步后移
            post = post -> next;
        }
        else
            return false;
    }
    return true;
}
```

12.【单链表算法】假设采用带头结点的单链表保存单词,当两个单词有相同的后缀时可共享相同的后缀存储空间,例如"loading"和"being",如图 2.3 所示。设 str1 和 str2 分别指向两个单词所在单链表的头结点,链表结点结构为(data,next)。请设计一个时间上尽可能高效的算法,找出由 str1 和 str2 所指向两个链表共同后缀的起始位置(如图中字符'i'所在结点的位置 p)。

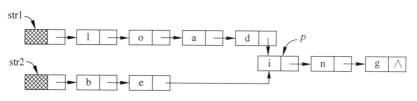

图 2.3　两个单词的后缀共享存储结构

解:分别求出 str1 和 str2 所指的两个链表的长度 m 和 n。将两个链表以表尾对齐,令指针 p、q 分别指向 str1 和 str2 的头结点,若 $m \geq n$,则让 p 指向 str1 链表中的第 $m-n+1$ 个结点;若 $m<n$,则让 q 指向 str2 链表中的第 $n-m+1$ 个结点,即让指针 p、q 所指结点到表尾的长度相符。反复将指针 p、q 同步后移,并判断它们是否指向同一结点。若 p、q 指向同一结点,则该结点即为所求的共同后缀的起始位置。对应的算法如下:

```
LinkNode * Findlist(LinkNode * str1,LinkNode * str2)
{   int m,n;
    LinkNode * p, * q;
    m = ListLength(str1);                //求单链表 str1 的长度 m
    n = ListLength(str2);                //求单链表 str2 的长度 n
    for (p = str1;m > n;m--)             //若 m 大,则将 p 后移到 str1 的第 m-n+1 个结点
        p = p->next;
    for (q = str2;m < n;n--)             //若 n 大,则将 q 后移到 str2 的第 m-n+1 个结点
        q = q->next;
    while (p->next!= NULL && p->next!= q->next)
    {   p = p->next;                     //p、q 两步后移找第一个指针值相等的结点
        q = q->next;
    }
    return p->next;
}
```

13.【单链表算法】某非空单链表 L 中的所有元素为整数,设计一个算法,将所有小于零的结点移到所有大于或等于零的结点的前面。

解:用 p 指针遍历单链表 L,pre 指向其前驱结点。当 p 不空时循环,若 p 所指结点的 data 值小于 0,通过 pre 指针将其从链表中移去,然后将 p 结点插到表头,并置 $p = $ pre->next;否则,pre、p 同步后移一个结点。对应的算法如下:

```
void Move(LinkNode * &L)
{   LinkNode * p = L->next, * pre = p;
    while (p!= NULL)
    {   if (p->data < 0)
        {   pre->next = p->next;        //将结点 p 从链表中移去
            p->next = L->next;          //将结点 p 插到表头
            L->next = p;
            p = pre->next;
        }
        else
        {   pre = p;                    //pre、p 同步后移
            p = p->next;
        }
    }
}
```

14.【单链表算法】设计一个算法,删除带头结点的非空单链表 L 中第一个值为 x 的结点(值为 x 的结点可能有多个),若成功操作返回 true,否则返回 false。

解:用 pre、p 遍历整个单链表,pre 指向结点 p 的前驱结点,p 用于查找第一个值为 x 的结点,当找到后通过 pre 结点将 p 结点删除,返回真,否则返回假。对应的算法如下:

```
bool DelFirstx(LinkNode * &L,ElemType x)
{   LinkNode * pre = L, * p = pre->next;              //pre 指向结点 p 的前驱结点
    while (p!= NULL && p->data!= x)
    {   pre = p;
```

```
        p = p->next;                  //pre、p 同步后移
    }
    if (p!= NULL)                     //找到值为 x 的 p 结点
    {   pre->next = p->next;
        free(p);
        return true;
    }
    else return false;                //未找到值为 x 的结点
}
```

15. 【单链表算法】有一个带头结点的非空单链表 L，设计一个算法，删除其中第 1、3、5、…的结点，即删除奇数序号的结点，并讨论算法的复杂度。

解：用 p 遍历单链表中奇数序号的结点，pre 指向其前驱结点。在 p 不为空时循环，即通过 pre 结点将 p 结点删除。对应的算法如下：

```
void Delodd(LinkNode * &L)
{   LinkNode * pre = L, * p = pre->next;
    while (p!= NULL)
    {   pre->next = p->next;          //p 指向奇数序号的结点
        free(p);                      //删除并释放 p 结点
        pre = pre->next;              //pre 指向偶数序号的结点
        if (pre == NULL) break;       //当 pre 为空时表示所有结点遍历完毕
        p = pre->next;
    }
}
```

16. 【单链表算法】设计一个算法，删除带头结点的单链表 L 中 data 值大于或等于 min、小于或等于 max 之间的结点（若表中有这样的结点），同时释放被删结点的空间，这里 min 和 max 是两个给定的参数，并分析算法的时间复杂度。

解：用 p 遍历单链表 L，pre 指向它的前驱结点，若 p 结点满足被删条件，则通过 pre 结点删除之并将 p 下移一个结点，否则 pre、p 同步后移一个结点。对应的算法如下：

```
void Delnodes1(LinkNode * &L, ElemType min, ElemType max)
{   LinkNode * pre = L, * p = pre->next;
    while (p!= NULL)
    {   if (p->data >= min && p->data <= max)  //p 结点为被删结点,pre 为前驱结点
        {   pre->next = p->next;               //删除 p 结点
            free(p);                           //释放 p 结点的空间
            p = pre->next;                     //p 下移一个结点
        }
        else
        {   pre = p;
            p = p->next;                       //pre、p 同步后移一个结点
        }
    }
}
```

17.【单链表算法】有一个由整数元素构成的非空单链表 A，设计一个算法，将其拆分成两个单链表 A 和 B，使得单链表 A 中含有所有的偶数结点，单链表 B 中含有所有的奇数结点，且保持原来的相对次序。

解：采用尾插法建立新表 A、B。用 p 遍历原单链表 A 中的所有数据结点，若为偶数结点，则将其链到 A 中；若为奇数结点，则将其链到 B 中。对应的算法如下：

```
void Split(LinkNode * &A,LinkNode * &B)
{   LinkNode * p=A->next, * ra, * rb;
    ra = A;
    B = (LinkNode * )malloc(sizeof(LinkNode));    //建立头结点 B
    rb = B;                                        //rb 总是指向 B 链表的尾结点
    while (p!= NULL)
    {   if (p->data % 2 == 0)                      //若为偶数结点
        {   ra->next = p;                          //将 p 结点链到 A 中
            ra = p;
            p = p->next;
        }
        else                                       //若为奇数结点
        {   rb->next = p;                          //将 p 结点链到 B 中
            rb = p;
            p = p->next;
        }
    }
    ra->next = rb->next = NULL;                     //将尾结点的 next 域置为空
}
```

18.【单链表算法】已知由单链表 L 表示的线性表中含有 3 类字符的数据元素（例如字母字符、数字字符和其他字符）。设计一个算法构造 3 个循环单链表 A、B、C，使每个循环单链表中只含同一类的字符，且利用原表中的结点空间作为这 3 个表的结点空间，头结点可另辟空间。

解：先创建 3 个空的循环单链表，用 p 遍历单链表 L 中的所有数据结点，将不同类型的结点采用头插法插到相应的循环单链表中。对应的算法如下：

```
void Split(LinkNode * L,LinkNode * &A,LinkNode * &B,LinkNode * &C)
{   LinkNode * p=L->next, * q;
    A = L;
    A->next = A;                                    //A 为空的循环单链表
    B = (LinkNode * )malloc(sizeof(LinkNode));      //创建 B 的头结点
    B->next = B;                                     //B 为空的循环单链表
    C = (LinkNode * )malloc(sizeof(LinkNode));      //创建 C 的头结点
    C->next = C;                                     //C 为空的循环单链表
    while (p!= NULL)                                 //遍历原来 A 中的所有数据结点
    {   if (p->data >= 'A' && p->data <= 'Z' || p->data >= 'a' && p->data <= 'z')
        {   q = p;p = p->next;
            q->next = A->next;A->next = q;           //将结点 q 采用头插法插到 A 中
        }
        else if (p->data >= '0' && p->data <= '9')
```

```
        { q = p;p = p - > next;
          q - > next = A - > next;A - > next = q;      //将结点 q 采用头插法插到 B 中
        }
        else
        { q = p;p = p - > next;
          q - > next = C - > next;C - > next = q;      //将结点 q 采用头插法插到 C 中        }
    }
}
```

19.【有序单链表算法】有一个递增单链表 L（允许出现值域重复的结点），设计一个算法删除值域重复的结点。

解：由于是有序表，所以相同值域的结点都是相邻的。用 p 遍历递增单链表，若 p 结点的值域等于其后结点的值域，则删除后者。对应的算法如下：

```
void Dels(LinkNode * &L)
{   LinkNode * p = L - > next, * q;
    while (p - > next != NULL)
    {   if (p - > data == p - > next - > data)      //找到重复值的结点
        {   q = p - > next;                         //q 指向这个重复值的结点
            p - > next = q - > next;                //删除 q 结点
            free(q);
        }
        else p = p - > next;
    }
}
```

本算法的时间复杂度为 $O(n)$。

20.【有序单链表算法】设 A 和 B 是两个带头结点的单链表，其表中的元素递增有序。试编写一个算法将 A 和 B 归并成一个按元素值递减有序的单链表 C，并要求辅助空间复杂度为 $O(1)$，请分析算法的时间复杂度。

解：由于要求辅助空间复杂度为 $O(1)$，所以需要就地处理。利用二路归并方法，用 p 遍历 A、q 遍历 B，比较结点 p 和结点 q 的值域的大小，将较小者采用头插法插入 C 中，最后将 A 或 B 中余下的结点采用头插法插入 C 中。对应的算法如下：

```
void merge(LinkNode * A,LinkNode * B,LinkNode * &C)
{   LinkNode * p = A - > next, * q = B - > next, * r;
    free(B);
    C = A;
    C - > next = NULL;                              //新建立一个空的单链表 C
    while (p != NULL && q != NULL)
    {   if (p - > data < q - > data)                //将 p 结点采用头插法插到 C 中
        {   r = p - > next;
            p - > next = C - > next;
            C - > next = p;
            p = r;
        }
```

```
        else                           //将 q 结点采用头插法插到 C 中
        {    r = q->next;
             q->next = C->next;
             C->next = q;
             q = r;
        }
    }
    if (q!= NULL) p = q;
    while (p!= NULL)                    //将余下的结点采用头插法插到 C 中
    {    r = p->next;
         p->next = C->next;
         C->next = p;
         p = r;
    }
}
```

上述算法的时间复杂度为 $O(m+n)$，m 和 n 分别为 A、B 中数据结点的个数。

21.【有序单链表算法】已知单链表 L（带头结点）是一个递增有序表，试编写一个高效的算法删除表中值大于 min 且小于 max 的结点（若表中有这样的结点），同时释放被删结点的空间，这里 min 和 max 是两个给定的参数。请分析算法的时间复杂度。

解：由于单链表 L 是一个递增有序表，首先找到值域刚好大于 min 的结点 p，再依次删除所有值域小于 max 的结点。对应的算法如下：

```
void Delnodes(LinkNode * &L, ElemType min, ElemType max)
{    LinkNode * p = L->next, * pre = L;          //pre 指向结点 p 的前驱结点
     while (p!= NULL && p->data <= min)          //查找刚好大于 min 的结点 p
     {    pre = p;                               //pre、p 同步后移
          p = p->next;
     }
     while (p!= NULL && p->data < max)           //删除所有小于 max 的结点
     {    pre->next = p->next;
          free(p);
          p = pre->next;
     }
}
```

本算法的时间复杂度为 $O(n)$。

22.【双链表算法】有一个非空双链表 L，设计一个算法，在第 i 个结点之后插入一个值为 x 的结点。

解：先在 L 中查找第 i 个结点 p，若不存在这样的结点，返回 false；否则新建一个值为 x 的结点 s，在结点 p 之后插入 s 结点，返回 true。对应的算法如下：

```
bool InsertAfteri(DLinkNode * &L, int i, ElemType x)
{    DLinkNode * p = L->next, * s;
     int j = 1;
     if (i<1) return false;
```

```
    while (p!= NULL && j < i)              //查找第 i 个结点 p
    {    j++;
        p = p->next;
    }
    if (p == NULL)                          //没有找到第 i 个结点返回假
        return false;
    s = (DLinkNode * )malloc(sizeof(DLinkNode));
    s->data = x;                            //在 p 结点之后插入新结点
    if (p->next!= NULL) p->next->prior = s;
    s->next = p->next;
    p->next = s;
    s->prior = p;
    return true;
}
```

23. 【双链表算法】有一个非空双链表 L，设计一个算法删除所有值为 x 的结点。

解：先让 p 指向首结点。p 不为空时循环：若 p 所指结点值为 x，删除 p 结点，让 p 指向下一个结点；否则 p 后移一个结点。对应的算法如下：

```
void DeleteAllx(DLinkNode * &L, ElemType x)
{    DLinkNode * p = L->next, * q;
    while (p!= NULL)
    {    if (p->data == x)
        {    q = p->next;                   //临时保存 p 结点的后继结点
            p->prior->next = p->next;
            if (p->next!= NULL)
                p->next->prior = p->prior;
            p = q;
        }
        else p = p->next;
    }
}
```

24. 【双链表算法】有一个带头结点的双链表 L，其所有元素均为整数，设计一个算法删除所有奇数元素的结点。

解：先让 p 指向首结点。p 不为空时循环：若 p 所指结点值为奇数，让 q 指向其后继结点，删除 p 结点，置 p 为 q；否则 p 后移一个结点。对应的算法如下：

```
void DelOdd(DLinkNode * &L)
{    DLinkNode * p = L->next, * q;
    while (p!= NULL)
    {    if (p->data % 2 == 1)              //p 指向奇数结点
        {    q = p->next;
            p->prior->next = q;
            q->prior = p->prior;
            free(p);
            p = q;
        }
```

```
    else p = p->next;              //p指向偶数结点
    }
}
```

25.【循环单链表算法】已知带头结点的循环单链表 L 中至少有两个结点,每个结点的两个域为 data 和 next,其中 data 的类型为整型。设计一个算法判断该链表中的每个结点值是否小于其后续两个结点值之和,若满足,返回 true,否则返回 false。

解:用 p 遍历整个循环单链表 L,一旦找到 $p->data < p->next->data + p->next$ $->next->data$ 条件不成立的结点 p,则终止循环,返回假,否则继续扫描。当 while 循环正常结束时返回真。对应的算法如下:

```
bool Judge(LinkNode * L)
{   LinkNode * p = L->next;
    boolflag = true;
    while (p->next->next!= L && flag)
    {   if (p->data > p->next->data + p->next->next->data)
            flag = false;
        p = p->next;
    }
    return flag;
}
```

26.【循环单链表算法】设计一个算法,在带头结点的非空循环单链表 L 中的第一个最大值结点(最大值结点可能有多个)之前插入一个值为 x 的结点。

解:用 p 遍历单链表 L,pre 指向 p 结点的前驱结点,maxp 指向最大值结点,maxpre 指向最大值结点的前驱结点。当 p 不为 L 时循环:若 p 结点值大于 maxp 结点值,置 maxpre 为 pre、maxp 为 p。然后 pre、p 同步后移一个结点。最后新建一个存放 x 的结点 s,将其插到 maxpre 结点之后。对应的算法如下:

```
void Insertbeforex(LinkNode * &L, ElemType x)
{   LinkNode * p = L->next, * pre = L;
    LinkNode * maxp = p, * maxpre = L, * s;
    while (p!= L)
    {   if (maxp->data < p->data)
        {   maxp = p;
            maxpre = pre;
        }
        pre = p;
        p = p->next;
    }
    s = (LinkNode * )malloc(sizeof(LinkNode));
    s->data = x;
    s->next = maxpre->next;
    maxpre->next = s;
}
```

27.【循环双链表算法】有一个非空循环双链表 L，设计一个算法删除第一个值为 x 的结点。

解：让 p 指向首结点。p 不为 L 且 p 结点值不为 x 时循环：p 后移一个结点。循环结束时，若 p 为 L 表示未找到值为 x 的结点，返回 false，否则删除 p 结点并返回 true。对应的算法如下：

```
bool DeleteFirstx(DLinkNode * &L, ElemType x)
{    DLinkNode  * p = L->next;
     while (p!= L && p->data!= x)
          p = p->next;
     if (p == L)                        //未找到值为 x 的结点返回 false
          return false;
     else
     {    p->prior->next = p->next;     //删除 p 结点
          p->next->prior = p->prior;
          free(p);
          return true;
     }
}
```

第 3 章 栈和队列

3.1 本章知识体系

1. 知识结构图

本章的知识结构如图 3.1 所示。

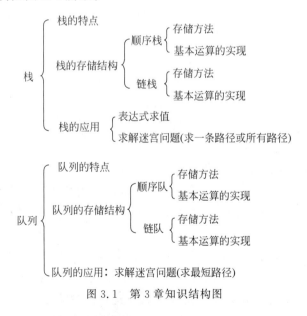

图 3.1 第 3 章知识结构图

2. 基本知识点

（1）栈、队列和线性表的异同。

（2）顺序栈的基本运算算法设计。

（3）链栈的基本运算算法设计。

（4）顺序队的基本运算算法设计。

（5）环形队列和非环形队列的特点。

（6）链队的基本运算算法设计。

（7）利用栈/队列求解复杂的应用问题。

3. 要点归纳

（1）栈和队列的共同点是它们的数据元素都呈线性关系，且只允许在端点处插入和删除元素。

（2）栈是一种"后进先出"的数据结构，只能在同一端进行元素的插入和删除。

（3）栈可以采用顺序栈和链栈两种存储结构。

（4）n 个不同元素的进栈顺序和出栈顺序不一定相同。

（5）在顺序栈中通常用栈顶指针指向当前栈顶的元素。

（6）在顺序栈中用数组 data[0..MaxSize－1]存放栈中元素，只能将一端作为栈底，另一端作为栈顶，通常的做法是将 data[0]端作为栈底，data[MaxSize－1]端作为栈顶。用户也可以将 data[MaxSize－1]端作为栈底，data[0]端作为栈顶，但不能将中间位置作为栈底或者栈顶。

（7）初始时将栈顶指针 top 设置为－1，栈空的条件为 top＝－1，栈满的条件为 top＝MaxSize－1，元素 x 的进栈操作是 top＋＋；data[top]＝x，出栈操作是 x＝data[top]；top－－。这是经典做法，但不是唯一的方法，如果初始时将 top 设置为 0，可以设置栈空的条件为 top＝0，栈满的条件为 top＝MaxSize，元素 x 的进栈操作是 data[top]＝x；top＋＋，出栈操作是 top－－；x＝data[top]。

（8）在顺序栈或链栈中，进栈和出栈操作不涉及栈中元素的移动。

（9）在链栈中，由于每个结点是单独分配的，通常不考虑上溢出问题。

（10）无论是顺序栈还是链栈，进栈和出栈运算的时间复杂度均为 $O(1)$。

（11）队列是一种"先进先出"的数据结构，只能从一端插入元素，从另一端删除元素。

（12）队列可以采用顺序队和链队两种存储结构。

（13）n 个元素进队的顺序和出队顺序总是一致的。

（14）在顺序队中元素的个数可以由队头指针和队尾指针计算出来。

（15）环形队列也是一种顺序队，是通过逻辑方法使其首尾相连的，解决非环形队列的假溢出现象。

（16）在环形队列中，队头指针 f 指向队头元素的前一个位置，队尾指针 r 指向队尾元素，这是一种经典做法，但不是唯一的方法，也可以让队头指针 f 指向队头元素。

（17）无论是顺序队还是链队，进队运算和出队运算的时间复杂度均为 $O(1)$。

（18）在实际应用中，一般栈和队列都是用来存放临时数据的，如果先保存的元素先处理，应该采用队列；如果后保存的元素先处理，应该采用栈。

3.2 教材中的练习题及参考答案 ✳

1. 有 5 个元素,其进栈次序为 ABCDE,在各种可能的出栈次序中以元素 C、D 最先出栈(即 C 第一个且 D 第二个出栈)的次序有哪几个?

答:要使 C 第一个且 D 第二个出栈,应是 A 进栈,B 进栈,C 进栈,C 出栈,D 进栈,D 出栈,之后可以有以下几种情况。

(1) B 出栈,A 出栈,E 进栈,E 出栈,输出序列为 CDBAE;

(2) B 出栈,E 进栈,E 出栈,A 出栈,输出序列为 CDBEA;

(3) E 进栈,E 出栈,B 出栈,A 出栈,输出序列为 CDEBA。

所以可能的次序有 CDBAE、CDBEA、CDEBA。

2. 在一个算法中需要建立多个栈(假设 3 个栈或以上)时可以选用以下 3 种方案之一,试问这些方案相比各有什么优缺点?

(1) 分别用多个顺序存储空间建立多个独立的顺序栈。

(2) 多个栈共享一个顺序存储空间。

(3) 分别建立多个独立的链栈。

答:(1) 优点是每个栈仅用一个顺序存储空间时操作简单;缺点是各栈的初始空间分配小了容易产生溢出,分配空间大了容易造成浪费,各栈不能共享空间。

(2) 优点是多个栈仅用一个顺序存储空间,充分利用了存储空间,只有在整个存储空间都用完时才会产生溢出;缺点是当一个栈满时要向左、右查询有无空闲单元,如果有,则要移动元素和修改相关的栈底和栈顶指针。当接近栈满时要查询空闲单元、移动元素和修改栈底、栈顶指针,这一过程计算复杂且十分耗时。

(3) 优点是多个链栈一般不考虑栈的溢出;缺点是链栈中元素要以指针相链接,存储密度较顺序栈低。

3. 在以下几种存储结构中哪种最适合用作链栈?

(1) 带头结点的单链表。

(2) 不带头结点的循环单链表。

(3) 带头结点的双链表。

答:栈中元素之间的逻辑关系属线性关系,可以采用单链表、循环单链表和双链表之一来存储,而栈的主要运算是进栈和出栈。

当采用(1)时,前端作为栈顶,进栈和出栈运算的时间复杂度为 $O(1)$。

当采用(2)时,前端作为栈顶,当进栈和出栈时首结点都发生变化,还需要找到尾结点,通过修改其 next 域使其变为循环单链表,算法的时间复杂度为 $O(n)$。

当采用(3)时,前端作为栈顶,进栈和出栈运算的时间复杂度为 $O(1)$。

但单链表和双链表相比,其存储密度更高,所以本题中最适合用作链栈的是带头结点的单链表。

4. 简述以下算法的功能(假设 ElemType 为 int 类型)。

```
void fun(ElemType a[ ],int n)
{   int i;ElemType e;
    SqStack * st1, * st2;
    InitStack(st1);
    InitStack(st2);
    for (i = 0;i < n;i++)
        if (a[i] % 2 == 1)
            Push(st1,a[i]);
        else
            Push(st2,a[i]);
    i = 0;
    while (!StackEmpty(st1))
    {   Pop(st1,e);
        a[i++] = e;
    }
    while (!StackEmpty(st2))
    {   Pop(st2,e);
        a[i++] = e;
    }
    DestroyStack(st1);
    DestroyStack(st2);
}
```

答：算法的执行步骤如下。

(1) 遍历数组 a,将所有奇数进到 st1 栈中,将所有偶数进到 st2 栈中。

(2) 先将 st1 的所有元素(奇数元素)退栈,放到数组 a 中并覆盖原有位置的元素;再将 st2 的所有元素(偶数元素)退栈,放到数组 a 中并覆盖原有位置的元素。

(3) 销毁两个栈 st1 和 st2。

所以本算法的功能是利用两个栈将数组 a 中的所有奇数元素放到所有偶数元素的前面。例如 ElemType $a[]=\{1,2,3,4,5,6\}$,执行算法后数组 a 变为$\{5,3,1,6,4,2\}$。

5. 简述以下算法的功能(顺序栈的元素类型为 ElemType)。

```
void fun(SqStack * &st,ElemType x)
{   SqStack * tmps;
    ElemType e;
    InitStack(tmps);
    while(!StackEmpty(st))
    {   Pop(st,e);
        if(e!= x) Push(tmps,d);
    }
    while (!StackEmpty(tmps))
    {   Pop(tmps,e);
        Push(st,e);
    }
    DestroyStack(tmps);
}
```

答：算法的执行步骤如下。

（1）建立一个临时栈 tmps 并初始化。

（2）退栈 st 中的所有元素,将不为 x 的元素进栈到 tmps 中。

（3）退栈 tmps 中的所有元素,并进栈到 st 中。

（4）销毁栈 tmps。

所以本算法的功能是如果 st 栈中存在元素 x,将其从栈中清除。例如,st 栈中从栈底到栈顶为 a、b、c、d、e,执行算法 fun(st,'c')后,st 栈中从栈底到栈顶为 a、b、d、e。

6. 简述以下算法的功能（队列 qu 的元素类型为 ElemType）。

```
bool fun(SqQueue * &qu, int i)
{    ElemType e;
     int j = 1;
     int n = (qu -> rear - qu -> front + MaxSize) % MaxSize;
     if (j < 1 || j > n) return false;
     for (j = 1; j <= n; j++)
     {    deQueue(qu, e);
          if (j != i)
               enQueue(qu, e);
     }
     return true;
}
```

答：算法的执行步骤如下。

（1）求出队列 qu 中的元素个数 n,参数 i 错误时返回假。

（2）qu 出队共计 n 次,除了第 i 个出队的元素以外,其他出队的元素立即进队。

（3）返回真。

所以本算法的功能是删除 qu 中从队头开始的第 i 个元素。例如,qu 中从队头到队尾的元素是 a、b、c、d、e,执行算法 fun(qu,2)后,qu 中从队头到队尾的元素变为 a、c、d、e。

7. 什么是环形队列？采用什么方法实现环形队列？

答：在用数组表示队列时把数组看成一个环形的,即令数组中的第一个元素紧跟在最末一个单元之后就形成了一个环形队列。环形队列解决了非环形队列中出现的"假溢出"现象。

通常采用逻辑上求余数的方法来实现环形队列,假设数组的大小为 n,当元素下标 i 增 1 时采用 $i = (i+1) \% n$ 来实现。

8. 环形队列一定优于非环形队列吗？在什么情况下使用非环形队列？

答：队列主要用于保存中间数据,而且保存的数据具有先产生先处理的特点。非环形队列存在数据假溢出现象,即队列中还有空间,可是队满的条件却成立了,为此改为环形队列,这样克服了假溢出现象。但并不能说环形队列一定优于非环形队列,因为环形队列中出队元素的空间可能被后来进队的元素覆盖,如果算法要求在队列操作结束后利用进队的所有元素实现某种功能,这样环形队列就不适合了,在这种情况下需要使用非环形队列,例如使用非环形队列求解迷宫路径就是这种情况。

9. 假设以 I 和 O 分别表示进栈和出栈操作,栈的初态和终态均为空,进栈和出栈的操作序列可表示为仅由 I 和 O 组成的序列。

（1）下面的序列哪些是合法的？

A. IOIIOIOO   B. IOOIOIIO   C. IIIOIOIO   D. IIIOOIOO

（2）通过对（1）的分析,设计一个算法判断所给的操作序列是否合法,若合法返回真,否则返回假（假设被判断的操作序列已存入一维数组中）。

答：（1）选项 A、D 均合法,而选项 B、C 不合法。因为在选项 B 中先进栈一次,立即出栈 3 次,这会造成栈下溢。在选项 C 中共进栈 5 次,出栈 3 次,栈的终态不为空。

（2）本题使用一个链栈来判断操作序列是否合法,其中 str 为存放操作序列的字符数组,n 为该数组的字符个数（这里的 ElemType 类型设定为 char）。对应的算法如下：

```
bool judge(char str[], int n)
{   int i = 0; ElemType x;
    LinkStNode * ls;
    bool flag = true;
    InitStack(ls);
    while (i < n && flag)
    {   if (str[i] == 'I')              //进栈
            Push(ls, str[i]);
        else if (str[i] == 'O')         //出栈
        {   if (StackEmpty(ls))
                flag = false;           //栈空时
            else
                Pop(ls, x);
        }
        else
            flag = false;               //其他值无效
        i++;
    }
    if (!StackEmpty(ls)) flag = false;
    DestroyStack(ls);
    return flag;
}
```

10. 假设表达式中允许包含圆括号、方括号和大括号 3 种括号,编写一个算法判断表达式中的括号是否正确配对。

解：设置一个栈 st,遍历表达式 exp,当遇到'('、'['或'{'时将其进栈；当遇到')'时,若栈顶是'(',则继续处理,否则以不配对返回假；当遇到']'时,若栈顶是'[',则继续处理,否则以不配对返回假；当遇到'}'时,若栈顶是'{',则继续处理,否则以不配对返回假。在 exp 扫描完毕后,若栈不空,则以不配对返回假；否则以括号配对返回真。本题的算法如下：

```
bool Match(char exp[], int n)
{   LinkStNode * ls;
    InitStack(ls);
    int i = 0;
    ElemType e;
    bool flag = true;
    while (i < n && flag)
    {   if (exp[i] == '(' || exp[i] == '[' || exp[i] == '{')
```

```
            Push(ls,exp[i]);              //遇到'('、'['或'{',将其进栈
        if (exp[i] == ')')               //遇到')',若栈顶是'(',继续处理,否则以不配对返回
        {   if (GetTop(ls,e))
            {   if (e == '(') Pop(ls,e);
                else flag = false;
            }
            else flag = false;
        }
        if (exp[i] == ']')               //遇到']',若栈顶是'[',继续处理,否则以不配对返回
        {   if (GetTop(ls,e))
            {   if (e == '[') Pop(ls,e);
                else flag = false;
            }
            else flag = false;
        }
        if (exp[i] == '}')               //遇到'}',若栈顶是'{',继续处理,否则以不配对返回
        {   if (GetTop(ls,e))
            {   if (e == '{') Pop(ls,e);
                else flag = false;
            }
            else flag = false;
        }
        i++;
    }
    if (!StackEmpty(ls)) flag = false;   //若栈不空,则不配对
    DestroyStack(ls);
    return flag;
}
```

11. 设从键盘输入一个序列的字符 $a_1, a_2, \cdots, a_n$。设计一个算法实现这样的功能:若 a_i 为数字字符,a_i 进队;若 a_i 为小写字母,将队首元素出队;若 a_i 为其他字符,表示输入结束。要求使用环形队列。

解:先建立一个环形队列 qu,用 while 循环接收用户的输入,若输入数字字符,将其进队;若输入小写字母,出队一个元素,并输出它;若为其他字符,则退出循环。本题的算法如下:

```
void fun( )
{   ElemType a,e;
    SqQueue * qu;                        //定义队列指针
    InitQueue(qu);
    while (true)
    {   printf("输入 a:");
        scanf(" % s",&a);
        if (a >= '0' && a <= '9')        //为数字字符
        {   if (!enQueue(qu,a))
                printf("  队列满,不能进队\n");
        }
        else if (a >= 'a' && a <= 'z')   //为小写字母
```

```
    {   if (!deQueue(qu,e))
            printf("  队列空,不能出队\n");
        else
            printf("  出队元素:%c\n",e);
    }
    else break;          //为其他字符
    }
    DestroyQueue(qu);
}
```

12. 设计一个算法,将一个环形队列(容量为 n,元素的下标从 0 到 $n-1$)中的元素倒置。例如,图 3.2(a)中为倒置前的队列($n=10$),图 3.2(b)中为倒置后的队列。

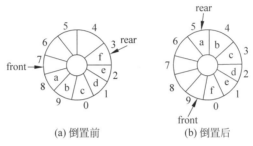

(a) 倒置前   (b) 倒置后

图 3.2 一个环形队列倒置前后的状态

解:使用一个临时栈 st,先将 qu 队列中的所有元素出队并将其进栈 st,直到队列空为止。然后初始化队列 qu(将队列清空),再出栈 st 中的所有元素并将其进队 qu,最后销毁栈 st。对应的算法如下:

```
void Reverse(SqQueue * &qu)
{   ElemType e;
    SqStack * st;
    InitStack(st);
    while (!QueueEmpty(qu))          //队不空时出队并进栈
    {   deQueue(qu,e);
        Push(st,e);
    }
    InitQueue(qu);                  //队列初始化
    while (!StackEmpty(st))          //栈不空时出栈并将元素入队
    {   Pop(st,e);
        enQueue(qu,e);
    }
    DestroyStack(st);
}
```

13. 编写一个程序,输入 n(由用户输入)个 10 以内的数,每输入 i($0 \leqslant i \leqslant 9$)就把它插到第 i 号队列中,最后把 10 个队中的非空队列按队列号从小到大的顺序串接成一条链,并输出该链中的所有元素。

解:建立一个队头指针数组 quh 和队尾指针数组 qut,quh[i] 和 qut[i]表示 i 号($0 \leqslant$

$i \leqslant 9$)队列的队头和队尾,先将它们的所有元素置为 NULL。对于输入的 x,采用尾插法将其链到 x 号队列中。然后按 $0 \sim 9$ 编号的顺序把这些队列中的结点构成一个不带头结点的单链表,其首结点指针为 head。最后输出单链表 head 的所有结点值并释放所有结点。对应的程序如下:

```c
#include <stdio.h>
#include <malloc.h>
#define MAXQNode 10                           //队列的个数
typedef struct node
{   int data;
    struct node * next;
} QNode;
void Insert(QNode * quh[],QNode * qut[],int x)  //将 x 插到相应队列中
{   QNode * s;
    s = (QNode * )malloc(sizeof(QNode));      //创建一个结点 s
    s->data = x; s->next = NULL;
    if (quh[x] == NULL)                       //x 号队列为空队时
    {   quh[x] = s;
        qut[x] = s;
    }
    else                                      //x 号队列不为空队时
    {   qut[x]->next = s;                     //将 s 结点链到 qut[x]所指的结点之后
        qut[x] = s;                           //让 qut[x]仍指向尾结点
    }
}
void Create(QNode * quh[],QNode * qut[])        //根据用户的输入创建队列
{   int n,x,i;
    printf("n:");
    scanf("%d",&n);
    for (i = 0;i < n;i++)
    {   do
        {   printf("输入第%d个数:",i + 1);
            scanf("%d",&x);
        } while (x < 0 || x > 10);
        Insert(quh,qut,x);
    }
}
void DestroyList(QNode * &head)                 //释放单链表
{   QNode * pre = head, * p = pre->next;
    while (p!= NULL)
    {
        free(pre);
        pre = p; p = p->next;
    }
    free(pre);
}
void DispList(QNode * head)                      //输出单链表的所有结点值
{   printf("\n输出所有元素:");
    while (head!= NULL)
```

```
        {   printf(" % d ",head - > data);
            head = head - > next;
        }
        printf("\n");
    }
    QNode * Link(QNode * quh[ ],QNode * qut[ ])        //将非空队列链接起来并输出
    {   QNode * head = NULL, * tail;                    //总链表的首结点指针和尾结点指针
        int i;
        for (i = 0;i < MAXQNode;i++)                    //扫描所有队列
            if (quh[ i]!= NULL)                         //i 号队列不空
            {   if (head == NULL)                       //若 i 号队列为第一个非空队列
                {   head = quh[ i];
                    tail = qut[ i];
                }
                else                                    //若 i 号队列不是第一个非空队列
                {   tail - > next = quh[ i];
                    tail = qut[ i];
                }
            }
        tail - > next = NULL;
        return head;
    }
    int main()
    {   int i;
        QNode * head;
        QNode * quh[MAXQNode], * qut[MAXQNode];         //各队列的队头指针 quh 和队尾指针 qut
        for (i = 0;i < MAXQNode;i++)
            quh[ i] = qut[ i] = NULL;                   //置初值空
        Create(quh,qut);                                //建立队列
        head = Link(quh,qut);                           //链接各队列产生单链表
        DispList(head);                                 //输出单链表
        DestroyList(head);                              //销毁单链表
        return 1;
    }
```

3.3 补充练习题及参考答案

3.3.1 单项选择题

习题答案

1. 以下数据结构中元素之间为线性关系的是_____。

    A. 栈   B. 队列   C. 线性表   D. 以上都是

2. 栈和队列的共同点是_____。

    A. 都是先进后出   B. 都是先进先出

    C. 只允许在端点处插入和删除元素   D. 没有其同点

3. 经过以下栈运算后 x 的值是_____。

$InitStack(s); Push(s,a); Push(s,b); Pop(s,x); GetTop(s,x);$

A. a   B. b   C. 1   D. 0

4. 经过以下栈运算后 $StackEmpty(s)$ 的值是_____。

$InitStack(s); Push(s,a); Push(s,b); Pop(s,x); Pop(s,y)$

A. a   B. b   C. 1   D. 0

5. 设一个栈的输入序列为 a,b,c,d,则借助一个栈所得到的输出序列不可能是_____。

A. a,b,c,d   B. d,c,b,a   C. a,c,d,b   D. d,a,b,c

6. 已知一个栈的进栈序列是 $1,2,3,\cdots,n$,其输出序列是 $p_1,p_2,\cdots,p_n$,若 $p_1=n$,则 p_i 的值是_____。

A. i B. $n-i$ C. $n-i+1$ D. 不确定

7. 设 n 个元素的进栈序列是 $1,2,3,\cdots,n$,其输出序列是 $p_1,p_2,\cdots,p_n$,若 $p_1=3$,则 p_2 的值_____。

A. 一定是 2   B. 一定是 1   C. 不可能是 1   D. 以上都不对

8. 设 n 个元素的进栈序列是 $p_1,p_2,p_3,\cdots,p_n$,其输出序列是 $1,2,3,\cdots,n$,若 $p_n=1$,则 $p_i(1 \leqslant i \leqslant n-1)$ 的值是_____。

A. $n-i+1$ B. $n-i$ C. i D. 有多种可能

9. 一个栈的入栈序列为 $1,2,3,\cdots,n$,其出栈序列是 $p_1,p_2,p_3,\cdots,p_n$。若 $p_2=3$,则 p_3 可能的取值个数是_____。

A. $n-3$ B. $n-2$ C. $n-1$ D. 无法确定

10. 设栈 S 和队列 Q 的初始状态为空,元素 $e_1 \sim e_6$ 依次通过栈 S,一个元素出后即进队列 Q,若 6 个元素出队的序列是 $e_2, e_4, e_3, e_6, e_5, e_1$,则栈 S 的容量至少应该是_____。

A. 5   B. 4   C. 3   D. 2

11. 判断一个顺序栈 st(元素的个数最多为 MaxSize)为空的条件可以设置为_____。

A. st->top== MaxSize/2   B. st->top!= MaxSize/2

C. st->top!=MaxSize-1   D. st->top==MaxSize-1

12. 若一个栈用数组 data[1..n] 存储,初始栈顶指针 top 为 $n+1$,则以下元素 x 进栈的操作正确的是_____。

A. top++; data[top]=x;   B. data[top]=x; top++;

C. top--; data[top]=x;   D. data[top]=x; top--;

13. 若一个栈用数组 data[1..n] 存储,初始栈顶指针 top 为 n,则以下元素 x 进栈的操作正确的是_____。

A. top++; data[top]=x;   B. data[top]=x; top++;

C. top--; data[top]=x;   D. data[top]=x; top--;

14. 若一个栈用数组 data[1..n] 存储,初始栈顶指针 top 为 0,则以下元素 x 进栈的操作正确的是_____。

A. top++; data[top]=x;   B. data[top]=x; top++;

C. top--; data[top]=x;   D. data[top]=x; top--;

15. 若一个栈用数组 data[1..n]存储,初始栈顶指针 top 为 1,则以下元素 x 进栈的操作正确的是_____。

  A. top++;data[top]=x;   B. data[top]=x;top++;

  C. top−−;data[top]=x;   D. data[top]=x;top−−;

说明:从 12~15 小题可以看出,顺序栈的设计并不是唯一的,只要能满足栈的操作特点又能充分利用存储空间就是一种合适的设计。

16. 以下各链表均不带有头结点,其中最不适合用作链栈的链表是_____。

  A. 只有表头指针没有表尾指针的循环双链表

  B. 只有表尾指针没有表头指针的循环双链表

  C. 只有表尾指针没有表头指针的循环单链表

  D. 只有表头指针没有表尾指针的循环单链表

17. 由两个栈共享一个数组空间的好处是_____。

  A. 减少存取时间,降低上溢出发生的概率

  B. 节省存储空间,降低上溢出发生的概率

  C. 减少存取时间,降低下溢出发生的概率

  D. 节省存储空间,降低下溢出发生的概率

18. 表达式 a＊(b＋c)−d 的后缀表达式是_____。

  A. abcd＊＋−   B. abc＋＊d−

  C. abc＊＋d−   D. −＋＊abcd

19. 在将算术表达式"1＋6/(8−5)＊3"转换成后缀表达式的过程中,当扫描到 5 时运算符栈(从栈顶到栈底的次序)为_____。

  A. −/＋   B. −(/＋   C. /＋   D. /−＋

20. 在利用栈求表达式的值时,设立运算数栈 OPND,设 OPND 只有两个存储单元,在求下列表达式中不发生上溢出的是_____。

  A. a−b＊(c＋d)   B. (a−b)＊c＋d

  C. (a−b＊c)＋d   D. (a−b)＊(c＋d)

21. 经过以下队列运算后 QueueEmpty(qu)的值是_____。

InitQueue(qu);enQueue(qu,a);enQueue(qu,b);deQueue(qu,x);deQueue(qu,y);

  A. a   B. b   C. true   D. false

22. 环形队列_____。

  A. 不会产生下溢出   B. 不会产生上溢出

  C. 不会产生假溢出   D. 以上都不对

23. 在环形队列中元素的排列顺序_____。

  A. 由元素进队的先后顺序确定   B. 与元素值的大小有关

  C. 与队头和队尾指针的取值有关 D. 与队中数组的大小有关

24. 某环形队列的元素类型为 char,队头指针 front 指向队头元素的前一个位置,队尾指针 rear 指向队尾元素,如图 3.3 所示,则队中元素为_____。

  A. abcd123456 B. abcd123456c C. dfgbca   D. cdfgbcab

25. 已知环形队列存储在一维数组 $A[0..n−1]$中,且队列非空时 front 和 rear 分别指

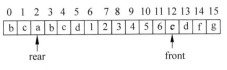

图 3.3　一个环形队列

向队头元素和队尾元素。若初始时队列为空,且要求第一个进入队列的元素存储在 $A[0]$ 处,则初始时 front 和 rear 的值分别是_____。

　　A. 0、0　　　　　　B. 0、$n-1$　　　　　C. $n-1$、0　　　　D. $n-1$、$n-1$

26. 若某环形队列有队头指针 front 和队尾指针 rear,在队不满时进队操作仅会改变_____。

　　A. front　　　　　B. rear　　　　　　C. front 和 rear　　　D. 以上都不对

27. 设环形队列中数组的下标是 0~$N-1$,其队头指针为 f(指向队头元素的前一个位置)、队尾指针为 r(指向队尾元素),则其元素的个数为_____。

　　A. $r-f$　　　　　　　　　　　　　B. $r-f-1$

　　C. $(r-f)\%N+1$　　　　　　　　D. $(r-f+N)\%N$

28. 设环形队列的存储空间为 $a[0..20]$,且当前队头指针(f 指向队首元素的前一个位置)和队尾指针(r 指向队尾元素)的值分别为 8 和 3,则该队列中的元素个数为_____。

　　A. 5　　　　　　B. 6　　　　　　C. 16　　　　　D. 17

29. 设环形队列中数组的下标是 0~$N-1$,已知其队头指针 f(f 指向队首元素的前一个位置)和队中元素个数 n,则队尾指针 r(r 指向队尾元素的位置)为_____。

　　A. $f-n$　　　　　　　　　　　　B. $(f-n)\%N$

　　C. $(f+n)\%N$　　　　　　　　　D. $(f+n+1)\%N$

30. 设环形队列中数组的下标是 0~$N-1$,已知其队尾指针 r(r 指向队尾元素的位置)和队中元素个数 n,则队尾指针 f(f 指向队头元素的前一个位置)为_____。

　　A. $r-n$　　　　　　　　　　　　B. $(r-n)\%N$

　　C. $(r-n+N)\%N$　　　　　　　D. $(r+n)\%N$

31. 若用一个大小为 6 的数组来实现环形队列,rear 作为队尾指针指向队列中的尾部元素,front 作为队头指针指向队头元素的前一个位置。现在 rear 和 front 的值分别是 0 和 3,当从队列中删除一个元素再加入两个元素后 rear 和 front 的值分别是_____。

　　A. 1 和 5　　　　　B. 2 和 4　　　　　C. 4 和 2　　　　D. 5 和 1

32. 有一个环形队列 qu(存放元素的位置 0~MaxSize−1),rear 作为队尾指针指向队列中的尾部元素,front 作为队头指针指向队头元素的前一个位置,则队满的条件是_____。

　　A. qu—>front==qu—>rear

　　B. qu—>front+1==qu—>rear

　　C. qu—>front==(qu—>rear+1)%MaxSize

　　D. qu—>rear==(qu—>front+1)%MaxSize

33. 假设用 $Q[0..M]$ 实现环形队列,f 作为队头指针指向队头元素的前一个位置,r 作为队尾指针指向队尾元素。若用"$(r+1)\%(M+1)==f$"作为队满的标志,则_____。

　　A. 可用"$f==r$"作为队空的标志

  B. 可用"$f>r$"作为队空的标志

  C. 可用"$(f+1)\%(M+1)==r$"作为队空的标志

  D. 队列中最多可以有 $M+1$ 个元素

  34. 环形队列存放在一维数组 $A[0..M-1]$ 中,end1 指向队头元素,end2 指向队尾元素的后一个位置。假设队列的两端均可以进行入队和出队操作,队列中最多能容纳 $M-1$ 个元素,初始时为空。下列判断队空和队满的条件中正确的是_____。

  A. 队空：end1==end2;队满：end1==(end2+1) mod M

  B. 队空：end1==end2;队满：end2==(end1+1) mod $(M-1)$

  C. 队空：end2==(end1+1) mod M;队满：end1==(end2+1) mod M

  D. 队空：end1==(end2+1) mod M;队满：end2==(end1+1) mod $(M-1)$

  35. 环形队列存放在一维数组 $A[0..M-1]$ 中,front 作为队头指针指向队头元素的前一个位置,rear 作为队尾指针指向队尾元素,另外增加一个域 count 表示队列中的元素个数,则队满时该队列中的元素个数是_____。

  A. $M-2$ B. $M-1$ C. M D. $2M$

  36. 假设用一个不带头结点的单链表表示队列,队尾应该在链表的_____位置。

  A. 链头   B. 链尾   C. 链中   D. 以上都可以

  37. 最适合用作链队的链表是_____。

  A. 带队首指针和队尾指针的循环单链表

  B. 带队首指针和队尾指针的非循环单链表

  C. 只带队首指针的非循环单链表

  D. 只带队首指针的循环单链表

  38. 最不适合用作链队的链表是_____。

  A. 只带队首指针的循环单链表   B. 只带队首指针的循环双链表

  C. 只带队尾指针的循环双链表   D. 只带队尾指针的循环单链表

3.3.2 填空题

  1. 栈是一种具有_____特性的线性表。

  2. 设栈 S 和队列 Q 的初始状态均为空,元素 a,b,c,d,e,f,g 依次进栈 S。若每个元素出栈后立即进入队列 Q,且 7 个元素出列的顺序是 b,d,c,f,e,a,g,则栈 S 的容量至少是_____。

  3. 一个初始输入序列 $1,2,\cdots,n$,出栈序列是 $p_1,p_2,\cdots,p_n$,若 $p_1=1$,则 p_2 的可能取值个数为_____。

  4. 一个初始输入序列 $1,2,\cdots,n$,出栈序列是 $p_1,p_2,\cdots,p_n$,若 $p_1=4$,则 p_2 的可能取值个数为_____。

  5. 栈的常用运算是进栈和出栈,设计栈的一种好的存储结构应尽可能保证进栈和出栈运算的时间复杂度为_____。

  6. 当利用大小为 n 的数组 data$[0..n-1]$ 存储一个顺序栈时,假设用 top==n 表示栈空,则向这个栈插入一个元素时首先应执行_____语句修改 top 指针。

  7. 当利用大小为 n 的数组 data$[0..n-1]$ 存储一个顺序栈时,假设用 top==-1 表示

习题答案

栈空,则向这个栈插入一个元素时首先应执行_____语句修改 top 指针。

8. 若用 data[1..m]作为顺序栈的存储空间,栈空的标志是栈顶指针 top＝m+1,则每进行一次___①___操作,需将 top 的值加 1;每进行一次___②___操作,需将 top 的值减 1。

9. 当两个栈共享一个存储区时,栈利用一维数组 data[1..n]表示,栈 1 在低下标处,栈 2 在高下标处。两栈顶指针为 top1 和 top2,初始值分别为 0 和 n+1,则当栈 1 空时 top1 为___①___,栈 2 空时___②___,栈满时为___③___。

10. 表达式"a+((b＊c−d)/e+f＊g/h)+i/j"的后缀表达式是_____。

11. 如果栈的最大长度难以估计,则其存储结构最好使用_____。

12. 若用带头结点的单链表 st 表示链栈,则栈空的标志是_____。

13. 若用不带头结点的单链表 st 表示链栈,则创建一个空栈时所要执行的操作是_____。

14. 在用栈求解迷宫路径时,当找到出口时,栈中所有方块_____。

15. 若用 $Q[1..m]$ 作为非环形顺序队列的存储空间,则最多只能执行_____次进队操作。

16. 若用 $Q[1..100]$ 作为环形队列的存储空间,f、r 分别表示队头指针和队尾指针,f 指向队头元素的前一个位置,r 指向队尾元素,则当 $f=70,r=20$ 时,队列中共有_____个元素。

17. 环形队列用数组 $A[m..n]$($m<n$)存储元素,其中队头指针 f 指向队头元素的前一个位置,队尾指针 r 指向队尾元素,则该队列中的元素个数是_____。

18. 用一个大小为 8 的数组来实现环形队列,队头指针 front 指向队头元素的前一个位置,队尾指针 rear 指向队尾元素的位置。当前 front 和 rear 的值分别为 0 和 5,现在进队 3 个元素,又出队 3 个元素,front 和 rear 的值分别是_____。

19. 在实现顺序队的时候,通常将数组看成一个首尾相连的环,这样做的目的是避免产生_____现象。

20. 已知环形队列的存储空间大小为 m,队头指针 front 指向队头元素,队尾指针 rear 指向队尾元素,则在队列不满的情况下队中元素的个数是_____。

21. 假设用一个不带头结点的单链表表示队列,进队结点 p 的操作是_____。

22. 假设用一个不带头结点的单链表表示队列,非空队列的出队操作是_____。

3.3.3 判断题

1. 判断以下叙述的正确性。

(1) 栈底元素是不能删除的元素。

(2) 顺序栈中元素值的大小是有序的。

(3) 在 n 个元素连续进栈以后,它们的出栈顺序和进栈顺序一定正好相反。

(4) 栈顶元素和栈底元素有可能是同一个元素。

(5) 若用 data[1..m]表示顺序栈的存储空间,则对栈的进栈、出栈操作最多只能进行 m 次。

(6) 栈是一种对进栈、出栈操作的总次数做了限制的线性表。

(7) 对顺序栈进行进栈、出栈操作不涉及元素的前、后移动问题。

（8）n 个元素通过一个栈产生 n 个元素的出栈序列,其中进栈和出栈操作的次数总是相等的。

（9）空的顺序栈没有栈顶指针。

（10）n 个元素进队的顺序和出队的顺序总是一致的。

（11）环形队列中有多少个元素可以根据队首指针和队尾指针的值来计算。

（12）若采用"队首指针和队尾指针的值相等"作为环形队列为空的标志,则在设置一个空队时只需将队首指针和队尾指针赋同一个值,不管什么值都可以。

（13）无论是顺序队还是链队,插入、删除运算的时间复杂度都是 $O(1)$。

（14）若用不带头结点的非循环单链表来表示链队,则可以用"队首指针和队尾指针的值相等"作为队空的标志。

2. 判断以下叙述的正确性。

（1）栈和线性表是两种不同的数据结构,它们的数据元素的逻辑关系也不同。

（2）有 n 个不同的元素通过一个栈,产生的所有出栈序列恰好构成这 n 个元素的全排列。

（3）对于 1、2、$\cdots$、n 的 n 个元素通过一个栈,则以 n 为第一个元素的出栈序列只有一种。

（4）在顺序栈中,将栈底放在数组的任意位置不会影响运算的时间性能。

（5）若用 $s[1..m]$ 表示顺序栈的存储空间,以 $s[1]$ 为栈底,变量 top 指向栈顶元素的前一个位置,当栈未满时,将元素 e 进栈的操作是 top$--$；$s[$top$]=e$。

（6）在采用单链表作为链栈时必须带有头结点。

（7）环形队列不存在空间上溢出的问题。

（8）在队空间大小为 n 的环形队列中最多只能进行 n 次进队操作。

（9）顺序队采用数组存放队中的元素,而数组具有随机存取特性,所以在顺序队中可以随机存取元素。

（10）对于链队,可以根据队头、队尾指针的值计算队中元素的个数。

3.3.4　简答题

习题答案

1. 试各举一个实例,简要说明栈和队列在程序设计中所起的作用。

2. 假设有 4 个元素 a、b、c、d 依次进栈,进栈和出栈操作可以交替进行,试写出所有可能的出栈序列。

3. 假设以 S 和 X 分别表示进栈和出栈操作,则初态和终态均为栈空的进栈和出栈的操作序列,可以表示为仅由 S 和 X 组成的序列,称可以实现的栈操作序列为合法序列(例如 $SSXX$ 为合法序列,而 $SXXS$ 为非法序列)。试给出区分给定序列为合法序列或非法序列的一般准则,并证明对同一输入序列的两个不同的合法序列不可能得到相同的输出序列。

4. 什么是队列的上溢现象和假溢出现象？解决假溢出有哪些方法？

5. 在利用两个栈 S_1、S_2 模拟一个队列时如何用栈的基本运算实现队列的进队、出队以及队列的判空等基本运算,请简述算法的思想。

6. 设输入元素为 1、2、3、P 和 A,输入次序为 123PA,元素经过一个栈后产生输出序列,在所有输出序列有哪些序列可作为高级语言的变量名(以字母开头的字母数字串)。

7. 用栈实现将中缀表达式 $8-(3+5)*(5-6/2)$ 转换成后缀表达式,用表的形式描述出栈的变化过程。

8. 简述以下算法的功能:

```
void fun( int a[ ], int n)
{    int i = 0, e;
     SqStack * st;
     InitStack( st);
     for ( i = 0; i < n; i++)
          Push( st, a[ i]);
     i = 0;
     while ( !StackEmpty( st))
     {    Pop( st, e);
          a[ i++] = e;
     }
     DestroyStack( st);
}
```

9. 阅读以下程序,给出其输出结果:

```
char * fun( int d)
{    char e; int i = 0, x;
     static char b[ MaxSize];
     SqStack * st;
     InitStack( st);
     while ( d!= 0)
     {    x = d % 16;
          if ( x < 10) e = '0' + x;
          else e = 'A' + x - 10;
          Push( st, e);
          d/ = 16;
     }
     while ( !StackEmpty( st))
     {    Pop( st, e);
          b[ i++] = e;
     }
     b[ i] = '\0';
     DestroyStack( st);
     return b;
}
int main()
{    int d = 1000, i;
     char * b;
     b = fun( d);
     for ( i = 0; b[ i]; i++)
          printf(" % c", b[ i]);
     printf("\n");
     return 1;
}
```

10. 算法 fun 的功能是借助栈结构实现整数从十进制到八进制的转换,阅读算法并回答问题:

(1) 画出 n 为十进制数 1348 时算法执行过程中栈的动态变化情况。

(2) 说明算法中 while 循环完成的操作。

```
void fun(int n)              //n 为非负的十进制整数
{   int e;
    SqStack * S;
    InitStack(S);
    do
    {   Push(S,n % 8);
        n = n/8;
    } while (n);
    while (!StackEmpty(S))
    {   Pop(S,e);
        printf(" % ld",e);
    }
}
```

11. 简述以下算法的功能(栈的元素类型为 int)。

```
void fun(SqStack  * &st)
{   int i,j = 0,A[MaxSize];
    while (!StackEmpty(st))
    {   Pop(S,A[j]);
        j++;
    }
    for(i = 0;i < j;i++)
        Push(S,A[i]);
}
```

3.3.5 算法设计题

1. 【顺序栈算法】设计一个算法将一个十进制正整数 d 转换为相应的二进制数。

解:将十进制正整数转换成二进制数通常采用除 2 取余数法。在转换过程中,二进制数是按照从低位到高位的次序得到的,这和通常的从高位到低位输出二进制的次序相反。为此设计一个栈 st,用于暂时存放每次得到的余数,当转换过程结束时,退栈所有元素便得到从高位到低位的二进制数。图 3.4 所示为十进制数 12 转换为二进制数 1100 的过程。

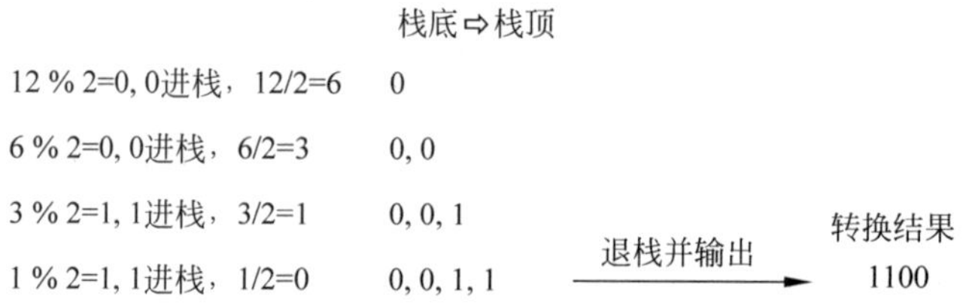

栈底⇨栈顶

12 % 2=0, 0进栈, 12/2=6   0

6 % 2=0, 0进栈, 6/2=3   0, 0

3 % 2=1, 1进栈, 3/2=1   0, 0, 1   转换结果

1 % 2=1, 1进栈, 1/2=0   0, 0, 1, 1   退栈并输出 → 1100

图 3.4　整数 12 转换为二进制数的过程

对应的算法如下:

```
# include "SqStack.cpp"          //包含顺序栈的定义及运算函数
void trans(int d,char b[])        //b 用于存放 d 转换成的二进制数串
{   char e;
    SqStack * st;
    InitStack(st);
    int i = 0;
    while (d!= 0)
    {   e = '0' + d % 2;          //求余数并转换为字符
        Push(st,e);
        d/ = 2;                   //继续求更高位
    }
    while (!StackEmpty(st))
    {   Pop(st,e);                //出栈元素 e
        b[i] = e;                 //将 e 存放在数组 b 中
        i++;
    }
    b[i] = '\0';                  //加入字符串结束标志
    DestroyStack(st);            //销毁栈
}
```

2.【顺序栈算法】设计一个算法,利用顺序栈的基本运算输出栈中从栈顶到栈底的所有元素,要求仍保持栈中的元素不变。

解:先建立并初始化一个临时栈 tmpst。退栈 st 中的所有元素,输出这些元素并进栈到 tmpst 中,然后将临时栈 tmpst 中的元素逐一出栈并进栈到 st 中,这样恢复 st 栈中原来的元素。注意本题要求只能使用栈的基本运算来完成,不能直接用 st$->$data$[i]$输出栈中的元素。对应的算法如下:

```
# include "SqStack.cpp"              //包含顺序栈的定义及运算函数
void DispStack(SqStack * st)
{   ElemType x;
    SqStack * tmpst;                 //定义临时栈
    InitStack(tmpst);                //初始化临时栈
    while (!StackEmpty(st))          //临时栈 tmpst 中包含 st 栈中的逆转元素
    {   Pop(st,x);
        printf(" % d ",x);
        Push(tmpst,x);
    }
    printf("\n");
    while (!StackEmpty(tmpst))        //恢复 st 栈中原来的内容
    {   Pop(tmpst,x);
        Push(st,x);
    }
    DestroyStack(tmpst);
}
```

3.【顺序栈算法】设计一个算法,利用顺序栈的基本运算求栈中从栈顶到栈底的第 k 个元素,要求仍保持栈中的元素不变。

解:先建立并初始化一个临时栈 tmpst。退栈 st 中的所有元素 x,并用 i 累计元素的个

数,当 $i==k$ 时置 $e=x$,并将所有元素进栈到 tmpst 中,然后将临时栈 tmpst 中的元素逐一出栈并进栈到 st 中,这样恢复 st 栈中原来的元素。如果栈中没有第 k 个元素,返回假;否则返回真,并通过引用型参数 e 保存第 k 个元素。注意本题要求只能使用栈的基本运算来完成,不能直接用 $st->data[i]$ 求第 k 个栈中的元素。对应的算法如下:

```
# include "SqStack.cpp"          //包含顺序栈的定义及运算函数
bool Findk(SqStack * st,int k,ElemType &e)
{    int i = 0;
     bool flag = false;
     ElemType x;
     SqStack * tmpst;             //定义临时栈
     InitStack(tmpst);           //初始化临时栈
     while (!StackEmpty(st))      //临时栈 tmpst 中包含 st 栈中的逆转元素
     {    i++;
          Pop(st,x);
          if (i == k)
          {    e = x;
               flag = true;
          }
          Push(tmpst,x);
     }
     while (!StackEmpty(tmpst))   //恢复 st 栈中原来的内容
     {    Pop(tmpst,x);
          Push(st,x);
     }
     DestroyStack(tmpst);
     return flag;
}
```

4.【顺序栈算法】有 a、b、c、d、e 共 $n(n=5)$ 个字符,通过一个栈可以产生多种出栈序列,设计一个算法判断序列 str 是否为一个合适的出栈序列,并给出操作过程,要求用相关数据进行测试。

解:先建立一个字符顺序栈 st,将输入序列 abcde 存放到字符数组 $A[0..n-1]$ 中(这里 $n=5$)。用 i、j 分别遍历数组 A 和 str,它们的初始值均为 0。当 $i<n$ 时循环执行以下步骤:

① 将 $A[i]$ 进栈,i++。

② 栈不空并且栈顶元素与 str$[j]$ 相同时循环:出栈元素 e,j++。

在上述过程结束后,如果栈空则返回 1(表示 str 序列是 A 序列的合法出栈序列),否则返回 0(表示 str 序列不是 A 序列的合法出栈序列)。对应的算法如下:

```
# include "SqStack.cpp"              //包含顺序栈的定义及运算函数
bool isSerial(char str[],int n)      //判断 str 是否为 abcde 的合法出栈序列
{    int i,j;
     char A[MaxSize],e;
     SqStack * st;                   //建立一个顺序栈
     InitStack(st);
```

```
    for (i = 0; i < n; i++)
        A[i] = 'a' + i;                //将 abcde 存放到数组 A 中
    i = 0; j = 0;
    while (i < n)
    {   Push(st, A[i]);
        printf(" 元素 %c 进栈\n", A[i]);
        i++;
        while (!StackEmpty(st) && (GetTop(st, e) && e == str[j]))
        {   Pop(st, e);
            printf(" 元素 %c 出栈\n", e);
            j++;
        }
    }
    bool flag = StackEmpty(st);
    DestroyStack(st);
    return flag;
}
void Disp(char str[], int n)        //输出 str
{   int i;
    for (i = 0; i < n; i++)
        printf(" %c", str[i]);
}
int main()
{   int n = 5;
    char str[] = "acbed";
    Disp(str, n); printf("的操作序列: \n");
    if (isSerial(str, n))
    {   Disp(str, n);
        printf("是合适的出栈序列\n");
    }
    else
    {   Disp(str, n);
        printf("不是合适的出栈序列\n");
    }
    return 1;
}
```

本程序的执行结果如下：

```
acbed 的操作系列:
元素 a 进栈
元素 a 出栈
元素 b 进栈
元素 c 进栈
元素 c 出栈
元素 b 出栈
元素 d 进栈
元素 e 进栈
元素 e 出栈
元素 d 出栈
acbed 是合适的出栈序列
```

5.【共享栈算法】用一个一维数组 S(设大小为 MaxSize)作为两个栈的共享空间,说明共享方法,以及栈满、栈空的判断条件,并用 C/C++ 语言设计公用的初始化栈运算 InitStack1(st)、判栈空运算 StackEmpty1(st,i)、进栈运算 Push1(st,i,x)和出栈运算 Pop1(st,i,x),其中 i 为 1 或 2,用于表示栈号,x 为进栈或出栈元素。

解:设用一维数组 $S[\text{MaxSize}]$ 作为两个栈 S1 和 S2 的共享空间,整型变量 top1、top2 分别作为两个栈的栈顶指针,并约定栈顶指针指向当前元素的下一个位置。S1 的栈底位置设在 $S[0]$,S2 的栈底位置设在 $S[\text{MaxSize}-1]$,如图 3.5 所示。

图 3.5 共享栈示意图

栈 S1 空的条件是 top1==−1,栈 S1 满的条件是 top1==top2−1;栈 S2 空的条件是 top2==MaxSize,栈 S2 满的条件是 top2==top1+1。归纳起来,栈 S1 和 S2 满的条件都是 top1==top2−1。

元素 x 进栈 S1 的算法是 Push1(& st,1,x),当不满时,执行 st.top1++,st.S[st.top1]=x;元素 x 进栈 S2 的算法是 Push1(& st,2,x),当不满时,执行 st.top2−−,st.S[st.top2]=x。

元素 x 退栈 S1 的算法是 Pop1(& st,1,& x),当不空时,执行 x=st.S[st.top1],st.top1−−;元素 x 退栈 S2 的算法是 Pop1(& st,2,& x),当不空时,执行 x=st.S[st.top2],st.top2++。

共享栈的类型定义和相关运算算法如下:

```c
#include <stdio.h>
#define MaxSize 100
typedef char ElemType;
typedef struct
{   ElemType S[MaxSize];          //存放共享栈中的元素
    int top1,top2;                //两个栈顶指针
} StackType;                      //声明共享栈类型
//------栈初始化算法------
void InitStack1(StackType &st)
{   st.top1 = -1;
    st.top2 = MaxSize;
}
//------判栈空算法。i=1:栈1,i=2:栈2------
bool StackEmpty1(StackType st,int i)
{   if (i==1)
        return(st.top1 == -1);
    else                          //i=2
        return(st.top2 == MaxSize);
}
//------进栈算法。i=1:栈1,i=2:栈2------
```

```
bool Push1(StackType &st,int i,ElemType x)
{   if (st.top1 == st.top2 - 1)                    //栈满
        return false;
    if (i == 1)                                     //x 进栈 S1
    {   st.top1++;
        st.S[st.top1] = x;
    }
    else if (i == 2)                                //x 进栈 S2
    {   st.top2 -- ;
        st.S[st.top2] = x;
    }
    else                                            //参数 i 错误返回 false
        return false;
    return true;                                    //操作成功返回 true
}
//----- 出栈算法。i = 1:栈 1,i = 2:栈 2 ------
bool Pop1(StackType &st,int i,ElemType &x)
{   if (i == 1)                                     //S1 出栈
    {   if (st.top1 == - 1)                         //S1 栈空
            return false;
        else                                        //出栈 S1 的元素
        {   x = st.S[st.top1];
            st.top1 -- ;
        }
    }
    else if (i == 2)                                //S2 出栈
    {   if (st.top2 == MaxSize)                     //S2 栈空
            return false;
        else                                        //出栈 S2 的元素
        {   x = st.S[st.top2];
            st.top2++;
        }
    }
    else                                            //参数 i 错误返回 false
        return false;
    return true;                                    //操作成功返回 true
}
```

6.【环形队列算法】设计一个算法,利用环形队列的基本运算返回指定队列中的队尾元素,要求算法的空间复杂度为 $O(1)$。

解:由于算法要求空间复杂度为 $O(1)$,所以不能使用临时队列。先求出队列 qu 中的元素个数 count。循环 count 次,出队一个元素 x,再将元素 x 进队,最后的 x 即为队尾元素。对应的算法如下:

```
# include "SqQueue.cpp"              //包含顺序队的类型定义和运算函数
ElemType Last(SqQueue * qu)
{   ElemType x;
    int i,count = (qu -> rear - qu -> front + MaxSize) % MaxSize;
```

```
    for (i = 1;i < = count;i++)
    {   deQueue(qu,x);                    //出队元素 x
        enQueue(qu,x);                    //将元素 x 进队
    }
    return x;
}
```

7.【环形队列算法】对于环形队列,利用队列的基本运算设计删除队列中从队头开始的第 k 个元素的算法。

解:先求出队列 qu 中的元素个数 count,若 k 小于 0 或大于 count,返回假。出队所有元素,并记录元素的序号 i,当 $i = k$ 时对应的元素只出不进,否则将出队的元素又进队。对应的算法如下:

```
♯ include "SqQueue.cpp"          //包含顺序队的类型定义和运算函数
bool Delk(SqQueue  * &qu,int k)
{   ElemType e;
    int i,count = (qu -> rear - qu -> front + MaxSize) % MaxSize;
    if (k< = 0 ‖ k > count)
        return false;
    for (i = 1;i < = count;i++)
    {   deQueue(qu,e);              //出队元素 e
        if (i!= k)                 //第 k 个元素只出不进
            enQueue(qu,e);          //其他元素出队后又进队
    }
    return true;
}
```

说明:在设计本题算法时不能通过移动元素的方式直接对数组 data 删除第 k 个元素,这样是把顺序队看成一个顺序表,没有作为一个队列看待。

8.【环形队列算法】对于环形队列来说,如果知道队尾元素的位置和队列中元素的个数,则队头元素所在的位置显然是可以计算的。也就是说,可以用队列中元素的个数代替队头指针。编写出这种环形顺序队列的初始化、进队、出队和判空算法。

解:当已知队头元素的位置 rear 和队列中元素的个数 count 后,队空的条件为 count==0;队满的条件为 count==MaxSize;计算队头位置为 front = (rear - count + MaxSize)% MaxSize。对应的算法如下:

```
typedef struct
{   ElemType data[MaxSize];
    int rear;                      //队尾指针
    int count;                     //队列中元素的个数
}QuType;                           //队列类型
void InitQu(QuType * &q)           //队列的初始化运算
{   q = (QuType * )malloc(sizeof(QuType));
    q -> rear = 0;
```

```
        q - > count = 0;
}
bool EnQu(QuType  * &q,ElemType x)          //进队运算
{   if (q - > count == MaxSize)             //队满上溢出
        return false;
    else
    {   q - > rear = (q - > rear + 1) % MaxSize;
        q - > data[ q - > rear] = x;
        q - > count++;
        return true;
    }
}
bool DeQu(QuType  * &q,ElemType &x)          //出队运算
{   int front;                              //局部变量
    if (q - > count == 0)                   //队空下溢出
        return false;
    else
    {   front = (q - > rear - q - > count + MaxSize) % MaxSize;
        front = (front + 1) % MaxSize;      //队头位置进1
        x = q - > data[ front];
        q - > count -- ;
        return true;
    }
}
bool QuEmpty(QuType * q)                     //判空运算
{
    return(q - > count == 0);
}
```

9.【环形队列算法】设计一个环形队列,用 front 和 rear 分别作为队头指针和队尾指针,另外用一个标志 tag 标识队列可能空(0)或可能满(1),这样加上 front==rear 可以作为队空或队满的条件,要求设计队列的相关基本运算算法。

解:设计的队列类型如下。

```
typedef struct
{   ElemType data[MaxSize];
    int front,rear;            //队头指针和队尾指针
    int tag;                   //为 0 表示队可能空,为 1 表示队可能满
} QueueType;
```

初始时 tag=0,front=rear=0,成功的进队操作后 tag=1(任何进队操作后队列可能满,但不一定满,任何进队操作后队列不可能空),成功的出队操作后 tag=0(任何出队操作后队列可能空,但不一定空,任何出队操作后队列不可能满),因此这样的队列的 4 要素如下。

① 队空条件:qu. front==qu. rear && qu. tag==0。

② 队满条件:qu. front==qu. rear && qu. tag==1。

③ 元素 x 进队:qu. rear=(qu. rear+1)%MaxSize; qu. data[qu. rear]=x; qu. tag=1。

④ 元素 x 出队：qu.front＝(qu.front＋1)％MaxSize；x＝qu.data[qu.front]；qu.tag＝0。对应的算法如下：

```
void InitQueue1(QueueType &qu)              //初始化队列算法
{    qu.front = qu.rear = 0;
     qu.tag = 0;                             //为 0 表示队可能为空
}
bool QueueEmpty1(QueueType qu)              //判队空算法
{
     return(qu.front == qu.rear && qu.tag == 0);
}
bool QueueFull1(QueueType qu)               //判队满算法
{
     return(qu.tag == 1 && qu.front == qu.rear);
}
bool EnQueue1(QueueType &qu, ElemType x)    //进队算法
{    if (QueueFull1(qu) == 1)                //队满
         return false;
     qu.rear = (qu.rear + 1) % MaxSize;
     qu.data[qu.rear] = x;
     qu.tag = 1;                             //至少有一个元素,可能满
     return true;
}
bool DeQueue1(QueueType &qu, ElemType &x)   //出队算法
{    if (QueueEmpty1(qu) == 1)               //队空
         return false;
     qu.front = (qu.front + 1) % MaxSize;
     x = qu.data[qu.front];
     qu.tag = 0;                             //出队一个元素,可能空
     return true;
}
```

10.【双端队列的应用】假设有一个整型数组存放 n 个学生的分数,将分数分为 3 个等级,分数高于或等于 90 的为 A 等,分数低于 60 的为 C 等,其他为 B 等。要求采用双端队列,先输出 A 等分数,再输出 C 等分数,最后输出 B 等分数。

解：设计双端队列的从队头出队算法 deQueue1、从队头进队算法 enQueue1 和从队尾进队算法 enQueue2。对于含有 n 个分数的数组 a,遍历所有元素 $a[i]$,若 $a[i]$ 为 A 等,直接输出；若为 B 等,将其从队尾进队；若为 C 等,将其从队头进队。最后从队头出队并输出所有的元素。对应的算法如下：

```
# include "SqQueue2.cpp"                     //队列中 ElemType 为 int
bool deQueue1(SqQueue * &q, ElemType &e)    //从队头出队算法
{    if (q -> front == q -> rear)            //队空下溢出
         return false;
     q -> front = (q -> front + 1) % MaxSize; //修改队头指针
     e = q -> data[q -> front];
     return true;
}
```

```
bool enQueue1(SqQueue * &q,ElemType e)                //从队头进队算法
{   if ((q->rear+1)% MaxSize == q->front)            //队满
        return false;
    q->data[q->front] = e;                            //e 元素进队
    q->front = (q->front-1+MaxSize)% MaxSize;         //修改队头指针
    return true;
}
bool enQueue2(SqQueue * &q,ElemType e)                //从队尾进队算法
{   if ((q->rear+1)% MaxSize == q->front)            //队满上溢出
        return false;
    q->rear = (q->rear+1)% MaxSize;                   //修改队尾指针
    q->data[q->rear] = e;                             //e 元素进队
    return true;
}
void fun(int a[],int n)
{   int i;
    ElemType e;
    SqQueue * qu;
    InitQueue(qu);
    for (i=0;i<n;i++)
    {   if (a[i]>=90)
            printf("%d ",a[i]);
        else if (a[i]>=60)
            enQueue2(qu,a[i]);                        //从队尾进队
        else
            enQueue1(qu,a[i]);                        //从队头进队
    }
    while (!QueueEmpty(qu))
    {   deQueue1(qu,e);                               //从队头出队
        printf("%d ",e);
    }
    printf("\n");
    DestroyQueue(qu);
}
```

11.【顺序栈和顺序队算法】用于列车编组的铁路转轨网络是一种栈结构,如图 3.6 所示,其中右边轨道是输入端、左边轨道是输出端。当右边轨道上的车皮编号顺序为 1、2、3、4 时,如果执行操作进栈、进栈、出栈、进栈、进栈、出栈、出栈、出栈,则在左边轨道上的车皮编号顺序为 2、4、3、1。

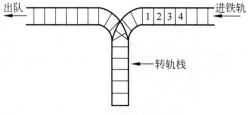

图 3.6   铁路转轨网络

设计一个算法,输入 n 个整数,表示右边轨道上 n 节车皮的编号,用上述转轨栈对这些车皮重新编排,使得编号为奇数的车皮都排在编号为偶数的车皮的前面。

解:将转轨栈看成一个栈,将左边轨道看成一个队列。从键盘逐个输入表示右边轨道上车皮编号的整数,根据其奇偶性做以下处理:若是奇数,则将其插到表示左边轨道的顺序队列的队尾;若是偶数,则将其插到表示转轨栈的顺序栈的栈顶。当 n 个整数都检测完之后,这些整数已全部进入队列或栈中。此时,首先按先进先出的顺序输出队列中的元素,然后按后进先出的顺序输出栈中的元素。

在算法中直接使用两个数组 st 和 qu 分别存放栈和队列中的元素。对应的算法如下:

```c
#include <stdio.h>
#define MaxSize 100
void fun()
{   int i,n,x;
    int st[MaxSize],top = -1;          //顺序栈和栈顶指针
    int qu[MaxSize],front = 0,rear = 0; //队列和队指针
    printf("n:");
    scanf("%d",&n);
    for (i = 0;i < n;i++)
    {   printf("第%d个车皮编号:",i+1);
        scanf("%d",&x);
        if (x%2 == 1)                  //编号为奇数,则进队列
        {   qu[rear] = x;
            rear++;
            printf("   %d进队\n",x);
        }
        else                           //编号为偶数,则进栈
        {   top++;
            st[top] = x;
            printf("   %d进栈\n",x);
        }
    }
    printf("出轨操作:\n   ");
    while (front!= rear)               //队列中的所有元素出队
    {   printf("%d出队 ",qu[front]);
        front++;
    }
    while (top >= 0)                   //栈中的所有元素出栈
    {   printf("%d出栈 ",st[top]);
        top--;
    }
    printf("\n");
}
int main()
{   fun();
    return 1;
}
```

本程序的一次求解结果如下:

n:4↙
第 1 个车皮编号:4↙　4 进栈
第 2 个车皮编号:1↙　1 进队
第 3 个车皮编号:3↙　3 进队
第 4 个车皮编号:2↙　2 进栈
出轨操作:
　　　1 出队　3 出队　2 出栈　4 出栈

第 4 章　串

4.1　本章知识体系

1. 知识结构图

本章的知识结构如图 4.1 所示。

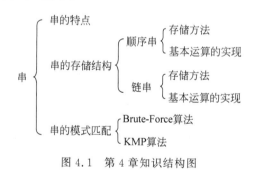

图 4.1　第 4 章知识结构图

2. 基本知识点

（1）串的相关概念。

（2）串的顺序存储结构和链式存储结构的优缺点。

（3）顺序串的运算算法设计。

（4）链串的运算算法设计。

（5）Brute-Force 算法设计及其应用。

（6）KMP 算法设计及其应用。

3. 要点归纳

（1）串是若干个字符的有限序列，空串是长度为零的串。

（2）串可以看成一种特殊的线性表，其逻辑关系为线性关系。

（3）串的长度是指串中所含字符的个数。

（4）含 n 个不同字符的串的子串个数为 $n(n+1)/2+1$。

（5）串主要有顺序串和链串两种存储结构。

（6）顺序串的算法设计和顺序表类似，链串的算法设计和单链表类似。

（7）在串匹配中一般将主串称为目标串，将子串称为模式串。

（8）在 BF 模式匹配算法中需要回溯，平均时间复杂度为 $O(m \times n)$，而 KMP 算法消除了回溯，平均时间复杂度为 $O(m+n)$。

4.2 教材中的练习题及参考答案 ✳

1. 串是一种特殊的线性表，请从存储和运算两方面分析它的特殊之处。

答：从存储方面看，串中的每个元素是单个字符，在设计串存储结构时可以使每个存储单元或者结点只存储一个字符。从运算方面看，串有连接、判断串相等、求子串和子串替换等基本运算，这是线性表的基本运算中所没有的。

2. 为什么在模式匹配中 BF 算法是有回溯算法，而 KMP 算法是无回溯算法？

答：设目标串为 s，模式串为 t。在 BF 算法的匹配过程中，当 $t[j]=s[i]$ 时，置 $i++$，$j++$；当 $t[j] \neq s[i]$ 时，置 $i=i-j+1, j=0$。从中看到，一旦两个字符不等，目标串指针 i 会回退，所以 BF 算法是有回溯算法。在 KMP 算法的匹配过程中，当 $t[j]=s[i]$ 时，置 $i++, j++$；当 $t[j] \neq s[i]$ 时，i 不变，置 $j=next[j]$。从中看到，目标串指针 i 不会回退，只会保持位置不变或者向后推进，所以 KMP 算法是无回溯算法。

3. 在 KMP 算法中计算模式串的 next 时，若 $j=0$，为什么要置 $next[0]=-1$？

答：当模式串中的 t_0 字符与目标串中的某字符 s_i 比较不相等时，置 $next[0]=-1$ 表示模式串中已没有字符可与目标串中的 s_i 比较，目标串的当前指针 i 应后移至下一个字符，再和模式串中的 t_0 字符进行比较。

4. KMP 算法是简单模式匹配算法的改进，以目标串 $s=$ "aabaaabc"、模式串 $t=$ "aaabc"为例说明 next 的作用。

答：模式串 $t=$ "aaabc"的 next 数组值如表 4.1 所示。

表 4.1 模式串 t 对应的 next 数组

j	0	1	2	3	4
$t[j]$	a	a	a	b	c
$next[j]$	-1	0	1	2	0

从 $i=0, j=0$ 开始，当两者对应字符相等时，$i++, j++$，直到 $i=2, j=2$ 时对应字符不相等。如果是简单模式匹配，下次从 $i=1, j=0$ 开始比较。

KMP算法已经获得了前面字符比较的部分匹配信息,即 $s[0..1]=t[0..1]$,所以 $s[0]=t[0]$,而 $next[2]=1$ 表明 $t[0]=t[1]$,所以有 $s[0]=t[1]$,这说明下次不必从 $i=1,j=0$ 开始比较,而只需保持 $i=2$ 不变,让 $i=2$ 和 $j=next[j]=1$ 的字符进行比较。

$i=2,j=1$ 的字符比较不相等,保持 $i=2$ 不变,取 $j=next[j]=0$。

$i=2,j=0$ 的字符比较不相等,保持 $i=2$ 不变,取 $j=next[j]=-1$。

当 $j=-1$ 时 $i++$、$j++$,则 $i=3,j=0$,对应的字符均相等,一直比较到 j 超界,此时表示匹配成功,返回3。

从中看到,$next[j]$ 保存了部分匹配的信息,用于提高匹配的效率。由于是在模式串的 j 位置匹配失败的,next 也称为失效函数或失配函数。

5. 给出以下模式串的 next 值和 nextval 值:

(1) ababaa

(2) abaabaab

答:(1) 求其 next 和 nextval 值如表4.2所示。

(2) 求其 next 和 nextval 值如表4.3所示。

6. 设目标串 $s=$ "abcaabbabcabaacbacba",模式串 $t=$ "abcabaa"。

(1) 计算模式串 t 的 nextval 数组。

(2) 不写算法,给出利用改进的 KMP 算法进行模式匹配的过程。

表4.2 模式串"ababaa"对应的 next 数组

j	0	1	2	3	4	5
$t[j]$	a	b	a	b	a	a
$next[j]$	-1	0	0	1	2	3
$nextval[j]$	-1	0	-1	0	-1	3

表4.3 模式串"abaabaab"对应的 next 数组

j	0	1	2	3	4	5	6	7
$t[j]$	a	b	a	a	b	a	a	b
$next[j]$	-1	0	0	1	1	2	3	4
$nextval[j]$	-1	0	-1	1	0	-1	1	0

(3) 总共进行了多少次字符比较?

解:(1) 先计算 next 数组,在此基础上求 nextval 数组,如表4.4所示。

表4.4 计算 next 数组和 nextval 数组

j	0	1	2	3	4	5	6
$t[j]$	a	b	c	a	b	a	a
$next[j]$	-1	0	0	0	1	2	1
$nextval[j]$	-1	0	0	-1	0	2	1

(2) 改进的 KMP 算法进行模式匹配的过程如图4.2所示。

(3) 从上述匹配过程看出:第1趟到第4趟的字符比较次数分别是5、3、1、7,所以总共进行了16次字符比较。

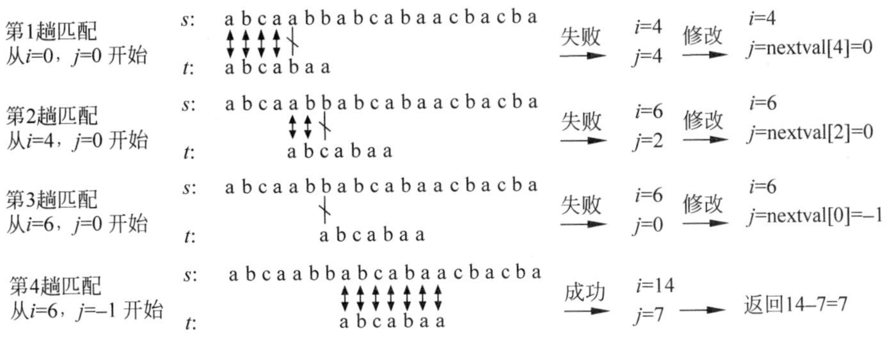

图 4.2　改进的 KMP 算法进行模式匹配的过程

7. 有两个顺序串 $s1$ 和 $s2$，设计一个算法求顺序串 $s3$，该串中的字符是 $s1$ 和 $s2$ 中的公共字符（即两个串都包含的字符）。

解：遍历 $s1$，对于当前字符 $s1.data[i]$，若它在 $s2$ 中出现，则将其加入串 $s3$ 中，最后返回 $s3$ 串。对应的算法如下：

```
SqString CommChar(SqString s1,SqString s2)
{   SqString s3;
    int i,j,k = 0;
    for (i = 0;i < s1.length;i++)
    {   for (j = 0;j < s2.length;j++)
            if (s2.data[j] == s1.data[i])
                break;
        if (j < s2.length)          //s1.data[i]是公共字符
        {   s3.data[k] = s1.data[i];
            k++;
        }
    }
    s3.length = k;
    return s3;
}
```

8. 采用顺序结构存储串，设计一个实现串通配符匹配的算法 pattern_index()，其中的通配符只有 '?'，它可以和任何一个字符匹配成功。例如，pattern_index("? re","there are")返回的结果是 2。

解：采用 BF 算法的穷举法的思路，但需要增加对 '?' 字符的处理功能，即 t.data[j] 为 '?' 时无论 s.data[i] 是何字符，都认为比较相同。对应的算法如下：

```
int index(SqString s,SqString t)
{    int i = 0,j = 0;
     while (i < s.length && j < t.length)
     {   if (s.data[i] == t.data[j] || t.data[j] == '?')
         {   i++;
             j++;
         }
```

```
        else
        {   i = i - j + 1;
            j = 0;
        }
    }
    if (j > = t.length)
        return(i - t.length);
    else
        return( - 1);
}
```

9. 设计一个算法,在顺序串 s 中从后向前查找子串 t,即求 t 在 s 中最后一次出现的位置。

解:采用简单模式匹配算法。如果串 s 的长度小于串 t 的长度,直接返回 -1。然后 i 从 s.length $-t$.length 到 0 循环,再对于 i 的每次取值循环:置 $j = i$,$k = 0$,若 s.data$[j]==t$.data$[k]$,则 $j++$,$k++$。循环中当 $k==t$.length 为真时,表示找到子串,返回物理下标 i。所有循环结束后都没有返回,表示串 t 不是串 s 的子串,返回 -1。对应的算法如下:

```
int LastPos1(SqString s, SqString t)
{   int i, j, k;
    if (s.length - t.length < 0)
        return - 1;
    for (i = s.length - t.length; i > = 0; i -- )
    {   for (j = i, k = 0; j < s.length && k < t.length && s.data[j] == t.data[k]; j++,k++);
        if (k == t.length)
            return i;
    }
    return - 1;
}
```

10. 设计一个算法,判断一个字符串 s 是否为形如"序列 1@为序列 2"模式的字符序列,其中序列 1 和序列 2 都不含'@'字符,且序列 2 是序列 1 的逆序列。例如"a+b@b+a"属于该模式的字符序列,而"1+3@3-1"不是。

解:建立一个临时栈 st 并初始化为空,其元素为 char 类型。置匹配标志 flag 为 true。遍历顺序串 s 的字符,将'@'之前的字符进栈。继续遍历顺序串 s 中'@'之后的字符,每遍历一个字符 e,退栈一个字符 x,若退栈时溢出或 e 不等于 x,则置 flag 为 false。循环结束后,若栈不空,置 flag 为 false。最后销毁栈 st 并返回 flag。对应的算法如下:

```
bool symm(SqString s)
{   int i = 0; char e, x;
    bool flag = true;
    SqStack * st;
    InitStack(st);
    while (i < s.length)          //将'@'之前的字符进栈
    {   e = s.data[i];
        if (e != '@')
```

```
            Push(st,e);
        else
            break;
        i++;
    }
    i++;                        //跳过@字符
    while (i < s.length && flag)
    {   e = s.data[i];
        if (!Pop(st,x)) flag = false;
        if (e!= x) flag = false;
        i++;
    }
    if (!StackEmpty(st)) flag = false;
    DestroyStack(st);
    return flag;
}
```

11. 采用顺序结构存储串，设计一个算法求串 s 中出现的第一个最长重复子串的下标和长度。

解：采用简单模式匹配算法的思路，先给最长重复子串的起始下标 maxi 和长度 maxlen 均赋值为 0。用 i 遍历串 s，对于当前字符 s_i，判断其后是否有相同的字符，若有记为 s_j，再判断 s_{i+1} 是否等于 s_{j+1}，s_{i+2} 是否等于 s_{j+2}，…，直到找到一个不同的字符为止，即找到一个重复出现的子串，把其起始下标 i 与长度 len 记下来，将 len 与 maxlen 相比较，保留较长的子串 maxi 和 maxlen。再从 s_{j+len} 之后查找重复子串。然后对于 s_{i+1} 之后的字符采用上述过程。循环结束后，maxi 与 maxlen 保存最长重复子串的起始下标与长度，将其复制到串 t 中。对应的算法如下：

```
void maxsubstr(SqString s,SqString &t)
{   int maxi = 0, maxlen = 0, len, i, j, k;
    i = 0;
    while (i < s.length)                    //从下标为 i 的字符开始
    {   j = i + 1;                          //从 i 的下一个位置开始找重复子串
        while (j < s.length)
        {   if (s.data[i] == s.data[j])     //找一个子串，其起始下标为 i、长度为 len
            {   len = 1;
                for(k = 1; s.data[i + k] == s.data[j + k]; k++)
                    len++;
                if (len > maxlen)           //将较大长度者赋给 maxi 与 maxlen
                {   maxi = i;
                    maxlen = len;
                }
                j += len;
            }
            else j++;
        }
        i++;                                //继续扫描第 i 个字符之后的字符
    }
```

```
            t.length = maxlen;                        //将最长重复子串赋给t
            for (i = 0;i < maxlen;i++)
                t.data[i] = s.data[maxi + i];
}
```

12. 用带头结点的单链表表示链串,每个结点存放一个字符。设计一个算法,将链串 s 中所有值为 x 的字符删除,要求算法的时间复杂度为 $O(n)$、空间复杂度为 $O(1)$。

解:让 pre 指向链串头结点,p 指向首结点。当 p 不为空时循环:若 $p->\text{data}==x$,通过 pre 结点删除 p 结点,再让 p 指向 pre 结点的后继结点;否则让 pre、p 同步后移一个结点。对应的算法如下:

```
void deleteall(LinkStrNode * &s,char x)
{   LinkStrNode * pre = s, * p = s -> next;
    while (p!= NULL)
    {   if (p -> data == x)
        {   pre -> next = p -> next;
            free(p);
            p = pre -> next;
        }
        else
        {   pre = p;                         //pre、p 同步后移
            p = p -> next;
        }
    }
}
```

4.3 补充练习题及参考答案 ✳

4.3.1 单项选择题

习题答案

1. 串是一种特殊的线性表,其特殊性体现在_____。
   A. 可以顺序存储　　　　　　　　　　B. 数据元素是一个字符
   C. 可以链式存储　　　　　　　　　　D. 数据元素可以是多个字符

2. 以下关于串的叙述中正确的是_____。
   A. 串是一种特殊的线性表　　　　　　B. 串中元素只能是字母
   C. 空串就是空白串　　　　　　　　　D. 串的长度必须大于零

3. 串的长度是_____。
   A. 串中不同字母的个数　　　　　　　B. 串中不同字符的个数
   C. 串中所含字符的个数,且大于 0　　 D. 串中所含字符的个数

4. 两个字符串相等的条件是_____。
   A. 串的长度相等　　　　　　　　　　B. 含有相同的字符集

C. 都是非空串　　　　　　　　　　D. 串的长度相等且对应的字符相同

5. 设 S 为一个长度为 n 的字符串,其中的字符各不相同,则 S 中的互异非平凡子串(非空且不同于 S 本身)的个数为_____。

    A. 2^{n-1}　　　　B. $\dfrac{n(n+1)}{2}$　　　C. $\dfrac{n(n+1)}{2}-1$　　　D. $\dfrac{n(n-1)}{2}-1$

6. 若串 S = "software",其子串个数是_____。

    A. 8　　　　　　　B. 37　　　　　　　C. 36　　　　　　　D. 9

7. 一个链串的结点类型如下:

```
typedef struct node
{   char data[MaxSize];
    struct node * next;
} SLinkNode;
```

如果每个字符占 1 字节,结点大小为 6,指针占 2 字节,该链串的存储密度为_____。

    A. 1/3　　　　　　B. 1/2　　　　　　C. 2/3　　　　　　D. 3/4

8. 串采用结点大小为 1 的链表作为其存储结构是指_____。

    A. 链表的长度为 1

    B. 链表中只存放一个字符

    C. 链表中每个结点的数据域中只存放一个字符

    D. 以上都不对

9. 设有两个串 s 和 t,判断 t 是否为 s 子串的算法称为_____。

    A. 求子串　　　　B. 串连接　　　　　C. 串匹配　　　　D. 求串长

10. 在 BF 模式匹配算法中,当模式串位 j 与目标串位 i 比较时两字符不相等,则 i 的位移方式是_____。

    A. $i{+}{+}$　　　　B. $i=j+1$　　　　C. $i=i-j+1$　　　D. $i=j-i+1$

11. 在 BF 模式匹配算法中,当模式串位 j 与目标串位 i 比较时两字符不相等,则 j 的位移方式是_____。

    A. $j{+}{+}$　　　　B. $j=0$　　　　　C. $j=i-j+1$　　　D. $j=j-i+1$

12. 在 KMP 模式匹配中用 next 数组存放模式串的部分匹配信息,当模式串位 j 与目标串位 i 比较时两字符不相等,则 i 的位移方式是_____。

    A. $i=\text{next}[j]$　　B. i 不变　　　　C. $i=0$　　　　　D. $i=i-j+1$

13. 在 KMP 模式匹配中用 next 数组存放模式串的部分匹配信息,当模式串位 j 与目标串位 i 比较时两字符不相等,则 j 的位移方式是_____。

    A. $j=0$　　　　　B. $j=\text{next}[i]$　　C. j 不变　　　　D. $j=\text{next}[j]$

14. 在 KMP 模式匹配中用 next 数组存放模式串的部分匹配信息,当模式串位 j 与目标串位 i 比较时两字符相等,则 i 的位移方式是_____。

    A. $i{+}{+}$　　　　B. $i=j+1$　　　　C. $i=i-j+1$　　　D. $i=j-i+1$

15. 在 KMP 模式匹配中用 next 数组存放模式串的部分匹配信息,当模式串位 j 与目标串位 i 比较时两字符相等,则 j 的位移方式是_____。

    A. $j{+}{+}$　　　　B. $j{=}i{+}1$　　　　C. $j{=}i{-}j{+}1$　　　　D. $j{=}$next$[j]$

16. 设目标串为 s、模式串为 t，在 KMP 模式匹配中 next$[4]{=}2$ 的含义是_____。

    A. 表示目标串匹配失败的位置是 $i{=}4$

    B. 表示模式串匹配失败的位置是 $j{=}2$

    C. 表示 t_4 字符前面最多有两个字符和开头的两个字符相同

    D. 表示 s_4 字符前面最多有两个字符和开头的两个字符相同

4.3.2　填空题

1. 串是指_____。

2. 设串 s1＝"I □am □a □student"，则串长为_____。

3. 字符串中任意个_____称为该串的子串。

4. 对于含有 n 个字符的顺序串 s，查找序号为 i 的字符，对应的时间复杂度为_____。

5. 设目标串 $s{=}$"abccdcdccbaa"，模式串 $t{=}$"cdcc"，若采用 BF 模式匹配算法，则在第_____趟匹配成功。

6. 若 n 为主串的长度，m 为子串的长度，采用 BF 模式匹配算法，在最好的情况下需要的字符比较次数为_____。

7. 若 n 为主串的长度，m 为子串的长度，采用 BF 模式匹配算法，在最坏的情况下需要的字符比较次数为_____。

8. 已知模式串 $t{=}$"aaababcaabbcc"，则 $t[3]{=}'b'$，next$[3]{=}$_____。

9. 已知 $t{=}$"abcaabbcabcaabdab"，该模式串的 next 数组值为_____。

10. 已知模式串 $t{=}$"ababaaab"，则 nextval 为_____。

习题答案

4.3.3　判断题

1. 判断以下叙述的正确性。

(1) 串中的每个元素只能是字母。

(2) 空串是只含有空格的串。

(3) 空串的长度为 0。

(4) 含有 n 个字符的串中所有子串的个数为 $n(n{+}1)/2{+}1$。

(5) 如果一个串中的所有字符均在另一个串中出现，那么说明前者是后者的子串。

(6) 顺序串采用一个字符数组存放串中的元素，所以顺序串等于一个字符数组。

2. 判断以下叙述的正确性。

(1) KMP 算法的最大特点是指示主串的指针不需要回溯。

(2) 串的模式匹配算法有 BF 算法和 KMP 算法。在任何情况下 KMP 算法的时间性能都优于简单匹配算法。

(3) 模式串 $t[0..11]$ 为"aaababcaabbc"，$t[3]{=}'b'$，则 next$[3]{=}1$。

(4) 模式串 $t[0..11]$ 为"aaababcaabbc"，$t[2]{=}'a'$，则 nextval$[2]{=}-1$。

(5) 改进的 KMP 算法除将 next 改为 nextval 以外，它们的匹配过程是一样的。

4.3.4 简答题

1. 在 C/C++语言中提供了字符串的一组功能函数,为什么在数据结构中还要讨论串?

2. 空串与空格串有何区别?

3. 给定两个串 $s1$ 和 $s2$,判断 $s2$ 是否为 $s1$ 旋转而来的,例如"waterbottle"是"erbottlewat"旋转而来的。问只使用 isSubString(用于子串的判断)和 Concat(串连接)算法能否完成该功能?

4. 如果模式串中没有任何加速匹配的信息,此时 KMP 算法和 BF 算法执行的趟数是相同的。如果你认为正确,请说明理由;如果你认为不正确,请给出一个反例。

5. 并非在任何情况下 KMP 算法都好于 BF 算法,请给出一个 BF 算法好于 KMP 算法的例子。

6. 若主串 $s=$ "abcaabccacabcabcaaaabc",模式串 $t=$ "abcabcaaa"。

(1) 求出 t 的 next 数组。

(2) 给出采用 KMP 算法求子串位置的过程。

(3) 总共进行了多少次字符比较?

7. 已知 KMP 串匹配算法中模式串 t 为"bababababaa",给出 next 数组改进后的 nextval 数组。

8. 设目标串为 $s=$ "abcaabbcaaababababaabca",模式串为 $t=$ "babab"。

(1) 计算模式串 t 的 nextval 数组值。

(2) 不写算法,画出利用改进 KMP 算法进行模式匹配的过程。

(3) 总共进行了多少次字符比较?

4.3.5 算法设计题

1.【顺序串算法】设计一个高效的算法,将顺序串的所有字符逆置,要求算法的空间复杂度为 $O(1)$。

解:遍历顺序串 s 的前半部分元素,对于元素 $s.data[i]$($0 \leqslant i < s.length/2$),将其与后半部分的对应元素 $s.data[s.length-i-1]$ 进行交换。对应的算法如下:

```
void reverse(SqString &s)
{    for (int i = 0;i < s.length/2;i++)
        swap(s.data[i],s.data[s.length - i - 1]);
                    //data[i]与 data[L.length - i - 1]交换
}
```

2.【顺序串算法】对于采用顺序结构存储的串,设计一个比较这两个串是否相等的算法 Equal()。

解:两个串相等是指长度相等且对应位置的字符必须都相同。先比较两串的长,在相等时遍历两串,逐一比较相应位置的字符,若相同继续比较,直到全部比较完毕,如果都相同则表示两串相等,否则表示两串不相等。对应的算法如下:

```
bool Equal(SqString s,SqString t)
{   int i = 0;
    bool flag = true;
    if (s.length!= t.length)
        return false;
    else
    {   while (i < s.length && flag)
        {   if (s.data[i]!= t.data[i])
                flag = false;
            i++;
        }
        return flag;
    }
}
```

3.【顺序串算法】设计一个算法,将顺序串 s 中所有值为 $c1$ 的字符替换成 $c2$ 的字符。

解:从头到尾遍历 s 串,将值为 $c1$ 的元素直接替换成 $c2$ 即可。对应的算法如下:

```
void Trans(SqString &s,char c1,char c2)
{   int i;
    for (i = 0;i < s.length;i++)
        if (s.data[i] == c1)
            s.data[i] = c2;
}
```

4.【顺序串算法】设计一个算法,从顺序串 s 中删除值等于 c 的所有字符。

解:从头到尾遍历 s 串,对于值为 c 的元素采用移动的方式进行删除。算法如下:

```
void DelAll(SqString &s,char c)
{   int i,j;
    for (i = 0;i < s.length;i++)
        if (s.data[i] == c)
        {   for (j = i;j < s.length;j++)
                s.data[j] = s.data[j + 1];
            s.length -- ;
        }
}
```

上述算法的效率很低,更高效的算法如下(思路参见《教程》中例 2.3 的解法二):

```
void DelAll1(SqString &s,char c)
{   int k = 0,i = 0;                        //k 记录值等于 c 的字符个数
    while (i < s.length)
    {   if (s.data[i] == c)
            k++;
        else
            s.data[i - k] = s.data[i];      //当前字符前移 k 个位置
        i++;
```

```
    }
    s.length -= k;              //串 s 的长度递减
}
```

5.【顺序串算法】设计一个算法,从顺序串 s 中序号为 index 的字符开始求出首次与字符串 t 相同的子串的起始位置。

解:采用 BF 算法的思路,从序号为 index 的元素开始遍历 s,当其元素值与 t 的第一个元素的值相同时判断它们之后的元素值是否依次相同,直到 t 结束为止。若都相同则返回,否则继续上述过程,直到 s 遍历完为止。对应的算法如下:

```
int PartPos(SqString s, SqString t, int index)      //s 为主串,t 为子串
{   int i, j, k;
    int n = s.length;
    int m = t.length;
    for (i = index; i <= n - m; i++)
    {   for (j = 0, k = i; j < m && t.data[j] == s.data[k]; k++, j++);
        if (j == m)
            return i;
    }
    return - 1;
}
```

6.【顺序串算法】采用顺序结构存储串,设计一个算法计算指定子串在一个字符串中出现的次数,如果该子串不出现则次数为 0。

解:本题是 BF 模式匹配算法的扩展,在 s 中找到子串 t 后不是退出,而是继续查找,直到整个字符串遍历完毕。对应的算法如下:

```
int substrcount(SqString s, SqString t)
{   int i = 0, j, k, count = 0;
    for (i = 0; s.data[i]; i++)
    {   for (j = i, k = 0; j < s.length && k < t.length &&
            (s.data[j] == t.data[k]); j++, k++);
        if (k >= t.length)
            count++;
    }
    return count;
}
```

7.【顺序串算法】采用顺序结构存储串,设计一个算法,求串 s 和串 t 的一个最长公共子串。

解:以 s 为主串,t 为子串,设 maxidx 为最长公共子串在 s 中的序号,maxlen 为最长公共子串的长度。采用 BF 算法遍历串 s 和串 t,当 s 的当前字符等于 t 的当前字符时比较后面的字符是否相等,这样得到一个公共子串(其在 s 中的起始位置为 i,长度为 len)。将 len

```
```

与 maxlen 相比,若 len 较大,则置 maxlen＝len,maxidx＝i。如此进行,直到遍历完 s 为止。对应的算法如下:

```
SqString MaxComStr(SqString s,SqString t)
{   SqString str;                    //str 用于存放最长公共子串
    int maxidx = 0,maxlen = 0,i,j,k,len;
    i = 0;                           //i 作为扫描 s 的指针
    while (i < s.length)
    {   j = 0;                       //j 作为扫描 t 的指针
        while (j < t.length)
        {   if (s.data[i] == t.data[j])
            {   len = 1;             //找一个公共子串,其在 s 中的位置为 i,长度为 len
                for (k = 1;i + k < s.length && j + k < t.length
                        && s.data[i + k] == t.data[j + k];k++)
                    len++;
                if (len > maxlen)    //将较大长度者赋给 maxidx 与 maxlen
                {   maxidx = i;
                    maxlen = len;
                }
                j += len;            //继续扫描 t 中第 j + len 个字符之后的字符
            }
            else j++;
        }
        i++;                         //继续扫描 s 中第 i 个字符之后的字符
    }
    for (i = 0;i < maxlen;i++)
        str.data[i] = s.data[maxidx + i];
    str.length = maxlen;
    return(str);                     //返回最长公共子串
}
```

8.【顺序串算法】编写一个程序,计算顺序串 s 中每一个字符出现的次数。

解:设计一个结构体数组 cnum 用于存放顺序串 s 中出现的字符和出现的次数。用 i 遍历 s,用 k 记录 cnum 中的元素个数,对于 $s.data[i]$,若在 cnum 数组中没有对应字符,将 $s.data[i]$ 直接放到 cnum 中,否则将对应字符的出现次数增 1。对应的程序如下:

```
# include "sqstring.cpp"            //包含顺序串的基本运算算法
typedef struct
{   char c;                         //字符
    int num;                        //字符的计数
} CType;
int fun(SqString s,CType cnum[ ])
{   int i,j,k = 0;                  //k 记录 cnum 中的元素个数
    for (i = 0;i < s.length;i++)
    {   if (k == 0)                 //cnum 中没有元素时将 s.data[i]直接放到 cnum 中
        {   cnum[k].c = s.data[i];
            cnum[k].num = 1;
            k++;
```

```
        }
        else                          //cnum 中存在元素时查找是否有相同的字符
        {   for (j = 0;j < k && s.data[i]!= cnum[j].c;j++);
            if (j >= k)                //s.data[i]放入 cnum 数组中
            {   cnum[k].c = s.data[i];
                cnum[k].num = 1;
                k++;
            }
            else cnum[j].num++;
        }
    }
    return k;
}
int main()
{   int i,k;
    char str[MaxSize];
    SqString s;
    CType cnum[MaxSize];
    printf("输入串:"); gets(str);
    StrAssign(s,str);
    printf("统计结果如下:\n");
    k = fun(s,cnum);
    for (i = 0;i < k;i++)
        printf("   %c %d\n",cnum[i].c,cnum[i].num);
    return 1;
}
```

9.【链串算法】设计一个算法 Equal(),在链串上实现判断两个串是否相等的功能。

解:遍历两个链串,并同步比较当前结点值是否相等,若不相等返回 false;否则继续比较到结束,若均相等且均结束,则返回 true。对应的算法如下:

```
bool Equal(LinkStrNode * s,LinkStrNode * t)
{   LinkStrNode * p = s, * q = t;
    while (p!= NULL && q!= NULL)
    {   if (p -> data!= q -> data)
            return false;
        p = p -> next;
        q = q -> next;
    }
    if (p!= NULL ‖ q!= NULL)
        return false;
    else
        return true;
}
```

10.【链串算法】假设采用链串存储结构,设计一个算法,在链串 s 中找子串 t 最后出现的首字符的序号(逻辑序号,序号从 1 开始),如果串 t 不是串 s 的子串,返回 0。

解:采用 BF 模式匹配算法的思路。idx 用于求子串 t 在 s 中最后出现的首字符的序号,其初值为 0。用 p 遍历链串 s,i 记录结点 p 的逻辑序号,初始值为 0,当 p 不为 NULL 时循环:i 增 1,$q = p$,r 指向串 t 的首结点,当两结点的值相同时循环,即 q、r 指针均后移一个结点,如果 r 为 NULL,表示找到了一个子串,置 idx = i。循环结束,最后返回 idx。对应的算法如下:

```
int LastPos(LinkStrNode * s, LinkStrNode * t)
{    int i = 0, idx = 0;
    LinkStrNode * p = s -> next, * q, * r;
    while (p!= NULL)
    {    i++;
        q = p;
        r = t -> next;
        while (q!= NULL && r!= NULL && q -> data == r -> data)
        {    q = q -> next;
            r = r -> next;
        }
        if (r == NULL)            //找到子串
            idx = i;
        p = p -> next;
    }
    return idx;
}
```

第5章 递归

5.1 本章知识体系

1. 知识结构图

本章的知识结构如图 5.1 所示。

$$
递归
\begin{cases}
递归的相关概念
\begin{cases}
递归的定义 \\
何时使用递归 \\
递归模型 \\
递归的执行过程
\end{cases} \\
递归调用的实现 \\
递归算法分析
\begin{cases}
时间复杂度分析 \\
空间复杂度分析
\end{cases} \\
递归算法的设计方法
\begin{cases}
递归算法的设计步骤 \\
基于递归数据结构的递归算法设计 \\
基于递归求解方法的递归算法设计
\end{cases}
\end{cases}
$$

图 5.1　第 5 章知识结构图

2. 基本知识点

（1）何时使用递归。

（2）如何从递归角度提取求解问题的递归模型。

（3）递归算法的执行过程。

（4）递归调用的实现原理。

(5) 递归算法的时间复杂度分析方法是先由递归算法推导出执行时间的递推式,然后计算 $T(n)$,再用 O 表示。

(6) 递归算法的空间复杂度分析方法是先由递归算法推导出占用空间的递推式,然后计算 $S(n)$,再用 O 表示。

(7) 设计递归算法的一般步骤。

(8) 理解递归数据结构的特征。

(9) 利用递归思想求解复杂的应用问题。

3. 要点归纳

(1) 递归分为直接递归和间接递归,而间接递归算法都可以转换为直接递归算法来实现。

(2) 尾递归是指递归调用语句是最后一条执行语句且把当前运算结果放在参数里传给下层函数。单向递归是指求值过程总是朝着一个方向进行的递归。

(3) 如果求解问题的定义是递归的、存放数据的数据结构是递归的或者问题的求解方法是递归的,一般使用递归算法来求解。

(4) 递归模型是递归算法的抽象,它反映一个递归问题的递归结构。在设计递归算法时首先获取求解问题的递归模型,然后转换为相应的递归算法。

(5) 递归模型由递归出口和递归体两部分构成。递归出口确定递归到何时结束,而递归体确定递归求解时的递推关系。

(6) 递归思路是把一个不能或不好直接求解的"大问题"转化成一个或几个"小问题"来解决。

(7) 函数调用是通过一个栈来实现的,用于保存返回地址、函数实参和局部变量值等。

(8) 一般情况下,尾递归和单向递归算法可以通过循环或者迭代方式转换为等价的非递归算法。其他复杂递归算法可以用栈来模拟递归的执行过程,从而将其转换为等价的非递归算法。

(9) 获取递归模型通常分为 3 个步骤,即分析问题、提取递归体和提取递归出口。在实际中需要根据求解问题来操作。

5.2 教材中的练习题及参考答案 ✳

1. 有以下递归函数:

```c
void fun(int n)
{   if (n==1)
        printf("a:%d\n",n);
    else
    {   printf("b:%d\n",n);
        fun(n-1);
        printf("c:%d\n",n);
    }
}
```

分析调用 fun(5)的输出结果。

解：在调用递归函数 fun(5)时先递推到递归出口，然后求值。这里的递归出口语句是 printf("a:%d\n",n);,递推时执行的语句是 printf("b:%d\n",n);,求值时执行的语句是 printf("c:%d\n",n);。调用 fun(5)的输出结果如下：

```
b:5
b:4
b:3
b:2
a:1
c:2
c:3
c:4
c:5
```

2. 以下递归算法用于对数组 $a[i..j]$ 中的元素进行归并排序：

```
void mergesort(int a[ ], int i, int j)
{    int m;
     if (i!= j)
     {    m = (i + j)/2;
          mergesort(a,i,m);
          mergesort(a,m + 1,j);
          merge(a,i,j,m);
     }
}
```

求执行 mergesort(a,0,$n-1$)的时间复杂度。其中，merge(a,i,j,m)用于两个有序子序列 $a[i..m]$ 和 $a[m+1..j]$ 的合并，是非递归函数，它的时间复杂度为 O(合并的元素个数)。

解：设 mergesort(a,0,$n-1$)的执行时间为 $T(n)$,分析得到以下递归关系。

$$T(n) = \begin{cases} O(1) & n = 1 \\ 2T(n/2) + O(n) & n > 1 \end{cases}$$

其中，$O(n)$ 为 merge()所需的时间,设为 cn(c 为常量)。因此：

$$T(n) = 2T\left(\frac{n}{2}\right) + cn = 2\left[2T\left(\frac{n}{2^2}\right) + \frac{cn}{2}\right] + cn = 2^2 T\left(\frac{n}{2^2}\right) + 2cn = 2^3 T\left(\frac{n}{2^3}\right) + 3cn$$

$$\vdots$$

$$= 2^k T\left(\frac{n}{2^k}\right) + kcn = 2^k O(1) + kcn$$

由于 $\frac{n}{2^k}$ 趋近于 1,$k = \log_2 n$,所以 $T(n) = 2^{\log_2 n} O(1) + cn\log_2 n = n + cn\log_2 n = O(n\log_2 n)$。

3. 已知 $A[0..n-1]$ 为实数数组，设计一个递归算法求这 n 个元素的平均值。

解：设 $\mathrm{avg}(A,i)$ 返回 $A[0..i]$ 中共 $i+1$ 个元素的平均值，则递归模型如下。

$$\mathrm{avg}(A,i)=\begin{cases}A[0] & \text{当 } i=0 \text{ 时} \\ (\mathrm{avg}(A,i-1)\times i+A[i])/(i+1) & \text{其他情况}\end{cases}$$

初始调用为 $\mathrm{avg}(A,n-1)$。对应的递归算法如下：

```
double avg(double A[ ],int i)
{   if (i==0)
        return(A[0]);
    else
        return((avg(A,i-1) * i+A[i])/(i+1));
}
```

求 $A[n]$ 中 n 个元素平均值的调用方式为 $\mathrm{avg}(A,n-1)$。

4. 设计一个算法求正整数 n 的位数。

解：设 $f(n)$ 为整数 n 的位数，其递归模型如下。

$$f(n)=\begin{cases}1 & \text{当 } n<10 \text{ 时} \\ f(n/10)+1 & \text{其他情况}\end{cases}$$

对应的递归算法如下：

```
int fun( int n)
{   if (n<10)
        return 1;
    else
        return fun(n/10) + 1;
}
```

5. 上楼可以一步上一阶，也可以一步上两阶，设计一个递归算法，计算共有多少种不同的走法。

解：设 $f(n)$ 表示 n 阶楼梯的不同的走法数，显然 $f(1)=1$，$f(2)=2$（两阶有一步一步走和两步走两种走法）。$f(n-1)$ 表示 $n-1$ 阶楼梯的不同的走法数，$f(n-2)$ 表示 $n-2$ 阶楼梯的不同的走法数，对于 n 阶楼梯，第 1 步上一阶有 $f(n-1)$ 种走法，第 1 步上两阶有 $f(n-2)$ 种走法，则 $f(n)=f(n-1)+f(n-2)$。对应的递归算法如下：

```
int fun( int n)
{   if (n==1 || n==2)
        return n;
    else
        return fun(n-1) + fun(n-2);
}
```

6. 设计一个递归算法，利用顺序串的基本运算求串 s 的逆串。

解：经分析，求逆串的递归模型如下。

$$f(s)=\begin{cases}s & \text{若 } s=\varnothing \\ \mathrm{Concat}(f(\mathrm{SubStr}(s,2,\mathrm{StrLength}(s)-1)),\mathrm{SubStr}(s,1,1)) & \text{其他情况}\end{cases}$$

递归思路是：对于 $s=$"$s_1s_2\cdots s_n$"的串，假设"$s_2s_3\cdots s_n$"已求出其逆串，即 $f(\text{SubStr}(s,$ $2,\text{StrLength}(s)-1))$，再将 s_1（为 $\text{SubStr}(s,1,1)$）单个字符构成的串连接到最后即得到 s 的逆串。对应的递归算法如下：

```
# include "sqstring.cpp"              //顺序串的基本运算算法
SqString invert(SqString s)
{    SqString s1,s2;
     if (StrLength(s)>0)
     {    s1 = invert(SubStr(s,2,StrLength(s)-1));
          s2 = Concat(s1,SubStr(s,1,1));
     }
     else
          StrCopy(s2,s);
     return s2;
}
```

7. 设有一个不带表头结点的单链表 L，设计一个递归算法 $\text{count}(L)$ 求以 L 为首结点指针的单链表的结点个数。

解：对应的递归算法如下。

```
int count(LinkNode * L)
{    if (L == NULL)
         return 0;
     else
         return count(L->next)+1;
}
```

8. 设有一个不带表头结点的单链表 L，设计两个递归算法，$\text{traverse}(L)$ 正向输出单链表 L 中的所有结点值，$\text{traverseR}(L)$ 反向输出单链表 L 中的所有结点值。

解：对应的递归算法如下。

```
void traverse(LinkNode * L)
{    if (L == NULL) return;
     printf(" % d ",L->data);
     traverse(L->next);
}
void traverseR(LinkNode * L)
{    if (L == NULL) return;
     traverseR(L->next);
     printf(" % d ",L->data);
}
```

9. 设有一个不带表头结点的单链表 L，设计两个递归算法，$\text{del}(L,x)$ 删除单链表 L 中第一个值为 x 的结点，$\text{delall}(L,x)$ 删除单链表 L 中所有值为 x 的结点。

解：对应的递归算法如下。

```
void del(LinkNode * &L,ElemType x)
{    LinkNode * t;
     if (L == NULL) return;
     if (L->data == x)
     {    t = L;L = L->next;free(t);
          return;
     }
     del(L->next,x);
}
void delall(LinkNode * &L,ElemType x)
{    LinkNode * t;
     if (L == NULL) return;
     if (L->data == x)
     {    t = L;L = L->next;
          free(t);
     }
     delall(L->next,x);
}
```

10. 设有一个不带表头结点的单链表 L，设计两个递归算法，maxnode(L)返回单链表 L 中的最大结点值，minnode(L)返回单链表 L 中的最小结点值。

解：对应的递归算法如下。

```
ElemType maxnode(LinkNode * L)
{    ElemType max;
     if (L->next == NULL)
          return L->data;
     max = maxnode(L->next);
     if (max > L->data) return max;
     else return L->data;
}
ElemType minnode(LinkNode * L)
{    ElemType min;
     if (L->next == NULL)
          return L->data;
     min = minnode(L->next);
     if (min > L->data) return L->data;
     else return min;
}
```

11. 设计一个模式匹配算法，其中模式串 t 中含一个或多个通配符'＊'，每个'＊'可以和任意子串匹配。对于目标串 s，求其中匹配模式串 t 的一个子串的位置（'＊'不能出现在 t 的开头）。

解：采用 BF 模式匹配的思路，当 $s[i]$ 和 $t[j]$ 比较时，若 $t[j]$ 为'＊'，$j++$ 跳过 t 的当前'＊'，取出 s 中对应'＊'的字符及其之后的所有字符构成的字符串，即 SubStr($s,i+1$, $s.length-i$)，其中 $i+1$ 是 s 中对应'＊'字符的字符的逻辑序号。再取出 t 中'＊'字符后面的所有字符构成的字符串，即 SubStr($t,j+1,t.length-j$)，递归对它们进行匹配，若返回值

大于 -1，表示匹配成功，返回 start。当 i 或者 j 超界后结束循环，再判断如果是 j 超界，返回 start，否则返回 -1。对应的递归算法如下：

```
# include "sqstring.cpp"              //顺序串的基本运算算法
int findpat(SqString s,SqString t)
{   int i = 0,j = 0,k,start;
    while (i < s.length && j < t.length)
    {   if (t.data[j] == ' * ')
        {   j++;                       //跳过 *
            k = findpat(SubStr(s,i + 1,s.length - i),SubStr(t,j + 1,t.length - j));
            if (k > - 1)               //找到了
                return start;
        }
        else if (s.data[i] == t.data[j])
        {   i++;
            j++;
        }
        else
        {   i = i - j + 1;
            start = i;
            j = 0;
        }
    }
    if (j > = t.length)
        return start;
    else
        return - 1;
}
```

5.3 补充练习题及参考答案

5.3.1 单项选择题

习题答案

1. 一个正确的递归算法通常包含_____。
   A. 递归出口   B. 递归体
   C. 递归出口和递归体   D. 以上都不包含
2. 递归函数 $f(1)=1,f(n)=f(n-1)+n(n>1)$ 的递归出口是_____。
   A. $f(1)=1$ B. $f(1)=0$ C. $f(0)=0$ D. $f(n)=n$
3. 递归函数 $f(1)=1,f(n)=f(n-1)+n(n>1)$ 的递归体是_____。
   A. $f(1)=1$ B. $f(0)=0$
   C. $f(n)=f(n-1)+n$ D. $f(n)=n$
4. 计算 $f(n)=\dfrac{1}{1\times2}+\dfrac{1}{2\times3}+\cdots+\dfrac{1}{n(n+1)}$，采用的递归模型为_____。

A. $f(n) = \dfrac{1}{1 \times 2} + \dfrac{1}{2 \times 3} + \cdots + \dfrac{1}{n(n+1)}$

B. $f(n) = \dfrac{1}{1 \times 2} + \dfrac{1}{2 \times 3} + \cdots + \dfrac{1}{(n-1)n} + f(n-1)$

C. $f(1) = \dfrac{1}{2}, f(n) = f(n-1) + \dfrac{1}{n(n+1)}$

D. $f(n) = f(n-1) + \dfrac{1}{n(n+1)}$

5. 在将递归算法转换成对应的非递归算法时,通常需要使用_____保存中间结果。

    A. 队列　　　　　　B. 栈　　　　　　　C. 链表　　　　　　D. 树

6. 函数 $f(x, y)$ 定义如下:

$$f(x, y) = \begin{cases} f(x-1, y) + f(x, y-1) & \text{当 } x > 0 \text{ 且 } y > 0 \text{ 时} \\ x + y & \text{否则} \end{cases}$$

则 $f(2, 1)$ 的值是_____。

    A. 1　　　　　　　B. 2　　　　　　　C. 3　　　　　　　D. 4

7. 一个递归问题可以用递归算法求解,也可以用非递归算法求解,但单从执行时间来看,通常递归算法比非递归算法_____。

    A. 快　　　　　　　B. 慢　　　　　　　C. 相同　　　　　　D. 无法比较

8. 以下关于递归的叙述中错误的是_____。

    A. 一般而言,使用递归解决问题比使用循环解决问题需要定义更多的变量

    B. 递归算法的执行效率相对较低

    C. 递归算法的执行需要用到系统栈

    D. 以上都是错误的

9. 在实现递归调用时需要利用系统栈保存参数值。在处理传值参数时,需要为对应形参分配空间,以存放实参的_____。

    A. 空间　　　　　　B. 副本　　　　　　C. 代码地址　　　　D. 地址

10. 在实现递归调用时需要利用系统栈保存参数值。在处理引用型参数时,需要保存实参的_____。

    A. 空间　　　　　　B. 副本　　　　　　C. 值　　　　　　　D. 地址

5.3.2　填空题

习题答案

1. 将 $f(n) = 1 + \dfrac{1}{2} + \dfrac{1}{3} + \cdots + \dfrac{1}{n}$ 转化成递归函数,其递归出口是____①____,递归体是____②____。

2. 有以下递归过程:

```
void print(int w)
{   int i;
    if (w!= 1)
    {   print(w - 1);
```

```
        for (i = 0;i <= w;i++)
            printf("%3d",w);
        printf("\n");
    }
}
```

调用语句 print(4) 的结果是_____。

3. 有以下递归过程：

```
void reverse(int m)
{   printf("%d",n%10);
    if (n/10 != 0)
        reverse(n/10);
}
```

调用语句 reverse(582) 的结果是_____。

4. 递推式 $f(1)=0,f(n)=f(n/2)+1$ 的解是_____。

5. 设 $a[0..n-1]$ 是一个含 n 个整数的数组，求该数组中所有元素之和的递归定义是_____。

6. 有以下递归算法：

```
void fun(int n)
{   if (n>0)
    {   printf("%d ",n);
        fun(n-1);
        fun(n-1);
    }
}
```

执行 fun(3) 的输出是_____。

7. 有以下递归算法：

```
void fun(int n)
{   if (n>0)
    {   fun(n-1);
        fun(n-1);
        printf("%d ",n);
    }
}
```

执行 fun(3) 的输出是_____。

5.3.3 判断题

习题答案

1. 判断以下叙述的正确性。

（1）任何递归算法都有递归出口。

（2）递归算法的执行效率比功能相同的非递归算法的执行效率高。

（3）任何能够正确执行的递归算法都能转换成功能等价的非递归算法。

（4）任何递归算法都是尾递归。

（5）通常递归的算法简单、易懂、容易编写,而且执行的效率也高。

（6）尾递归算法可以通过循环转换成非递归算法。

2. 判断以下叙述的正确性。

（1）有以下递归算法:

```
int fun(int n)
{   if (n==1 || n==0)
        return n;
    else
        return n + fun(n/2);
}
```

其中递归体是 $n==1$ 或 $n==0$ 时返回 n。

（2）有以下递归函数:

```
int fun(int n)
{   if (n==1 || n==0)
        return n;
    else
        return n + fun(n-2);
}
```

执行 fun(6)的返回结果是 10。

（3）以下算法中没有循环语句,其时间复杂度为 $O(1)$:

```
int fun(int n)
{   if (n==1)  return 1;
    else return n * fun(n-1);
}
```

（4）以下算法中没有循环语句,其空间复杂度为 $O(1)$:

```
int fun(int n)
{   if (n==1)  return 1;
    else return n * fun(n-1);
}
```

5.3.4　简答题

习题答案

1. 简述递归算法的优缺点。

2. 推导出求 x 的 n 次幂的递归模型。

3. 推导出求 x 的 n 次幂的递归模型,要求最多使用 $O(\log_2 n)$ 次递归调用。

4. 采用递归方法,将含有 n 个字符的 C/C++字符串 s 中最后一个为 x 的字符改为 y,

给出其递归模型。

5. 某递归算法的求解时间复杂度的递推式如下：

$$T(n)=\begin{cases} 1 & \text{当 } n=0 \text{ 时} \\ T(n-1)+n+3 & \text{当 } n>0 \text{ 时} \end{cases}$$

求该算法的时间复杂度。

6. 设 $a[0..n-1]$ 是含有 n 个元素的整数数组，写出求 n 个整数之积的递归定义。

7. 以下算法是计算两个正整数 u 和 v 的最大公因数的递归函数，给出其递归模型。

```
int gcd(int u, int v)
{   int r;
    if ((r = u % v) == 0)
        return(v);
    else
        return(gcd(u, r));
}
```

8. 计算以下算法中的语句频度（不计 return 语句的返回）。

```
double rsum(double a[], int n)
{   if (n <= 0)
        return a[0];
    else
        return rsum(a, n - 1) + a[n - 1];
}
```

9. 分析以下算法的时间复杂度（其中问题规模 $n=j-i+1$）。

```
void fun(ElemType A[], int i, int j, ElemType &max, ElemType &min)
{   int mid;
    ElemType gmax, gmin, hmax, hmin;
    if (i == j)
    {   max = min = A[i];
        return;
    }
    if (i == j - 1)
    {   if (A[i] < A[j])
        {   max = A[j]; min = A[i]; }
        else
        {   max = A[i]; min = A[j]; }
        return;
    }
    mid = (i + j) / 2;
    fun(A, i, mid, gmax, gmin);
    fun(A, mid + 1, j, hmax, hmin);
    max = (gmax > hmax?gmax:hmax);
    min = (gmin < hmin?gmin:hmin);
}
```

10. 设有算法如下:

```
int Find(ElemType a[], int s, int t, ElemType x)
{    int m = (s + t)/2;
     if (s <= t)
     {    if (a[m] == x)
              return m;
          else if (x < a[m])
              return Find(a, s, m - 1, x);
          else
              return Find(a, m + 1, t, x);
     }
     return - 1;
}
```

分析执行 $Find(a, 0, n-1, x)$ 的时间复杂度。

5.3.5　算法设计题

1.【递归算法设计】有一个不带头结点的单链表,其结点类型为 LinkNode。设计一个递归算法,删除并释放以 h 为首指针的单链表中的所有结点。

解:设 h 为不带头结点的单链表(含 n 个结点),则 $h->next$ 也是一个不带头结点的单链表(含 $n-1$ 个结点),两者除了相差一个结点以外,其他都是相似的。设 release(h) 的功能是删除并释放单链表 h 中的所有结点。其递归模型如下:

$$release(h) \equiv \begin{cases} \text{不做任何事情} & \text{当 } h \text{ 为空表时} \\ release(h->next); \text{释放 } h \text{ 结点} & \text{其他情况} \end{cases}$$

对应的递归算法如下:

```
void release(LinkNode * h)
{    if (h != NULL)
     {    release(h->next);
          free(h);                //释放 h 结点
     }
}
```

2.【递归算法设计】设计一个递归算法,利用串的基本运算 SubStr() 判断字符 x 是否在串 s 中。

解:设串 $s = "a_1a_2\cdots a_n"$,$Find(s, x)$ 的值表示 x 是否为串 s 的元素,若是则返回真,否则返回假。本题的递归模型如下:

$$Find(s, x) = \begin{cases} 0 & \text{如果 } s \text{ 为空串} \\ 1 & \text{如果 } a_1 = x \\ Find("a_2\cdots a_n", x) & \text{其他情况} \end{cases}$$

对应的递归算法如下:

```
# include "SqString.cpp"           //包含顺序串的定义和基本运算函数
bool Find(SqString s, char x)
```

```
{   SqString s1;
    if (s.length == 0)
        return false;
    else if (s.data[0] == x)                //a₁ = x
        return true;
    else
    {   s1 = SubStr(s, 2, s.length - 1);     //s1 = "a₂…aₙ"
        return(Find(s1, x));
    }
}
```

3.【递归算法设计】一个人赶着鸭子去每个村庄卖,每经过一个村子卖出所赶鸭子的一半又一只,这样他经过了 7 个村子后还剩两只鸭子。设计一个算法求他出发时共赶了多少只鸭子?

解:设 $\text{fun}(i)$ 表示经过 i 个村子后还剩下的鸭子数,依题意有以下递归模型。

$$\text{fun}(i) = \begin{cases} 2 & \text{当 } i = 7 \text{ 时} \\ 2 \times \text{fun}(i+1) + 1 & \text{当 } i < 7 \text{ 时} \end{cases}$$

对应的递归算法如下:

```
int fun(int i)
{   if (i == 7)
        return 2;
    else
        return 2 * fun(i + 1) + 1;
}
```

调用 fun(0) 求得出发时共赶鸭子数为 383 只。

4.【递归算法设计】求解猴子吃桃问题。海滩上有一堆桃子,5 只猴子来分。第一只猴子把这堆桃子分为 5 份,多了一个,这只猴子把多的一个扔入海中,拿走了一份。第 2 只猴子把剩下的桃子又平均分成 5 份,又多了一个,它同样把多的一个扔入海中,拿走了一份,第 3、第 4、第 5 只猴子都是这样做的,问海滩上原来最少有多少个桃子?

解:设 $\text{fun}(i)$ 表示第 i 个猴子分桃子前的桃子总数。显然,第 5 只猴子分桃子后的桃子总数为 m(相当于第 6 个猴子分桃子前的桃子总数,可以是任何大于或等于 0 的整数)。$f(n+1)$ 应该是 $(f(n)-1)/5$ 的 4 倍,即 $f(n+1) = 4[(f(n)-1)/5]$,求出 $f(n) = 5f(n+1)/4 + 1$,而 $f(n)$ 一定为整数,所以 m 应该取保证所有 $5f(n+1)/4$ 整除的最小整数。依题意有以下递归模型:

$\text{fun}(6) = m$ 第 5 只猴子分桃子后的桃子总数为 m

$\text{fun}(n) = (\text{fun}(n+1)+1) \times 5$ 当 $n > 1$ 时

对应的递归算法如下:

```
bool isn(int x, int y)          //x 整除 y 时返回 true
{   if (x % y == 0)
        return true;
    else
```

```
            return false;
    }
    int fun( int n, int m )
    {   if (n == 6)
            return m;
        else
        {   if (isn(5 * fun(n + 1,m),4))
                return (5 * fun(n + 1,m)/4 + 1);
            else                              //当 m 不合适时返回 -1
                return -1;
        }
    }
    int pnumber()
    {   int k;
        int m = 0;                            //m 从 0 开始试探
        while(true)
        {   k = fun(1,m);
            if (k!= -1)
                break;
            m++;
        }
        return k;
    }
```

pnumber()的计算结果是 3121,所以海滩上原来最少有 3121 个桃子。

5.【递归算法设计】有以下递归计算公式:

$$C(n,0) = 1 \qquad\qquad\qquad n \geq 0$$
$$C(n,n) = 1 \qquad\qquad\qquad n \geq 0$$
$$C(n,m) = C(n-1,m) + C(n-1,m-1) \quad n > m, n \geq 0, m \geq 0$$

设计一个递归算法和一个非递归算法求 $C(n,m)$。

解:对应的递归算法如下。

```
    int fun( int n, int m )
    {   if (n >= 0 && m == 0 || n >= 0 && m == n)
            return 1;
        else
        {   if (n > m && n >= 0 && m >= 0)
                return(fun(n - 1,m) + fun(n - 1,m - 1));
            else
            {   printf("n,m 值不正确\n");
                return( -1);
            }
        }
    }
```

用一个数组 a 存放 $C(m,n)$ 的值,对应的非递归算法如下:

```
int fun1(int n,int m)
{    int a[M][N] = {0},i,j;
     for (i = 0;i <= n;i++)
     {    a[i][0] = 1;
          a[i][i] = 1;
     }
     for (j = 1;j <= m;j++)
          for (i = j + 1;i <= n;i++)
              a[i][j] = a[i - 1][j] + a[i - 1][j - 1];
     return a[n][m];
}
```

6.【递归算法设计】编写一个递归算法,读入一个字符串(以".".作为结束),要求打印出它们的倒序字符串。

解:首先获取用户的按键,如果不是'.'字符,则递归调用该过程,否则显示该字符。对应的算法如下:

```
void reverse()
{    char ch;
     scanf(" % c",&ch);
     if (ch!= '.')
     {    reverse();
          printf(" % c",ch);
     }
}
```

7.【递归算法设计】设计一个程序求解全排列问题:输入 n 个不同的字符,给出它们所有的 n 个字符的全排列。

解:将 n 个不同的字符存放在字符串 $str[0..n-1]$ 中,设 $f(str,k,n)$ 表示输出 $str[k..n-1]$(共 $n-k$ 个字符)所有字符全排列,而 $f(str,k+1,n)$ 表示输出 $str[k+1..n-1]$(共 $n-k-1$ 个字符)所有字符全排列,前者是大问题,后者为小问题。递归模型 $f(str,k,n)$ 如下:

$$f(str,k,n) \equiv \begin{cases} \text{输出产生的解} & \text{若 } k=n-1 \\ \text{对于 } k \sim n-1 \text{ 的 } i,str[i] \text{ 与 } str[k] \text{ 交换位置;} & \text{其他情况} \\ \quad f(str,k+1,n); \\ \quad \text{将 } str[k] \text{ 与 } str[i] \text{ 交换位置(恢复环境);} \end{cases}$$

对应的算法如下:

```
void print(char str[],int n)          //输出一个排列
{    for (int i = 0;i < n;i++)
         printf(" % c ",str[i]);
     printf("\n");
}
void perm(char str[],int k,int n)
{    int i;
```

```
        if (k == n - 1)
            print(str,n);
        else
        {   for (i = k;i < n;i++)
            {   swap(str[k],str[i]);//交换 str[k]与 str[i]
                perm(str,k + 1,n);
                swap(str[k],str[i]);//交换 str[k]与 str[i]
            }
        }
}
```

设计以下主函数:

```
int main()
{    int n = 3;
     char a[4] = "123";
     printf("123 的全排列如下:\n");
     perm(a,0,n);
     return 1;
}
```

程序的执行结果如下:

```
123 的全排列如下:
1 2 3
1 3 2
2 1 3
2 3 1
3 2 1
3 1 2
```

8.【递归算法设计】设计一个程序求解组合问题:从自然数 $1 \sim n$ 中任取 r 个数的所有组合。

解:设 $\mathrm{comb}(a,m,k)$ 为从 $1 \sim m$ 中任取 k 个数的所有组合(每个组合放在数组 a 中,由于组合与元素的顺序无关,不妨设 $a[0] < a[1] < a[2] < \cdots$)。当组合的最后一个数字(只能取 $k \sim m$ 中的一个数)选定后,其后的数字是从余下的 $m-1$ 个数中取 $k-1$ 个数的组合。求解组合问题的递归模型如下:

$$\mathrm{comb}(a,m,k) \equiv \begin{cases} 输出产生的解 & 若 k = 1 \\ 对于 k \sim m 的 i, a[k-1] = i; & 其他情况 \\ \quad\quad \mathrm{comb}(a,i-1,k-1); \end{cases}$$

对应的程序如下:

```
# include < stdio.h>
# define MaxSize 10
int n,r;                        //全局变量
void print(int a[])             //输出一个组合
```

```
{   int j;
    for (j = r - 1;j > = 0;j -- )
        printf(" % d ",a[j]);
    printf("\n");
}
void comb(int a[ ],int m,int k)
{   int i;
    for (i = m;i > = k;i -- )
    {   a[k - 1] = i;
        if (k > 1)
            comb(a,i - 1,k - 1);
        else
            print(a);
    }
}
int main()
{   int a[MaxSize];
    printf("输入 n,r(r < = n):");
    scanf(" % d % d",&n,&r);
    printf("1.. % d 中 % d 个的组合结果如下:\n",n,r);
    comb(a,n,r);
    printf("\n");
    return 1;
}
```

程序的一次执行结果如下：

```
输入 n,r(r < = n):5 3 ↙
1..5 中 3 个的组合结果如下:
5 4 3
5 4 2
5 4 1
5 3 2
5 3 1
5 2 1
4 3 2
4 3 1
4 2 1
3 2 1
```

9.【递归算法设计】棋子移动问题：有 $2n$ 个棋子（$n \geqslant 4$）排成一行，开始位置为白色全部在左边，黑色全部在右边。移动棋子的规则是每次必须同时移动相邻的两个棋子，颜色不限，可以左移也可以右移到空位上去，但不能调换两个棋子的左右位置。每次移动必须跳过若干个棋子（不能平移），要求最后能够移成黑白相间的一行棋子。

解：$n = 4$ 的求解过程如下。

```
              1 2 3 4 5 6 7 8 9 10
初始状态：○○○○●●●●——
  第1步：○○○——●●●○●      // mvtosp(4)：即位置4开头的两个棋子与"——"交换
  第2步：○○○●●○●——●      // mvtosp(8)：即位置8开头的两个棋子与"——"交换
  第3步：○——●●●●○○●      // mvtosp(2)：即位置2开头的两个棋子与"——"交换
  第4步：○●●●○●——○●      // mvtosp(7)：即位置7开头的两个棋子与"——"交换
  第5步：——○●○●○●○●      // mvtosp(1)：即位置1开头的两个棋子与"——"交换
```

用数组 $c[1..2n+2]$ 存放棋子，用 init() 函数对其所有元素初始化。设 mv(n) 表示求解 $2n$ 个棋子移动的问题，则求解棋子移动问题的递归模型如下：

$$mv(n) \equiv \begin{cases} 直接求解 & n=4 \\ 将\,c[n]、c[n+1]\,棋子对移动到\,c[2n+1]、c[2n+2]\,处，即\,mv(n)；\\ \quad 将\,c[2n-1]、c[2n]\,棋子对移动到\,c[n]、c[n+1]\,处，即\,mv(2n-1)；& 其他情况 \\ \quad mv(n-1)； \end{cases}$$

对应的程序如下：

```c
# include < stdio.h >
# include < string.h >
const int MAX = 100;
char c[MAX][3];
int st = 0,sp,n;                    //全局变量,st记录移动的步骤,sp指向为"-"的棋子
void print()                        //输出一个移动步骤
{   printf("  step% - 2d:",++st);
    for (int i = 1;i <= 2 * n + 2;i++)
        printf("% s",c[i]);
    printf("\n");
}
void mvtosp(int k)                  //将c[k]和c[k+1]两个棋子与"——"交换
{   for (int j = 0;j <= 1;j++)
    {   strcpy(c[sp + j],c[k + j]);
        strcpy(c[k + j],"——");
    }
    sp = k;                         //sp指向"——"的棋子
    print();                        //输出一个解
}
void mv(int n)                      //求解2n个棋子移动的问题
{   if (n == 4)                     //递归出口
    {   mvtosp(4);mvtosp(8);mvtosp(2);
        mvtosp(7);mvtosp(1);
    }
    else                            //求解n>4的情况
    {   mvtosp(n);
        mvtosp(2 * n - 1);
        mv(n - 1);
    }
}
```

```
void init(int n)                           //初始化c数组
{   int i;
    st = 0;
    sp = 2 * n + 1;                        //sp指向第2n+1的棋子,即"--"
    for (i = 1;i <= n;i++)
        strcpy(c[i],"○");
    for (i = n + 1;i <= 2 * n;i++)
        strcpy(c[i],"●");
    strcpy(c[2 * n + 1],"—");
    strcpy(c[2 * n + 2],"—");
}
int main()
{   do
    {   printf("输入 n 值(4 - 20):");
        scanf("% d",&n);
    } while (n > 20 || n < 4);
    init(n);
    printf("移动过程如下:\n");
    mv(n);
    printf("\n");
    return 1;
}
```

本程序的一次执行结果如下:

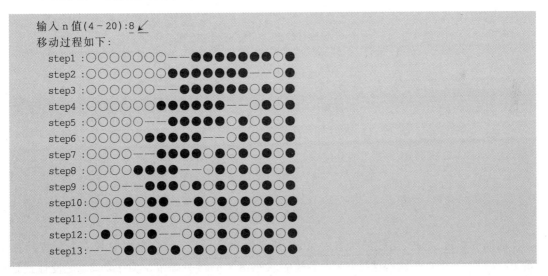

10.【递归算法设计】设以字符序列 $abcd$ 作为顺序栈 st 的输入,利用 push(进栈)和 pop(出栈)操作,输出所有可能的出栈序列并编程实现整个算法。

解: 设 $A = (a_0, a_1, \cdots, a_j)$ 是已出栈的序列,B 是已进栈的序列(如果栈不空),$C = (c_i, c_{i+1}, \cdots, c_{n-1})$ 是尚未进栈的序列(初始时 $i = 0$ 表示 C 中有 n 个字符),描述进栈、出栈的状态由 A、C 两个序列表示即可(由 A、C 序列可以确定 B 序列)。

产生所有出栈序列的过程是如果所有元素都在 A 序列中(栈空且 C 序列中的所有元素处理完),此时产生一种出栈序列,否则从某个进栈、出栈的状态(如图 5.2 所示的状态称为

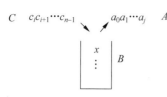

$C \quad c_i c_{i+1} \cdots c_{n-1} \quad \nearrow \quad a_0 a_1 \cdots a_j \quad A$

图 5.2　进栈、出栈的状态

初始状态)出发,只有两种操作。

① 从初始状态出发,将 C 中的元素 $c_i (i < n)$ 进栈,此时产生另一种进栈、出栈的状态,从该状态继续进行类似的操作。

② 从初始状态出发,出栈元素 x(栈不空)并将其添加到 A 的末尾,此时产生另一种进栈、出栈的状态,从该状态继续进行类似的操作。

求解过程如图 5.3 所示,其中"从该状态继续进行类似的操作"和产生所有出栈序列的过程是相似的,所以可以采用递归算法。

注意:上述①、②两步都是从初始状态出发的,所以每步执行后都需要将进栈、出栈的状态恢复成初始状态,如第①步进栈了一个元素,其后要将该元素出栈以恢复成原来的初始状态,第②步出栈了一个元素 x,其后要将 x 进栈以恢复成原来的初始状态。

为了方便,用数组 $\text{str}[0..n-1]$ 表示一个进栈序列(其中元素的个数为 n),每个下标对应唯一的元素,所以在进栈、出栈中直接用 $0 \sim n-1$ 的下标来表示,只有在最后输出一个出栈序列时还原为字符序列。用 a 数组表示输出序列,用 j 表示 a 数组中当前元素的位置,st 是一个栈,包含存放元素的 data 数组和栈顶指针 top。

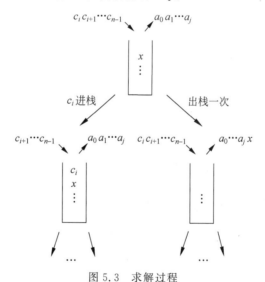

图 5.3　求解过程

前面介绍过,进栈、出栈的状态由 A、C 两个序列表示即可,A 序列中有 j 个元素,用 i 遍历 C 序列(i 从 0 开始),这样进栈、出栈的状态由 i、j 唯一确定。为了简单,在设计栈运算时不考虑溢出情况。完整的程序如下:

```
# include < stdio.h >
# define MaxSize 100
struct stacknode
{   int data[MaxSize];
    int top;
```

```
}  st;                                    //全局变量,定义整数顺序栈
int n = 4;                                //全局变量,定义输入序列中元素的个数
char str[] = "abcd";                      //全局变量,指定进栈序列
int sum = 0;                              //全局变量,累计出栈序列的个数
void initstack()                          //初始化顺序栈
{
    st.top = -1;
}
void push(int x)                          //元素 x 进栈的运算
{   st.top++;
    st.data[st.top] = x;
}
int pop()                                 //退栈运算
{   int temp;
    temp = st.data[st.top];
    st.top--;
    return temp;
}
bool empty()                              //判断栈空否运算
{   if (st.top == -1)
        return true;
    else
        return false;
}
void process(int i, int a[], int j)       //处理 C 序列中 i 位置的元素
{   int x, k;
    if (i >= n && empty())                //输出一种可能的方案
    {   printf("   ");
        for (k = 0; k < curp; k++)        //输出 a 中的元素序列,构成一种出栈序列
            printf("% c ", str[a[k]]);
        printf("\n");
        sum++;                            //出栈序列的个数增 1
    }
    if (i < n)                            //编号为 i 的元素进栈时递归
    {   push(i);                          //i 进栈
        process(i + 1, a, j);             //递归:从该状态继续进行类似的操作
        pop();                            //出栈以恢复环境
    }
    if (!empty())                         //元素出栈时递归
    {   x = pop();                        //出栈 x
        a[j] = x;                         //将 x 输出到 a 中
        j++;                              //a 中元素的个数增 1
        process(i, a, j);                 //递归:从该状态继续进行类似的操作
        push(x);                          //进栈以恢复环境
    }
}
int main()
{   int a[MaxSize];
    initstack();
    printf("所有出栈序列:\n");
```

```
        process(0,a,0);                    //i从0开始,j从0开始
        printf("出栈序列的个数:%d\n",sum);
        return 1;
}
```

上述程序的执行结果如下：

```
所有出栈序列:
d c b a
c d b a
c b d a
c b a d
b d c a
b c d a
b c a d
b a d c
b a c d
a d c b
a c d b
a c b d
a b d c
a b c d
出栈序列的个数:14
```

第6章 数组和广义表

6.1 本章知识体系

1. 知识结构图

本章的知识结构如图 6.1 所示。

2. 基本知识点

(1) 数组的顺序存储结构及其元素地址的计算方法。

(2) 对称矩阵、上三角矩阵、下三角矩阵和三对角矩阵的压缩存储方法。

(3) 稀疏矩阵的三元组存储结构及其基本运算算法设计。

(4) 稀疏矩阵的十字链表存储结构的特点。

(5) 广义表的定义和特点。

(6) 广义表的链式存储结构及其递归特性。

(7) 广义表的递归算法设计方法。

3. 要点归纳

(1) 数组是线性表的推广，$d(d \geqslant 1)$ 维数组中存在 d 个线性关系，其主要的操作是取指定位置的元素值和给指定位置的元素赋值。

(2) 数组通常采用顺序存储方法，分以行优先和以列优先两种存储方式。

(3) 数组采用顺序存储方法后具有随机存取特性。

(4) 特殊矩阵并不是指具有特殊用途的矩阵，而是指一类元素值分布具有某种规律的矩阵，它们都是 $n \times n$ 的方阵，主要包括对称矩阵、上(下)三角矩阵和对角矩阵。

(5) 特殊矩阵的常规压缩存储方法是将重复值的元素或者特殊值的元素(例如为某个

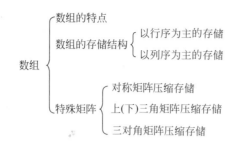

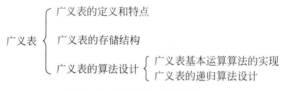

图 6.1　第 6 章知识结构图

常量)仅存储一次。通常将特殊矩阵 A 压缩存储到一个一维数组 B 中，A 中的元素 $a_{i,j}$ 对应 B 中的元素 b_k，$k = f(i,j)$，f 为地址变换函数。

（6）特殊矩阵采用压缩存储的目的是节省存储空间，采用常规压缩存储后仍然具有随机存取特性。

（7）稀疏矩阵是指非零元素个数相对于元素总数十分少的一类矩阵，其非零元素的分布没有规律性。

（8）稀疏矩阵的压缩存储方式主要有三元组和十字链表表示，前者属顺序存储结构，后者属链式存储结构。

（9）稀疏矩阵无论采用三元组还是十字链表存储方式后不再具有随机存取特性。

（10）广义表是线性表的推广，其中的元素可以是原子，也可以是子广义表。

（11）广义表中的数据元素是有相对次序的，其长度为最外层包含元素的个数，其深度为所含括弧的重数。

（12）一个广义表 $G = (a_1, a_2, \cdots, a_n)$ 可以拆分为表头和表尾，表头 $\mathrm{head}(G) = a_1$，表尾 $\mathrm{tail}(G) = (a_2, \cdots, a_n)$，表尾总是一个广义表。空广义表无表头和表尾。

（13）广义表总是采用链式存储结构，该存储结构具有递归性，所以广义表的算法很多都是递归算法。

（14）广义表的两种递归算法设计方法是等价的，本质上都是遍历所有结点，在实际中可以灵活运用。

6.2 教材中的练习题及参考答案 ✳

1. 如何理解数组是线性表的推广?

答:数组可以看成线性表在下述含义上的扩展,即线性表中的数据元素本身也是一个线性表。在 $d(d \geqslant 1)$ 维数组中的每个数据元素都受 d 个关系的约束,在每个关系中数据元素都有一个后继元素(除最后一个元素外)和一个前驱元素(除第一个元素外)。

因此,这 d 个关系中的任一关系就其单个关系而言仍是线性关系。例如,$m \times n$ 的二维数组的形式化定义如下:

$$A = (D, R)$$

其中:

$D = \{ a_{ij} \mid 0 \leqslant i \leqslant m-1, 0 \leqslant j \leqslant n-1 \}$ //数据元素的集合

$R = \{ \text{ROW}, \text{COL} \}$

$\text{ROW} = \{ <a_{i,j}, a_{i+1,j}> \mid 0 \leqslant i \leqslant m-2, 0 \leqslant j \leqslant n-1 \}$ //行关系

$\text{COL} = \{ <a_{i,j}, a_{i,j+1}> \mid 0 \leqslant i \leqslant m-1, 0 \leqslant j \leqslant n-2 \}$ //列关系

2. 三维数组 $a[0..7, 0..8, 0..9]$ 采用按行序优先存储,数组的起始地址是 1000,每个元素占用 2 字节,试给出下面的结果:

(1) 元素 $a_{1,6,8}$ 的起始地址。

(2) 数组 a 所占用的存储空间。

答:(1) $\text{LOC}(a_{1,6,8}) = \text{LOC}(a_{0,0,0}) + [1 \times 9 \times 10 + 6 \times 10 + 8] \times 2 = 1000 + 316 = 1316$。

(2) 数组 a 所占用的存储空间为 $8 \times 9 \times 10 \times 2 = 1440$ 字节。

3. 如果某个一维数组 A 的元素个数 n 很大,存在大量重复的元素,且所有值相同的元素紧挨在一起,请设计一种压缩存储方式使得存储空间更节省。

答:设数组的元素类型为 ElemType,采用一种结构体数组 B 来实现压缩存储,该结构体数组的元素类型如下。

```
struct
{   ElemType data;          //元素值
    int length;             //重复元素的个数
}
```

例如数组 $A[] = \{1, 1, 1, 5, 5, 5, 5, 3, 3, 3, 3, 4, 4, 4, 4, 4, 4\}$,共有 17 个元素,对应的压缩存储 B 为 $\{\{1,3\}, \{5,4\}, \{3,4\}, \{4,6\}\}$。从中看出,重复元素越多,采用这种压缩存储方式越节省存储空间。

4. 一个 n 阶对称矩阵 A 采用压缩存储,存储在一维数组 B 中,则 B 中包含多少个元素?

答:通常 B 中包含 n 阶对称矩阵 A 的下三角和主对角部分的元素,其元素个数为 $1 + 2 + \cdots + n = \dfrac{n(n+1)}{2}$,所以 B 中包含 $\dfrac{n(n+1)}{2}$ 个元素。

5. 设 $n \times n$ 的上三角矩阵 $A[0..n-1, 0..n-1]$ 已压缩到一维数组 $B[0..m]$ 中,若按列

为主序存储,则 $A[i][j]$ 对应的 B 中的存储位置 k 为多少?给出推导过程。

答:对于上三角和主对角部分的元素 $A[i][j]$($i \leqslant j$),在按列为主序存储时,前面有 $0 \sim j-1$ 共 j 列,第 0 列有一个元素,第 1 列有两个元素,…,第 $j-1$ 列有 j 个元素,所以这 j 列的元素个数 $=1+2+\cdots+j=j(j+1)/2$;在第 j 列中,$A[i][j]$ 元素前有 $A[0..i-1,j]$ 共 i 个元素,所以 $A[i][j]$ 元素前有 $j(j+1)/2+i$ 个元素,由于 B 的下标从 0 开始,所以 $A[i][j]$ 在 B 中的位置 $k=j(j+1)/2+i$。

6. 利用三元组存储任意稀疏矩阵 A,假设其中一个元素和一个整数占用的存储空间相同,问在什么条件下才能节省存储空间?

答:设稀疏矩阵 A 有 t 个非零元素,加上行数 rows、列数 cols 和非零元素个数 nums(也算一个三元组),三元组顺序表的存储空间总数为 $3(t+1)$,若用二维数组存储,占用的存储空间总数为 $m \times n$,只有当 $3(t+1) < m \times n$(即 $t < m \times n/3 - 1$)时采用三元组存储才能节省存储空间。

7. 用十字链表存储一个有 k 个非零元素的 $m \times n$ 的稀疏矩阵,则其总的结点数为多少?

答:该十字链表有一个十字链表表头结点,MAX(m,n) 个行、列表头结点,另外,每个非零元素对应一个结点,即 k 个元素结点,所以共有 MAX(m,n)$+k+1$ 个结点。

8. 求下列广义表运算的结果:

(1) head$[(x,y,z)]$

(2) tail$[((a,b),(x,y))]$

注意:为了清楚,在括号层次较多时将 head 和 tail 的参数用中括号表示。例如 head$[G]$、tail$[G]$ 分别表示求广义表 G 的表头和表尾。

答:(1) head$[(x,y,z)]=x$。

(2) tail$[((a,b),(x,y))]=((x,y))$。

9. 设二维整数数组 $B[0..m-1,0..n-1]$ 的数据在行、列方向上都按从小到大的顺序排序,且整型变量 x 中的数据在 B 中存在。设计一个算法,找出一对满足 $B[i][j]=x$ 的 i、j 值,要求比较次数不超过 $m+n$。

解:从二维数组 B 的右上角的元素开始比较。每次比较有 3 种可能的结果:若相等,则比较结束;若 x 大于右上角的元素,则可断定二维数组的最上面一行肯定没有与 x 相等的数据,下次比较时搜索范围可减少一行;若 x 小于右上角的元素,则可断定二维数组的最右面一列肯定不包含与 x 相等的数据,下次比较时可把最右一列剔除出搜索范围。这样,每次比较可使搜索范围减少一行或一列,最多经过 $m+n$ 次比较就可找到要求的与 x 相等的元素。对应的程序如下:

```c
#include <stdio.h>
#define M 3            //行数常量
#define N 4            //列数常量
void Find(int B[M][N],int x,int &i,int &j)
{   i=0;j=N-1;
    while (B[i][j]!=x)
    {   if(B[i][j]<x) i++;
```

```
        else j--;
    }
}
int main()
{   int i,j,x = 11;
    int B[M][N]={{1,2,3,4},{5,6,7,8},{9,10,11,12}};
    Find(B,x,i,j);
    printf("B[%d][%d] = %d\n",i,j,x);
    return 1;
}
```

10. 设计一个算法,计算一个用三元组表表示的稀疏矩阵的对角线元素之和。

解:对于稀疏矩阵三元组表 a,从 $a.$data$[0]$ 开始查看,若其行号等于列号,表示是一个对角线上的元素,则进行累加,最后返回累加值。算法如下:

```
bool diagonal(TSMatrix a,ElemType &sum)
{   sum = 0;
    if (a.rows!= a.cols)                    //行号不等于列号,返回 false
    {   printf("不是对角矩阵\n");
        return false;
    }
    for (int i = 0;i < a.nums;i++)
        if (a.data[i].r == a.data[i].c)     //行号等于列号
            sum += a.data[i].d;
    return true;
}
```

11. 设计一个算法 Same($g1,g2$),判断两个广义表 $g1$ 和 $g2$ 是否相同。

解:判断广义表是否相同的过程是若 $g1$ 和 $g2$ 均为 NULL,则返回 true;若 $g1$ 和 $g2$ 中的一个为 NULL,另一个不为 NULL,则返回 false;若 $g1$ 和 $g2$ 均不为 NULL,如果同为原子且原子值不相等,则返回 false,如果同为原子且原子值相等,则返回 Same($g1->$link,$g2->$link),如果同为子表,则返回 Same($g1->$val.sublist,$g2->$val.sublist) & Same($g1->$link,$g2->$link)的结果,如果一个为原子另一个为子表,则返回 false。对应的算法如下:

```
bool Same(GLNode * g1,GLNode * g2)
{   if (g1 == NULL && g2 == NULL)                   //均为 NULL 的情况
        return true;                               //返回真
    else if (g1 == NULL || g2 == NULL)             //一个为 NULL,另一个不为 NULL 的情况
        return false;                              //返回假
    else                                           //均不空的情况
    {   if (g1->tag == 0 && g2->tag == 0)          //均为原子的情况
        {   if (g1->val.data!= g2->val.data)       //原子不相等
                return false;                      //返回假
            return(Same(g1->link,g2->link));       //返回兄弟比较的结果
        }
        else if (g1->tag == 1 && g2->tag == 1)     //均为子表的情况
            return(Same(g1->val.sublist,g2->val.sublist)
```

```
                    & Same(g1 -> link,g2 -> link));
    else                            //一个为原子,另一个为子表的情况
        return false;               //返回假
}
}
```

6.3 补充练习题及参考答案 ✳

6.3.1 单项选择题

习题答案

1. 数组 $a[0..5,0..6]$ 中的每个元素占 5 个单元,将其按列优先次序存储在起始地址为 1000 的连续内存单元中,则元素 $a[5][5]$ 的地址为_____。

    A. 1175   B. 1180   C. 1205   D. 1210

2. 对于二维数组 $a[1..5,1..8]$,若按列优先的顺序存放数组中的元素,则元素 $a[4][6]$ 的前面有_____个元素。

    A. 6   B. 28   C. 29   D. 40

3. 矩阵 $a[m][n]$ 和矩阵 $b[n][p]$ 相乘,其时间复杂度为_____。

    A. $O(n)$ B. $O(m\times n)$ C. $O(m\times n\times p)$ D. $O(n\times n\times n)$

4. 对矩阵压缩存储是为了_____。

    A. 方便运算   B. 节省存储空间

    C. 方便存储   D. 提高运算速度

5. 一个 n 阶对称矩阵 $a[1..n,1..n]$ 采用压缩存储方式,将其下三角和主对角部分按行优先存储到一维数组 $b[1..m]$ 中,则 $a[i][j]$ $(i\geqslant j)$ 元素在 b 中的位置 k 是_____。

    A. $j(j-1)/2+i$ B. $j(j-1)/2+i-1$

    C. $i(i-1)/2+j$ D. $i(i-1)/2+j-1$

6. 一个 n 阶对称矩阵 $a[1..n,1..n]$ 采用压缩存储方式,将其下三角和主对角部分按行优先存储到一维数组 $b[1..m]$ 中,则 $a[i][j]$ $(i<j)$ 元素在 b 中的位置 k 是_____。

    A. $j(j-1)/2+i$ B. $j(j-1)/2+i-1$

    C. $i(i-1)/2+j$ D. $i(i-1)/2+j-1$

7. 一个 n 阶上三角矩阵 a 按行优先顺序压缩存储在一维数组 b 中,则 b 中的元素个数是_____。

    A. n B. n^2 C. $n(n+1)/2$ D. $n(n+1)/2+1$

8. 若将 n 阶下三角矩阵 a 按列优先顺序压缩存储在一维数组 $b[1..m]$ 中,$a_{1,1}$ 存放到 b_1 中,则应存放到 b_k 中的非零元素 $a_{i,j}$ $(1\leqslant i\leqslant n,1\leqslant j\leqslant i)$ 的下标 i、j 与 k 的对应关系是_____。

    A. $\dfrac{j(2n-j+2)}{2}+i-j$ B. $\dfrac{(j-1)(2n-j+2)}{2}+i-j+1$

    C. $\dfrac{i(2n-i+2)}{2}+j-i+1$ D. $\dfrac{i(2n-i+2)}{2}+j-i+1$

9. 对稀疏矩阵采用压缩存储,其缺点之一是_____。

    A. 无法判断矩阵有多少行、多少列

    B. 无法根据行、列号查找某个矩阵元素

    C. 无法根据行、列号直接计算矩阵元素的存储地址

    D. 使矩阵元素之间的逻辑关系更加复杂

10. 与三元组顺序表相比,稀疏矩阵用十字链表表示,其优点在于_____。

    A. 便于实现增加或减少矩阵中非零元素的操作

    B. 便于实现增加或减少矩阵元素的操作

    C. 可以节省存储空间

    D. 可以更快地查找到某个非零元素

11. 在下列 4 个广义表中,长度为 1、深度为 4 的广义表是_____。

    A. ((),((a)))   B. ((((a),b)),c)

    C. (((a,b),(c)))   D. (((a,(b),c)))

12. 空的广义表是指广义表_____。

    A. 深度为 0   B. 尚未赋值

    C. 不含任何原子   D. 不含任何元素

13. 对于广义表((a,b),(()),(a,(b)))来说,其_____。

    A. 长度为 4   B. 深度为 4

    C. 有两个原子   D. 有 3 个元素

14. 在广义表((a,b),c,((d),e),(f,j,(g),(h)))中,第 4 个元素的第 3 个元素是_____。

    A. 原子 g   B. 子表(g)

    C. 原子 e   D. 子表((d),e)

15. 已知广义表 $L=((x,y,z),(u,t,w))$,从 L 表中取出原子 t 的运算是_____。

    A. $head[tail[tail[L]]]$ B. $tail[head[head[tail[L]]]]$

    C. $head[tail[head[tail[L]]]]$ D. $head[head[tail[tail[L]]]]$

16. 广义表 $A=(a,b,(c,d),(e,(f,g)))$,则 $head[tail[head[tail[tail[A]]]]]$ 的值为_____。

    A. (g)   B. (d)   C. (c)   D. d

6.3.2 填空题

习题答案

1. 三维数组 $a[0..4][0..6][0..8]$ 中共含有_____个元素。

2. 一维数组 a 采用顺序存储方式,下标从 0 开始,每个元素占 4 个存储单元,$a[8]$ 的起始地址为 100,则 $a[11]$ 的起始地址为_____。

3. 设数组 $a[1..60,6..70]$ 的基地址为 2048,每个元素占两个存储单元,若以行序为主序顺序存储,则元素 $a[32,58]$ 的存储地址为_____。

4. 数组 $a[1..10,-2..6,2..8]$ 以行优先顺序存储,设第一个元素的首地址为 100,每个元素占 3 个存储单元,则元素 $a[5][0][7]$ 的存储地址为_____。

5. 一个 n 阶方阵,对于上三角部分(含主对角线)的元素 $a_{i,j}$,i、j 的关系是_____①_____;

对于下三角部分(含主对角线)的元素 $a_{i,j}$，i、j 的关系是____②____。

6. 一个 10 阶对称矩阵 a，采用以行序为主序只存储下三角和主对角部分的元素，每个元素占一个存储单元，且 $a[0][0]$ 的地址为 1，则 $a[8][5]$ 的地址是_____。

7. 一个 10 阶对称矩阵 a，采用以列序为主序只存储下三角部分的元素，每个元素占一个存储单元，且 $a[0][0]$ 的地址为 1，则 $a[8][5]$ 的地址是_____。

8. 将一个 n 阶下三角矩阵采用压缩存储，共存储_____个元素。

9. 广义表$(((a,b,(),c),d),e,((f),g))$的表头是____①____，表尾是____②____。

10. 广义表$(((a,b,(),c),d),e,((f),g))$的长度是____①____，深度是____②____。

6.3.3　判断题

习题答案

1. 判断以下叙述的正确性。

(1) 数组只能采用顺序存储结构。

(2) 特殊矩阵是指用途特殊的矩阵。

(3) 对称矩阵的行数和列数总是相同的。

(4) 设对称矩阵 a 按行优先将下三角和主对角部分的元素压缩存储在一维数组 b 中，其中矩阵的第一个元素 a_{11} 存储在 $b[0]$，则元素 a_{ij} 在 b 中的存放位置 $k=i(i+1)/2+j$。

(5) 设 n 阶下三角矩阵 a 按行优先存储到一维数组 b 中，$a[0][0]$ 存放在 $b[0]$ 中，则 $a[i][i]$ 存放在 $b[i(i+1)/2]$ 中。

(6) 对角矩阵的特点是非零元素只出现在矩阵的两条对角线上。

(7) 在 $n(n>3)$ 阶三对角矩阵中每一行都有 3 个非零元素。

(8) 稀疏矩阵的特点是矩阵中的元素个数较少。

(9) 在稀疏矩阵的三元组存储结构中，每个元素仅包含非零元素的元素值。

(10) 稀疏矩阵采用三元组存储时具有随机存取特性，而采用十字链表存储时不具有随机存取特性。

2. 判断以下叙述的正确性。

(1) 广义表的长度与广义表中含有多少个原子元素有关。

(2) 一个非空广义表的表尾总是一个广义表。

(3) 空的广义表是指广义表中不包含原子元素。

(4) 广义表的长度不小于其中任何一个子表的长度。

6.3.4　简答题

习题答案

1. 数组 $a[-3..5,2..5,-8..2]$ 有多少个元素？

2. 为什么数组极少使用链式结构存储？

3. 二维数组 $a[-3..3,-2..5]$ 的元素的起始地址为 1000，元素的长度为 4，问按行优先存放和按列优先存放时 $LOC(a[2][3])$ 分别是多少？

4. 设二维数组 $a[0..9,0..19]$ 采用顺序存储方式，每个数组元素占用一个存储单元，$a[0][0]$ 的存储地址为 200，$a[6][2]$ 的存储地址是 322，问该数组采用的是按行优先存放还是按列优先存放？

5. 对于给定的数组 $a[1..n,1..2n-1]$，现将 3 个顶点分别为 $a[1][n]$、$a[n][1]$ 和

$a[n][2n-1]$ 的三角形上的所有元素按行序依次存放在一维数组 $b[1..n \times n]$ 中,图 6.2 所示为 $n=3$ 的情况。

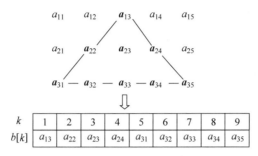

k	1	2	3	4	5	6	7	8	9
$b[k]$	a_{13}	a_{22}	a_{23}	a_{24}	a_{31}	a_{32}	a_{33}	a_{34}	a_{35}

图 6.2 矩阵中三角形元素的存储方式

如果位于三角形上的元素 $a[i][j]$ 存放在 $b[k]$ 中,请给出计算公式 $k = f(n,i,j)$。对于该例中的 $a[3][4]$,根据计算公式可求得 $k=4$。

6. 阅读以下算法,指出其功能。若 $a[0..7] = \{1,2,3,4,5,6,7,8\}$,执行 $fun(a,8)$ 后数组 a 的结果是什么?

```
void fun(int a[ ], int n)
{    int i = 0, j = 0;
     int tmp;
     while (j < n)
     {    if(a[j] % 2 == 1)          //a[j]为奇数
          {    tmp = a[i];           //a[i]与a[j]交换
               a[i] = a[j];
               a[j] = tmp;
               i++;
          }
          j++;
     }
}
```

7. 有一个 6 行 6 列的对称矩阵 a,主对角线上的元素均为 0,其中主对角线以上部分的元素已按列优先顺序压缩存放在一维数组 b 中。根据以下 b 的内容画出 a 矩阵。

$k:$	0	1	2	3	4	5	6	7	8	9	10	11	12	13	14
$b[k]:$	2	5	0	3	4	0	0	1	4	2	6	3	0	1	2

8. 一个 $n \times n$ 的对称矩阵存入内存,在采用压缩存储和采用非压缩存储时占用的内存空间分别是多少?求压缩存储时的压缩比。

9. 对于特殊矩阵 a(对称矩阵、上/下三角矩阵、三对角矩阵),采用压缩方式存储到一维数组 b 中,a 中的元素 a_{ij} 存储在 b_k 中,给出计算 $k = f(i,j)$ 的一般过程。

10. 设 $n \times n$ 的上三角矩阵 $a[0..n-1, 0..n-1]$ 已压缩存储到一维数组 $b[s..t]$ 中,若按列为主序存储,则 $a[i][j]$ 对应的 b 中存储位置 k 为多少?给出推导过程。

11. 已知广义表 $A = (((a)),(b),c,(a),(((d,e))))$,画出它的存储结构图;给出表的

长度与深度；用求表头、表尾的方式求出 e。

12. 已知广义表 $(a, (b, (a, b)), ((a, b), (a, b)))$，试完成以下要求：

(1) 画出该广义表的存储结构。

(2) 计算该广义表的表头和表尾。

(3) 计算该广义表的深度。

6.3.5 算法设计题

1.【数组算法】有一个含 n 个整数元素的数组 $a[0..n-1]$，设计一个算法求其中最后一个最小元素的下标。

解：设最后一个最小元素的下标为 mini，初值为 0。i 从 1 到 $n-1$ 循环，当 $a[i] \leqslant a[\text{mini}]$ 时置 mini$=i$。对应的算法如下：

```
int FindMin(int a[ ], int n)
{    int i, mini = 0;
     for (i = 1; i < n; i++)
          if (a[i] <= a[mini])
               mini = i;
     return mini;
}
```

2.【数组算法】设计一个算法，求一个 m 行 n 列的二维整型数组 a 的下三角部分的所有元素之和，当 $m \neq n$ 时返回 false，否则返回 true。

解：当 $m \neq n$ 时返回 false，否则置 s 为 0，下三角部分的元素为 $a[i][j]$（$1 \leqslant i < m, i > j$），用两重循环累加其和，最后返回 true。对应的算法如下：

```
bool LowDiag(int a[M][N], int m, int n, int &s)
{    int i, j;
     if (m != n)
          return false;
     s = 0;
     for (i = 1; i < m; i++)
          for (j = 0; j < i; j++)
               s += a[i][j];
     return true;
}
```

3.【数组算法】假设有一个 m 行 n 列的二维数组 a，其中所有元素为整数。其大量的运算是求左上角为 $a[i][j]$、右下角为 $a[s][t]$（$i < s, j < t$）的子矩阵的所有元素之和，请高效地设计该运算的算法。

解：建立一个 m 行 n 列的二维数组 b，$b[i][j]$ 为 a 中左上角为 $a[0][0]$、右下角为 $a[i][j]$ 的子矩阵的所有元素之和。由数组 a 求出数组 b 的算法如下：

```
void sum(int a[ ][MAXN], int b[ ][MAXN], int m, int n)
{    int i, j;
     b[0][0] = a[0][0];
```

```
    for (i = 1;i < m;i++)               //求 b 的第 0 列
        b[i][0] = b[i-1][0] + a[i][0];
    for (j = 1;j < n;j++)               //求 b 的第 0 行
        b[0][j] = b[0][j-1] + a[0][j];
    for (i = 1;i < m;i++)               //求 b[i][j]
        for (j = 1;j < n;j++)
            b[i][j] = a[i][j] + b[i-1][j] + b[i][j-1] - b[i-1][j-1];
}
```

该算法的时间复杂度为 $O(m \times n)$。在求出 b 数组后,求数组 a 中左上角为 $a[i][j]$、右下角为 $a[s][t]$ $(i \leqslant s, j \leqslant t)$ 的子矩阵的所有元素之和可以利用数组 b 来实现,如图 6.3 所示,其值为 $b[s][t] - b[s][j-1] - b[i-1][t] + b[i-1][j-1]$。对应的算法如下:

```
int submat(int b[][MAXN],int i,int j,int s,int t)
{   int sum;
    if (i == 0 && j == 0)
        return b[s][t];
    else
        sum = b[s][t] - b[s][j-1] - b[i-1][t] + b[i-1][j-1];
    return sum;
}
```

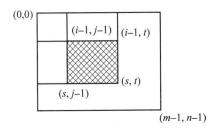

图 6.3　子矩阵的所有元素之和 $= b[s][t] - b[s][j-1] - b[i-1][t] + b[i-1][j-1]$

显然,该算法的时间复杂度为 $O(1)$。尽管 sum 算法的时间复杂度为 $O(m \times n)$,但只需要执行一次,而 submat 算法需要大量应用,所以这种设计是十分高效的。

4.【数组算法】给定一个有 $n(n \geqslant 1)$ 个整数的序列,用整型数组 a 存储,要求求出其中最大连续子序列(至少含有一个元素)的和。例如序列 $(-2, 11, -4, 13, -5, -2)$ 的最大子序列和为 20,序列 $(-6, 2, 4, -7, 5, 3, 2, -1, 6, -9, 10, -2)$ 的最大子序列和为 16。说明算法的时间复杂度。

解:设含有 n 个整数的序列 $a[0..n-1]$ 的任何连续子序列 $a[i..j]$ $(i \leqslant j, 0 \leqslant i \leqslant n-1, i \leqslant j \leqslant n-1)$,求出它的所有元素之和 thisSum,并通过比较将最大值存放在 maxSum 中,最后返回 maxSum。

本算法通过穷举所有连续子序列(一个连续子序列由起始下标 i 和终止下标 j 确定)来求解,用了三重循环,所以有:

$$T(n) = \sum_{i=0}^{n-1} \sum_{j=i}^{n-1} \sum_{k=i}^{j} 1 = \sum_{i=0}^{n-1} \sum_{j=i}^{n-1} (j-i+1) = \frac{1}{2} \sum_{i=0}^{n-1} (n-i)(n-i+1) = O(n^3)$$

对应的算法如下：

```
int maxSubSum1(int a[ ],int n)
{    int i,j,k;
    int maxSum = a[0],thisSum;
    for (i = 0;i < n;i++)                //两重循环穷举所有的连续子序列
    {    for (j = i;j < n;j++)
        {    thisSum = 0;
            for (k = i;k < = j;k++)
                thisSum += a[k];
            if (thisSum > maxSum)        //通过比较求最大连续子序列之和
                maxSum = thisSum;
        }
    }
    return maxSum;
}
```

5.【数组算法】设计一个算法，将一维数组 $A[0..n\times n-1]$($n\leqslant10$)中的元素按蛇形方式存放在二维数组 $B[0..n-1,0..n-1]$中。即：

$$B[0][0]=A[0]$$
$$B[0][1]=A[1],B[1][0]=A[2]$$
$$B[2][0]=A[3],B[1][1]=A[4],B[0][2]=A[5]$$
$$\cdots$$

以此类推，$n=4$ 时结果如图 6.4 所示。

$$\begin{bmatrix} A[0] & A[1] & A[5] & A[6] \\ A[2] & A[4] & A[7] & A[12] \\ A[3] & A[8] & A[11] & \cdots \\ A[9] & A[10] & \cdots & \cdots \end{bmatrix}$$

图 6.4　蛇形二维数组

解：以 $n=4$ 为例，生成的二维矩阵如图 6.5 所示，其中有 7 条斜线，每条斜线的元素个数为 gs，奇数斜线的元素编号从下向上递增，偶数斜线的元素编号从上向下递增。

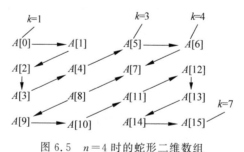

图 6.5　$n=4$ 时的蛇形二维数组

本题的算法如下：

```
void func(int A[MAXN * MAXN],int B[MAXN][MAXN], int n)
{    int i,j,k,m,g,gs;
```

```
    m = 0;
    for (k = 1;k <= 2 * n - 1;k++)        //对于每条对角线循环一次
    {   if (k < n)
            gs = k;                        //gs 为第 k 条斜线上的元素个数
        else
            gs = 2 * n - k;
        for (g = 1;g <= gs;g++)
        {   if (k % 2 == 1)                //k 为奇数的情况,从下向上方递增
            {   i = gs - g;
                j = g - 1;
            }
            else                           //k 为偶数的情况,从上向下方递增
            {   i = g - 1;
                j = gs - g;
            }
            if (k > n)                     //考虑第 n + 1 到第 2n - 1 的斜线
            {   i = i + n - gs;
                j = j + n - gs;
            }
            B[i][j] = A[m];m++;
        }
    }
}
```

6.【**对称矩阵压缩存储算法**】两个 n 阶整型对称矩阵 A、B 采用压缩存储方式,均按行优先顺序存放其下三角和主对角线的各元素。设计一个算法求 A、B 的乘积 C,要求 C 直接用二维数组表示。

解:对于两个 n 阶对称矩阵 A、B,在求乘积 C 数组时,$C[i][j] = \sum\limits_{k=0}^{n-1} A[i][k] \times B[k][j]$。由于 A、B 均采用 a、b 压缩存储,设计 findk(int i,int j)算法由 i、j 求压缩存储中的下标。在乘积式中,求 $k1 = \mathrm{findk}(i,k)$,$k2 = \mathrm{findk}(k,j)$,$A[i][k]$ 用 $a[k1]$ 替代,$B[k][j]$ 用 $b[k2]$ 替代即可。本题的算法如下:

```
int findk(int i,int j)              //由 i、j 求压缩存储中的 k 下标
{   if (i >= j)
        return (i * (i + 1)/2 + j);
    else
        return (j * (j + 1)/2 + i);
}
void Mult(int a[],int b[],int c[MAXN][MAXN],int n)
{   int i,j,k,k1,k2;
    int s;
    for (i = 0;i < n;i++)
        for (j = 0;j < n;j++)
        {   s = 0;
            for (k = 0;k < n;k++)
            {   k1 = findk(i,k);
```

```
                    k2 = findk(k,j);
                    s += a[k1] * b[k2];
                }
                c[i][j] = s;
            }
}
```

7.【稀疏矩阵算法】稀疏矩阵只存放其非零元素的行号、列号和值,用一维数组顺序存放,行号-1作为结束标志,试写出两个稀疏矩阵相加的算法。

解:设有一个稀疏矩阵如下。

$$\begin{bmatrix} 1 & 0 & 0 & 2 \\ 0 & 0 & 3 & 0 \\ 0 & 4 & 0 & 5 \end{bmatrix}$$

则对应的非零元素位置及值为 $(0,0,1),(0,3,2),(1,2,3),(2,1,4),(2,3,5)$,所以一维数组 R 为 $R[0]=0,R[1]=0,R[2]=1,R[3]=0,R[4]=3,R[5]=2,R[6]=1,R[7]=2$, $R[8]=3,R[9]=2,R[10]=1,R[11]=4,R[12]=2,R[13]=3,R[14]=5,R[15]=-1$。

从而可以利用两个数组 A 和 B 来存放两个稀疏矩阵,数组 C 可用来存放两个稀疏矩阵相加的和。对应的算法如下:

```
void Add(int A[ ], int B[ ], int C[ ])
{   int i = 0, j = 0, k = 0, sum;
    while (A[i]!= -1 && B[j]!= -1)
    {   if (A[i] == B[j])                        //按列优先比较
        {   if (A[i + 1] == B[j + 1])            //比较列号
            {   sum = A[i + 2] + B[j + 2];
                if (sum!= 0)                     //和不为零时
                {   C[k] = A[i];C[k + 1] = A[i + 1];C[k + 2] = sum;
                    k = k + 3;
                }
                i = i + 3;
                j = j + 3;
            }
            else if (A[i + 1]< B[j + 1])
            {   C[k] = A[i];C[k + 1] = A[i + 1];C[k + 2] = A[i + 2];
                k = k + 3;i = i + 3;
            }
            else                                 //A[i + 1]> B[j + 1]
            {   C[k] = B[j];C[k + 1] = B[j + 1];C[k + 2] = B[j + 2];
                k = k + 3;j = j + 3;
            }
        }
        else if (A[i]< B[j])
        {   C[k] = A[i];C[k + 1] = A[i + 1];C[k + 2] = A[i + 2];
            k = k + 3;i = i + 3;
        }
        else                                     //A[i]> B[j]
```

```
    {   C[k] = B[j];C[k + 1] = B[j + 1];C[k + 2] = B[j + 2];
        k = k + 3;j = j + 3;
    }
}
if (A[i] == - 1 && B[j]!= - 1)
{   C[k] = B[j];C[k + 1] = B[j + 1];C[k + 2] = B[j + 2];
    k = k + 3;j = j + 3;
}
if (A[i]!= - 1 && B[j] == - 1)
{   C[k] = A[i];C[k + 1] = A[i + 1];C[k + 2] = A[i + 2];
    k = k + 3;i = i + 3;
}
C[k] = - 1;
}
```

8. 【广义表算法】设计一个算法 Change(g,s,t)，将一个广义表 g 中的所有原子 s 替换成 t。例如 Change("(a,(a,b),((a,b),c))",'a','x')，返回的结果为"(x,(x,b),((x,b),c))"。

解：广义表的替换过程的递归模型 $f(g,s,t)$ 如下。

$$f(g,s,t) \equiv \begin{cases} 不做任何事件 & 若\ g = NULL \\ 将\ g\ 原子值替换成\ t; f(g->link,s,t) & 若\ g\ 为原子结点且\ g->val.data = s \\ f(g->link,s,t) & 其他情况 \end{cases}$$

对应的算法如下：

```
void Change(GLNode * &g,ElemType s,ElemType t)
{   if (g!= NULL)
    {   if (g->tag == 1)                //子表的情况
            Change(g->val.sublist,s,t);
        else if (g->val.data == s)      //原子且 data 域值为 s 的情况
            g->val.data = t;
        Change(g->link,s,t);
    }
}
```

9. 【广义表算法】假设广义表 g 中的原子为小写字母，设计一个算法 MaxAtom(g)，求出一个广义表 g 中最大的原子。例如，MaxAtom((a,(b),d,c) 返回的结果为 d。

解：算法的思路是对于广义表中的每个元素进行循环，若为子表，递归在该子表中求最大的原子。对应的算法如下：

```
ElemType MaxAtom(GLNode * g)
{   char max = 'a',m;              //max 赋初值为最小小写字母'a'
    while (g!= NULL)
    {   if (g->tag == 1)           //子表的情况
        {   m = MaxAtom(g->val.sublist);  //对子表递归调用
            if (m > max) max = m;
        }
        else
        {   if (g->val.data > max)  //为原子时进行原子的比较
                max = g->val.data;
```

```
        }
        g = g -> link;
    }
    return max;
}
```

10.【广义表算法】假设广义表 g 中的原子为单个数字字符,设计一个算法 AtomSum(g),计算一个广义表 g 中所有原子的数字和。

解:计算广义表中原子个数的递归模型 $f(g)$ 如下。

$$f(g) = \begin{cases} 0 & \text{若 } g = \text{NULL} \\ g \to \text{val. data} + f(g \to \text{link}) & \text{若 } g \text{ 为原子} \\ f(g \to \text{val. sublist}) + f(g \to \text{link}) & \text{若 } g \text{ 为子表} \end{cases}$$

对应的算法如下:

```
int AtomSum(GLNode * g)
{   int s = 0;
    if (g != NULL)
    {   if (g -> tag == 1)                      //为子表时
            s += AtomSum(g -> val. sublist);
        else                                    //为原子时
            s += g -> val. data - '0';
        s += AtomSum(g -> link);                //求兄弟的原子之和
    }
    return s;
}
```

第 7 章 树和二叉树

7.1　本章知识体系 ✳

1. 知识结构图

本章的知识结构如图 7.1 所示。

2. 基本知识点

(1) 树的递归特点和树的相关术语。

(2) 树的性质、树的遍历和树的存储结构。

(3) 二叉树与树/森林之间的转换方法。

(4) 二叉树的递归特点、二叉树的性质和二叉树的两种存储结构。

(5) 完全二叉树和满二叉树的特点。

(6) 二叉树的先序、中序和后序遍历递归和非递归算法设计。

(7) 二叉树的层次遍历算法设计。

(8) 二叉树遍历算法的应用。

(9) 二叉树的构造过程。

(10) 线索二叉树的特点、构造和遍历过程。

(11) 哈夫曼树的特点、哈夫曼树的构造过程和哈夫曼编码的生成。

(12) 灵活地运用二叉树这种数据结构解决一些综合应用问题。

3. 要点归纳

(1) 树用来表示具有层次结构的数据。

(2) 在一棵树中根结点没有前驱结点,其余每个结点都有唯一的前驱结点。

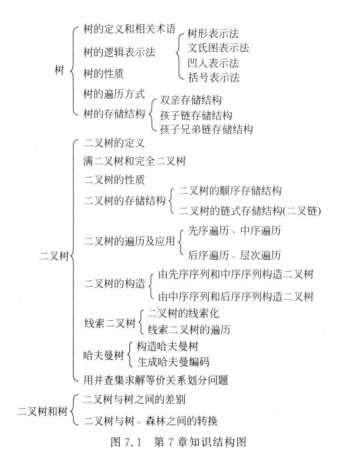

图 7.1　第 7 章知识结构图

（3）度为 m 的树至少有一个结点的度为 m，且没有度大于 m 的结点。例如，度为 3 的树至少有 4 个结点。

（4）含有 n 个结点的 m 次树，$n=n_0+n_1+\cdots+n_m$，所有结点度之和 $=n_1+2n_2+\cdots+mn_m$。

（5）对于含有 n 个结点的树（或者二叉树），无论度为多少，其分支数或所有结点度之和均为 $n-1$。

（6）对于高度为 h 的 m 次树，当为满 m 次树时结点个数最多。

（7）树的遍历运算主要有先根遍历、后根遍历和层次遍历 3 种。

（8）树的存储结构主要有双亲存储结构、孩子链存储结构和孩子兄弟链存储结构。

（9）二叉树或者是一棵空树，或者是一棵由一个根结点和两棵互不相交的分别称为根结点的左子树和右子树所组成的非空树，左子树和右子树又同样都是一棵二叉树。

（10）二叉树和树都属于树形结构，但二叉树并不是特殊的树。

（11）度为 2 的树和二叉树是不同的。

（12）二叉树中所有结点的度均小于或等于 2。结点个数 $=n_0+n_1+n_2$，所有结点度之和 $=n-1=n_1+2n_2$，所以 $n_0=n_2+1$。

（13）在二叉树中，根结点的层次（或深度）为 1，一个结点的层次是其双亲结点的层次加 1。

（14）在二叉树中，二叉树的高度 h 等于从根结点到叶子结点的最长路径上的结点个数。

（15）满二叉树中所有分支结点的度皆为 2，即 $n_1=0$，且所有叶子结点在同一层上。

（16）若满二叉树的结点数为 n，其树形是唯一确定的，高度 $h=\log_2(n+1)$。

（17）完全二叉树中除最后一层以外，其余层都是满的，并且最后一层的右边缺少连续若干个结点。

（18）完全二叉树中单分支结点个数 n_1 只能为 1 或 0，当结点总数 n 为奇数时，$n_1=0$；当 n 为偶数时，$n_1=0$。

（19）对于结点个数为 n 的完全二叉树，其树形是唯一确定的。也就是说，可以由 n 计算出 n_0、n_1、n_2 和高度 h，$h=\lceil \log_2(n+1) \rceil$。

（20）二叉树的存储结构主要有顺序存储结构和二叉链存储结构两种。

（21）在含有 n 个结点的二叉链中，通过根结点指针来唯一标识该二叉链，其中空指针域的个数为 $n+1$。

（22）二叉树的遍历方式主要有先序遍历、中序遍历、后序遍历和层次遍历。

（23）在二叉树的先序遍历、中序遍历和后序遍历中，所有左子树均在右子树之前遍历。这 3 种遍历算法可以采用递归实现，也可以用栈转换为非递归算法。

（24）在非递归后序遍历中，当出栈并访问一个结点时，栈中恰好包含它的所有祖先。

（25）在设计二叉树的递归算法时，通常以整棵二叉树的求解为"大问题"，而左、右子树的求解为"小问题"。假设左、右子树可以求解，推导出"大问题"的求解关系，从而得到递归体，再根据递推方向考虑一个特殊情况（例如空树或只有一个结点的二叉树）得到递归出口，在该递归模型基础上写出递归算法。

（26）假设二叉树中的结点值均不相同，由先序序列和中序序列可以唯一确定一棵二叉树。

（27）假设二叉树中的结点值均不相同，由后序序列和中序序列可以唯一确定一棵二叉树。

（28）假设二叉树中的结点值均不相同，由层次遍历序列和中序序列可以唯一确定一棵二叉树。

（29）在将一棵非空树转换成二叉树时，树的根结点变为二叉树的根结点，树的每个结点的最左孩子（长子）变为二叉树的左孩子，其他孩子变为该孩子的右下结点。

（30）在将一个森林转换成二叉树时，整个森林转换成一棵二叉树，第 1 棵树的根结点变为二叉树的根结点，第 1 棵树的其他结点变为二叉树根结点的左子树中的结点，森林的其他树中的结点变为二叉树根结点的右子树中的结点。

（31）线索二叉树是由二叉链存储结构变化而来的，将原来的空链域改为某种遍历次序下该结点的前驱结点和后继结点的指针。

（32）中序线索二叉树可以采用不需要栈的非递归算法来实现中序遍历，对应的空间复杂度为 $O(1)$。

（33）中序线索二叉树仅有利于中序遍历，并不能提高先序遍历和后序遍历的效率。

（34）哈夫曼树是带权路径长度最小的二叉树。

（35）哈夫曼树中权值较小的叶子结点一般离根结点较远。

(36) 哈夫曼树中的单分支结点个数为 0。在含有 m 个叶子结点的哈夫曼树中,其结点总数为 $2m-1$。

(37) 在一组字符的哈夫曼编码中,任何字符的编码不可能是另一个字符编码的前缀。

7.2 教材中的练习题及参考答案 ✳

1. 有一棵树的括号表示为 A(B,C(E,F(G)),D),回答下面的问题:

(1) 指出树的根结点。

(2) 指出这棵树的所有叶子结点。

(3) 结点 C 的度是多少?

(4) 这棵树的度为多少?

(5) 这棵树的高度是多少?

(6) 结点 C 的孩子结点是哪些?

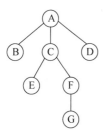

图 7.2 一棵树

(7) 结点 C 的双亲结点是谁?

答:该树对应的树形表示如图 7.2 所示。

(1) 这棵树的根结点是 A。

(2) 这棵树的叶子结点是 B、E、G、D。

(3) 结点 C 的度是 2。

(4) 这棵树的度为 3。

(5) 这棵树的高度是 4。

(6) 结点 C 的孩子结点是 E、F。

(7) 结点 C 的双亲结点是 A。

2. 若一棵度为 4 的树中度为 2、3、4 的结点个数分别为 3、2、2,则该树的叶子结点的个数是多少?

答:结点总数 $n=n_0+n_1+n_2+n_3+n_4$,又由于除根结点以外,每个结点都对应一个分支,所以总的分支数等于 $n-1$。而一个度为 $i(0 \leqslant i \leqslant 4)$ 的结点的分支数为 i,所以有总分支数 $=n-1=1 \times n_1+2 \times n_2+3 \times n_3+4 \times n_4$。综合两式得 $n_0=n_2+2n_3+3n_4+1=3+2 \times 2+3 \times 2+1=14$。

3. 为了实现以下各种功能,x 结点表示该结点的位置,给出树的最适合的存储结构:

(1) 求 x 和 y 结点的最近祖先结点。

(2) 求 x 结点的所有子孙结点。

(3) 求根结点到 x 结点的路径。

(4) 求 x 结点的右边兄弟结点。

(5) 判断 x 结点是否为叶子结点。

(6) 求 x 结点的所有孩子结点。

答:(1) 双亲存储结构。

（2）孩子链存储结构。

（3）双亲存储结构。

（4）孩子兄弟链存储结构。

（5）孩子链存储结构或孩子兄弟链存储结构。

（6）孩子链存储结构。

4. 设二叉树 bt 的一种存储结构如表 7.1 所示。其中，bt 为树根结点指针，lchild、rchild 分别为结点的左、右孩子指针域，在这里使用结点编号作为指针域值，0 表示指针域值为空；data 为结点的数据域。请完成下列各题：

表 7.1　二叉树 bt 的一种存储结构

	1	2	3	4	5	6	7	8	9	10
lchild	0	0	2	3	7	5	8	0	10	1
data	j	h	f	d	b	a	c	e	g	i
rchild	0	0	0	9	4	0	0	0	0	0

（1）画出二叉树 bt 的树形表示。

（2）写出按先序、中序和后序遍历二叉树 bt 所得到的结点序列。

（3）画出二叉树 bt 的后序线索树（不带头结点）。

答：（1）二叉树 bt 的树形表示如图 7.3 所示。

（2）先序序列：abcedfhgij。

中序序列：ecbhfdjiga。

后序序列：echfjigdba。

（3）二叉树 bt 的后序序列为 echfjigdba，则后序线索树如图 7.4 所示。

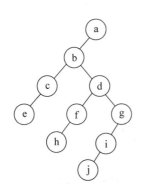

图 7.3　二叉树 bt 的逻辑结构

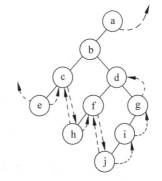

图 7.4　二叉树 bt 的后序线索树

5. 含有 60 个叶子结点的二叉树的最小高度是多少？

答：在该二叉树中，$n_0 = 60$，$n_2 = n_0 - 1 = 59$，$n = n_0 + n_1 + n_2 = 119 + n_1$，当 $n_1 = 0$ 且为完全二叉树时高度最小，此时高度 $h = \lceil \log_2(n+1) \rceil = \lceil \log_2 120 \rceil = 7$，所以含有 60 个叶子结点的二叉树的最小高度是 7。

6. 已知一棵完全二叉树的第 6 层（设根结点为第 1 层）有 8 个叶子结点，则该完全二叉树的结点个数最多是多少？最少是多少？

答：完全二叉树的叶子结点只能在最下面两层,所以结点最多的情况是第 6 层为倒数第 2 层,即 1~6 层构成一棵满二叉树,其结点总数为 $2^6-1=63$。其中第 6 层有 $2^5=32$ 个结点,含 8 个叶子结点,则另外有 $32-8=24$ 个非叶子结点,它们中的每个结点有两个孩子结点(均为第 7 层的叶子结点),计为 48 个叶子结点。这样最多的结点个数 $=63+48=111$。

结点最少的情况是第 6 层为最下层,即 1~5 层构成一棵满二叉树,其结点总数为 $2^5-1=31$,再加上第 6 层的结点,总计 $31+8=39$。这样最少的结点个数为 39。

7. 已知一棵满二叉树的结点个数为 20~40,此二叉树的叶子结点有多少个?

答：一棵高度为 h 的满二叉树的结点个数为 2^h-1,有 $20\leqslant 2^h-1\leqslant 40$。则 $h=5$,满二叉树中的叶子结点均集中在最底层,所以叶子结点有 $2^{5-1}=16$ 个。

8. 已知一棵二叉树的中序序列为 cbedahgijf,后序序列为 cedbhjigfa,给出该二叉树的树形表示。

答：该二叉树的构造过程和二叉树如图 7.5 所示。

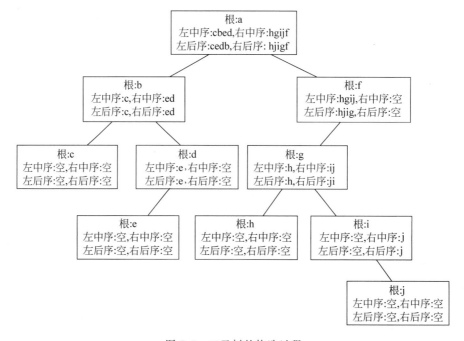

图 7.5　二叉树的构造过程

9. 给定 5 个字符 a~f,它们的权值集合 $W=\{2,3,4,7,8,9\}$,试构造关于 W 的一棵哈夫曼树,求其带权路径长度 WPL 和各个字符的哈夫曼编码。

答：由权值集合 W 构建的哈夫曼树如图 7.6 所示。其带权路径长度 WPL $=(9+7+8)\times 2+4\times 3+(2+3)\times 4=80$。

各个字符的哈夫曼编码如下。

a: 0000,b: 0001,c: 001,d: 10,e: 11,f: 01。

10. 假设有 9 个结点,编号为 1~9,初始并查集为 $S=\{\{1\},\{2\},\{3\},\{4\},\{5\},\{6\},\{7\},\{8\},\{9\}\}$,给出在 S 上执行以下一系列并查集运算的过程和结果：Union(1,2),Union(3,4),Union(5,6),Union(7,8),Union(2,4),Union(8,9),Union(6,8),Find(5),Union(4,8),

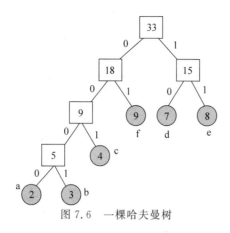

图 7.6　一棵哈夫曼树

Find(1)。在合并中两个子集树的秩相同时,以编号较大的结果作为根结点。

答:初始并查集 S 如图 7.7(a)所示,图中结点中的数字为该结点编号,根结点旁的数字为该结点的秩。执行 Union(1,2)、Union(3,4)、Union(5,6)、Union(7,8)的结果如图 7.7(b)所示。执行 Union(2,4)、Union(8,9)、Union(6,8)的结果如图 7.7(c)所示。执行 Find(5),将结点 5 的双亲置为根结点 8,结果如图 7.7(d)所示。执行 Union(4,8)的结果如图 7.7(e)所示。执行 Find(1),将结点 1 以及路径上的结点 2 的双亲均置为根结点 8,结果如图 7.7(f)所示。

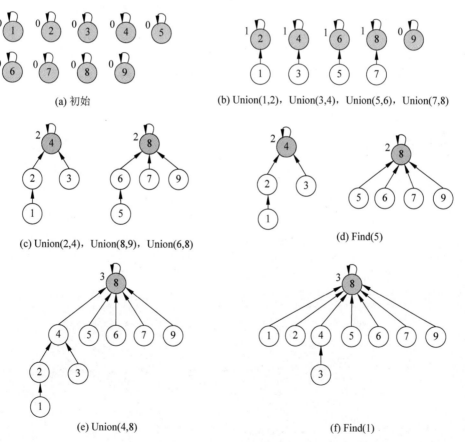

图 7.7　并查集一系列运算的过程

11. 假设二叉树中每个结点的值为单个字符,设计一个算法,将一棵以二叉链方式存储的二叉树 b 转换成对应的顺序存储结构 a。

解:设二叉树的顺序存储结构类型为 SqBTree,先将顺序存储结构 a 中的所有元素置为'#'(表示空结点)。将 b 转换成 a 的递归模型如下:

$$f(b,a,i) \equiv \begin{cases} a[i]='\#'; & \text{当 } b=\text{NULL 时} \\ \text{由 } b \text{ 结点的 data 域值建立 } a[i] \text{元素}; & \text{其他情况} \\ f(b->\text{lchild},a,2*i); \\ f(b->\text{rchild},a,2*i+1) \end{cases}$$

调用方式为 $f(b,a,1)$(a 的下标从 1 开始)。对应的算法如下:

```
void Ctree(BTNode * b,SqBTree a,int i)
{   if (b!= NULL)
    {    a[i] = b->data;
         Ctree(b->lchild,a,2 * i);
         Ctree(b->rchild,a,2 * i + 1);
    }
    else a[i] = '#';
}
```

12. 假设二叉树中的每个结点值为单个字符,采用顺序存储结构存储。设计一个算法,求二叉树 t 中的叶子结点个数。

解:用 i 遍历所有的结点,当 i 大于或等于 MaxSize 时,返回 0。当 $t[i]$ 是空结点时返回 0;当 $t[i]$ 是非空结点时,若它为叶子结点,num 增 1,否则递归调用 num1=LeftNode($t,2*i$) 求出左子树的叶子结点个数 num1,再递归调用 num2=LeftNode($t,2*i+1$)求出右子树的叶子结点个数 num2,置 num+=num1+num2,最后返回 num。对应的算法如下:

```
int LeafNodes(SqBTree t,int i)
{   //i的初值为1
    int num1,num2,num = 0;
    if (i < MaxSize)
    {    if (t[i]!= '#')
         {    if (t[2 * i] == '#' && t[2 * i + 1] == '#')
                  num++;                //叶子结点个数增1
              else
              {    num1 = LeafNodes(t,2 * i);
                   num2 = LeafNodes(t,2 * i + 1);
                   num += num1 + num2;
              }
              return num;
         }
         else return 0;
    }
    else return 0;
}
```

13. 假设二叉树中的每个结点值为单个字符,采用二叉链存储结构存储。设计一个算法,计算一棵给定二叉树 b 中的所有单分支结点个数。

解:计算一棵二叉树的所有单分支结点个数的递归模型 $f(b)$ 如下。

$$f(b) = \begin{cases} 0 & \text{若 } b = \text{NULL} \\ f(b->\text{lchild}) + f(b->\text{rchild}) + 1 & \text{若 } b \text{ 结点为单分支} \\ f(b->\text{lchild}) + f(b->\text{rchild}) & \text{其他情况} \end{cases}$$

对应的算法如下:

```
int SSonNodes(BTNode * b)
{    int num1,num2,n;
     if (b == NULL)
         return 0;
     else if ((b-> lchild == NULL && b-> rchild!= NULL) ||
         (b-> lchild!= NULL && b-> rchild == NULL))
         n = 1;                              //为单分支结点
     else
         n = 0;                              //其他结点
     num1 = SSonNodes(b-> lchild);           //递归求左子树中的单分支结点数
     num2 = SSonNodes(b-> rchild);           //递归求右子树中的单分支结点数
     return (num1 + num2 + n);
}
```

上述算法采用的是先序遍历的思路。

14. 假设二叉树中的每个结点值为单个字符,采用二叉链存储结构存储。设计一个算法,求二叉树 b 中的最小结点值。

解:设 $f(b, \text{min})$ 是在二叉树 b 中寻找最小结点值 min,其递归模型如下。

$$f(b, \text{min}) \equiv \begin{cases} \text{不做任何事情} & \text{若 } b = \text{NULL} \\ \text{当 } b->\text{data} < \text{min 时置 min} = b->\text{data}; & \text{其他情况} \\ f(b->\text{lchild}, \text{min}); f(b->\text{rchild}, \text{min}); \end{cases}$$

对应的算法如下:

```
void FindMinNode(BTNode * b,char &min)
{    if(b == NULL)   return;
     if (b-> data < min)
         min = b-> data;
     FindMinNode(b-> lchild,min);            //在左子树中找最小结点值
     FindMinNode(b-> rchild,min);            //在右子树中找最小结点值
}
char MinNode(BTNode * b)                     //输出最小结点值
{    if (b!= NULL)
     {    char min = b-> data;
          FindMinNode(b,min);
          return min;
     }
}
```

15. 假设二叉树中的每个结点值为单个字符,采用二叉链存储结构存储。设计一个算

法,将二叉链 $b1$ 复制到二叉链 $b2$ 中。

解:当 $b1$ 为空时,置 $b2$ 为空树。当 $b1$ 不为空时,建立 $b2$ 结点($b2$ 为根结点),置 $b2->$ data $=b1->$ data;递归调用 Copy($b1->$lchild,$b2->$lchild),由 $b1$ 的左子树建立 $b2$ 的左子树;递归调用 Copy($b1->$rchild,$b2->$rchild),由 $b1$ 的右子树建立 $b2$ 的右子树。对应的算法如下:

```
void Copy(BTNode * b1, BTNode * &b2)
{   if (b1 == NULL)
        b2 = NULL;
    else
    {   b2 = (BTNode * )malloc(sizeof(BTNode));
        b2 -> data = b1 -> data;
        Copy(b1 -> lchild, b2 -> lchild);
        Copy(b1 -> rchild, b2 -> rchild);
    }
}
```

16. 假设二叉树中的每个结点值为单个字符,采用二叉链存储结构存储。设计一个算法,求二叉树 b 中第 k 层上的叶子结点个数。

解:采用先序遍历方法,当 b 为空时返回 0。置 num 为 0。若 b 不为空,当前结点的层次为 k,并且 b 为叶子结点,则 num 增 1,递归调用 num1＝LevelkCount($b->$lchild,k,$h+1$)求出左子树中第 k 层的结点个数 num1,递归调用 num2＝LevelkCount($b->$rchild,k,$h+1$)求出右子树中第 k 层的结点个数 num2,置 num+＝num1＋num2,最后返回 num。对应的算法如下:

```
int LevelkCount(BTNode * b, int k, int h)
{   //h 的初值为 1
    int num1, num2, num = 0;
    if (b!= NULL)
    {   if (h == k && b -> lchild == NULL && b -> rchild == NULL)
            num++;
        num1 = LevelkCount(b -> lchild, k, h + 1);
        num2 = LevelkCount(b -> rchild, k, h + 1);
        num += num1 + num2;
        return num;
    }
    return 0;
}
int Levelkleaf(BTNode * b, int k)        //返回二叉树 b 中第 k 层上的叶子结点个数
{
    return LevelkCount(b, k, 1);
}
```

17. 假设二叉树中的每个结点值为单个字符,采用二叉链存储结构存储。设计一个算法,判断值为 x 的结点与值为 y 的结点是否互为兄弟,假设这样的结点值是唯一的。

解:采用先序遍历方法,当 b 为空时直接返回 false;否则,若当前结点 b 是双分支结点,且

有两个互为兄弟的结点 x、y，返回 true；否则递归调用 flag＝Brother($b->$lchild, x, y)，求出 x、y 在左子树中是否互为兄弟，若 flag 为 true，则返回 true；否则递归调用 Brother($b->$rchild, x, y)，求出 x、y 在右子树中是否互为兄弟，并返回其结果。对应的算法如下：

```
bool Brother(BTNode * b, char x, char y)
{   bool flag;
    if (b == NULL)
        return false;
    else
    {   if (b->lchild!= NULL && b->rchild!= NULL)
        {   if ((b->lchild->data == x && b->rchild->data == y) ||
                (b->lchild->data == y && b->rchild->data == x))
                return true;
        }
        flag = Brother(b->lchild, x, y);
        if (flag == true)
            return true;
        else
            return Brother(b->rchild, x, y);
    }
}
```

18. 假设二叉树中的每个结点值为单个字符，采用二叉链存储结构存储。设计一个算法，采用先序遍历方法求二叉树 b 中值为 x 的结点的子孙结点，假设值为 x 的结点是唯一的。

解：设计 Output(p)算法输出以 p 为根结点的所有结点。首先在二叉树 b 中查找值为 x 的结点，当前 b 结点是这样的结点，调用 Output($b->$lchild)输出其左子树中的所有结点，调用 Output($b->$rchild)输出其右子树中的所有结点，并返回；否则递归调用 Child($b->$lchild, x)在左子树中查找值为 x 的结点，递归调用 Child($b->$rchild, x)在右子树中查找值为 x 的结点。对应的算法如下：

```
void Output(BTNode * p)              //输出以 p 为根结点的子树
{   if (p!= NULL)
    {   printf("%c ", p->data);
        Output(p->lchild);
        Output(p->rchild);
    }
}

void Child(BTNode * b, char x)       //输出 x 结点的子孙结点
{   if (b!= NULL)
    {   if (b->data == x)
        {   if (b->lchild!= NULL)
                Output(b->lchild);
            if (b->rchild!= NULL)
                Output(b->rchild);
            return;
```

```
            }
        Child(b->lchild,x);
        Child(b->rchild,x);
    }
}
```

19. 假设二叉树采用二叉链存储结构,设计一个算法把二叉树 b 的左、右子树进行交换,要求不破坏原二叉树,并用相关数据进行测试。

解:交换二叉树的左、右子树的递归模型如下。

$$f(b,t) \equiv \begin{cases} t = \text{NULL} & \text{若 } b = \text{NULL} \\ \text{复制根结点 } b \text{ 产生结点 } t; & \text{其他情况} \\ \quad f(b\rightarrow\text{lchild},t1); \quad f(b\rightarrow\text{rchild},t2); \\ \quad t\rightarrow\text{lchild}=t2; \quad t\rightarrow\text{rchild}=t1 \end{cases}$$

对应的算法如下(算法返回左、右子树交换后的二叉树):

```
# include "btree.cpp"                        //二叉树的基本运算算法
BTNode * Swap(BTNode * b)
{   BTNode * t, * t1, * t2;
    if (b == NULL)
        t = NULL;
    else
    {   t = (BTNode * )malloc(sizeof(BTNode));
        t->data = b->data;                   //复制产生根结点 t
        t1 = Swap(b->lchild);
        t2 = Swap(b->rchild);
        t->lchild = t2;
        t->rchild = t1;
    }
    return t;
}
```

或者设计成以下算法(算法产生左、右子树交换后的二叉树 $b1$):

```
void Swap1(BTNode * b,BTNode * &b1)
{   if (b == NULL)
        b1 = NULL;
    else
    {   b1 = (BTNode * )malloc(sizeof(BTNode));
        b1->data = b->data;                  //复制产生根结点 b1
        Swap1(b->lchild,b1->rchild);
        Swap1(b->rchild,b1->lchild);
    }
}
```

设计以下主函数:

```
int main()
{   BTNode * b, * b1;
```

```
CreateBTree(b,"A(B(D(,G)),C(E,F))");
printf("交换前的二叉树:");DispBTree(b);printf("\n");
b1 = Swap(b);
printf("交换后的二叉树:");DispBTree(b1);printf("\n");
DestroyBTree(b);
DestroyBTree(b1);
return 1;
}
```

程序的执行结果如下:

```
交换前的二叉树:A(B(D(,G)),C(E,F))
交换后的二叉树:A(C(F,E),B(,D(G)))
```

20. 假设二叉树采用二叉链存储结构,设计一个算法判断一棵二叉树 b 的左、右子树是否同构。

解:判断二叉树 $b1$、$b2$ 是否同构的递归模型如下。

$$f(b1,b2)=\begin{cases}\text{true} & b1=b2=\text{NULL} \\ \text{false} & \text{若 } b1、b2 \text{ 中有一个为空,另一个不为空} \\ f(b1\text{->}\text{lchild},b2\text{->}\text{lchild}) & \text{其他情况} \\ \quad \&\ f(b1\text{->}\text{rchild},b2\text{->}\text{rchild}) \end{cases}$$

对应的算法如下:

```
bool Symm(BTNode * b1,BTNode * b2)          //判断二叉树 b1 和 b2 是否同构
{   if (b1 == NULL && b2 == NULL)
        return true;
    else if (b1 == NULL || b2 == NULL)
        return false;
    else
        return (Symm(b1 -> lchild,b2 -> lchild) & Symm(b1 -> rchild,b2 -> rchild));
}
bool Symmtree(BTNode * b)                    //判断二叉树的左、右子树是否同构
{   if (b == NULL)
        return true;
    else
        return Symm(b -> lchild,b -> rchild);
}
```

21. 假设二叉树以二叉链存储,设计一个算法判断一棵二叉树 b 是否为完全二叉树。

解:根据完全二叉树的定义,对完全二叉树按照从上到下、从左到右的次序遍历(层次遍历)应该满足以下条件。

(1)若某结点没有左孩子,则一定无右孩子。

(2)若某结点缺左孩子或右孩子(一旦出现这种情况,置 bj=false),则其所有后继一定无孩子。

若不满足上述任何一条,均不为完全二叉树(cm=true 表示是完全二叉树,cm=false

表示不是完全二叉树)。对应的算法如下:

```
bool CompBTree(BTNode * b)
{   BTNode * Qu[MaxSize], * p;        //定义一个队列,用于层次遍历
    int front = 0, rear = 0;          //环形队列的队头、队尾指针
    bool cm = true;                   //cm 为真表示二叉树为完全二叉树
    bool bj = true;                   //bj 为真表示到目前为止所有结点均有左孩子和右孩子
    if (b == NULL) return true;       //空树当成特殊的完全二叉树
    rear++;
    Qu[rear] = b;                     //根结点进队
    while (front!= rear)              //队列不空
    {   front = (front + 1) % MaxSize;
        p = Qu[front];                //出队结点 p
        if (p -> lchild == NULL)      //p 结点没有左孩子
        {   bj = false;               //出现结点 p 缺左孩子的情况
            if (p -> rchild!= NULL)    //没有左孩子但有右孩子,违反(1)
                cm = false;
        }
        else                          //p 结点有左孩子
        {   if (!bj) cm = false;       //bj 为假而结点 p 还有左孩子,违反(2)
            rear = (rear + 1) % MaxSize;
            Qu[rear] = p -> lchild;   //左孩子进队
            if (p -> rchild == NULL)
                bj = false;           //出现结点 p 缺右孩子的情况
            else                      //p 有左孩子和右孩子,则继续判断
            {   rear = (rear + 1) % MaxSize;
                Qu[rear] = p -> rchild; //将 p 结点的右孩子进队
            }
        }
    }
    return cm;
}
```

7.3   补充练习题及参考答案   ✳

7.3.1   单项选择题

1. 对于一棵具有 n 个结点、度为 4 的树来说,_____。

A. 树的高度最多是 $n-3$

B. 树的高度最多是 $n-4$

C. 第 i 层上最多有 $4(i-1)$ 个结点

D. 至少在某一层上正好有 4 个结点

2. 度为 4、高度为 h 的树_____。

A. 至少有 $h+3$ 个结点

B. 最多有 4^h-1 个结点

C. 最多有 $4h$ 个结点

D. 至少有 $h+4$ 个结点

3. 对于一棵具有 n 个结点、度为 4 的树来说,树的高度至少是_____。

A. $\lceil \log_4(2n) \rceil$　　　　　　　　　　B. $\lceil \log_4(3n-1) \rceil$

C. $\lceil \log_4(3n+1) \rceil$　　　　　　　　D. $\lceil \log_4(2n+1) \rceil$

4. 在一棵 3 次树中,度为 3 的结点数为两个,度为 2 的结点数为一个,度为 1 的结点数为两个,则度为 0 的结点数为_____个。

　　A. 4　　　　　　B. 5　　　　　　C. 6　　　　　　D. 7

5. 若一棵有 n 个结点的树中所有分支结点的度均为 k,则该树中的叶子结点个数是_____。

　　A. $n(k-1)/k$　　　B. $n-k$　　　C. $(n+1)/k$　　　D. $(nk-n+1)/k$

6. 若 3 次树中有 a 个度为 1 的结点,b 个度为 2 的结点,c 个度为 3 的结点,则该树中有_____个叶子结点。

　　A. $1+2b+3c$　　B. $1+2b+3c$　　C. $2b+3c$　　　D. $1+b+2c$

7. 假设一棵树中每个结点值为单个字符,其层次遍历序列为 ABCDEFGHIJ,则根结点的值是_____。

　　A. A　　　　　　B. B　　　　　　C. J　　　　　　D. 以上都不对

8. 用双亲存储结构表示树,其优点之一是比较方便_____。

　　A. 找指定结点的双亲结点　　　　B. 找指定结点的孩子结点

　　C. 找指定结点的兄弟结点　　　　D. 判断某结点是不是叶子结点

9. 用孩子链存储结构表示树,其优点之一是_____比较方便。

　　A. 判断两个指定结点是不是兄弟　　B. 找指定结点的双亲

　　C. 判断指定结点在第几层　　　　D. 计算指定结点的度数

10. 当一棵度为 10、结点个数为 $n(n>100)$ 的树采用孩子链存储结构时,其中非空指针域数占总指针域数的比例约为_____。

　　A. 5%　　　　　B. 10%　　　　C. 20%　　　　D. 50%

11. 如果某棵树的孩子兄弟链存储结构中有 6 个空的左指针域,7 个空的右指针域,5 个结点的左、右指针域都为空,则该树中叶子结点_____。

　　A. 有 7 个　　　B. 有 6 个　　　C. 有 5 个　　　D. 个数不能确定

12. 有一棵 3 次树,其中 $n_3=2,n_2=2,n_1=1$,当该树采用孩子兄弟链存储结构时,其中非空指针域数占总指针域数的比例约为_____。

　　A. 10%　　　　B. 45%　　　　C. 70%　　　　D. 90%

13. 设森林 F 中有 3 棵树,第一、第二和第三棵树的结点个数分别为 m_1、m_2 和 m_3。与森林 F 对应的二叉树根结点的右子树上的结点个数是_____。

　　A. m_1　　　　B. m_1+m_2　　C. m_3　　　　D. m_2+m_3

14. 设 F 是一个森林,B 是由 F 变换的二叉树。若 F 中有 m 个分支结点,则 B 中右指针域为空的结点有_____个。

　　A. $m-1$　　　B. m　　　　C. $m+1$　　　D. $m+2$

15. 设森林 F 对应的二叉树为 B,它有 m 个结点,B 的根为 p,p 的右子树结点个数为 n,森林 F 中第一棵树的结点个数是_____。

　　A. $m-n$　　　　　　　　　　　B. $m-n-1$

　　C. $n+1$　　　　　　　　　　　D. 条件不足,无法确定

16. 如果将一棵有序树 T 转换为二叉树 B,那么 T 中结点的先根遍历序列就是 B 中结点的_____序列。

    A. 先序　　　　　B. 中序　　　　　C. 后序　　　　　D. 层次

17. 如果将一棵有序树 T 转换为二叉树 B,那么 T 中结点的后根遍历序列就是 B 中结点的_____序列。

    A. 先序　　　　　B. 中序　　　　　C. 后序　　　　　D. 层次

18. 如果将一棵有序树 T 转换为二叉树 B,那么 T 中结点的层次序列对应 B 的_____序列。

    A. 先序遍历　　　B. 中序遍历　　　C. 层次遍历　　　D. 以上都不对

19. 二叉树若用顺序方法存储,则下列 4 种运算中_____最容易实现。

    A. 先序遍历二叉树

    B. 判断两个结点值分别为 x、y 的结点是不是在同一层上

    C. 层次遍历二叉树

    D. 求结点值为 x 的结点的所有孩子

20. 二叉树和度为 2 的树的相同之处包括_____。

    A. 每个结点都有一个或两个孩子结点　　B. 至少有一个根结点

    C. 至少有一个度为 2 的结点　　　　　　D. 每个结点最多只有一个双亲结点

21. 一棵完全二叉树上有 1001 个结点,其中叶子结点的个数是_____。

    A. 250　　　　　　B. 501　　　　　　C. 254　　　　　　D. 505

22. 一棵有 124 个叶子结点的完全二叉树最多有_____个结点。

    A. 247　　　　　　B. 248　　　　　　C. 249　　　　　　D. 250

23. 在一棵具有 n 个结点的完全二叉树中,分支结点的最大编号为_____。

    A. $\lfloor (n+1)/2 \rfloor$　　B. $\lfloor (n-1)/2 \rfloor$　　C. $\lceil n/2 \rceil$　　D. $\lfloor n/2 \rfloor$

24. 在高度为 h 的完全二叉树中,_____。

    A. 度为 0 的结点都在第 h 层上

    B. 第 $i(1 \leq i \leq h)$ 层上的结点都是度为 2 的结点

    C. 第 $i(1 \leq i \leq h-1)$ 层上有 2^{i-1} 个结点

    D. 不存在度为 1 的结点

25. 每个结点的度或者为 0 或者为 2 的二叉树称为正则二叉树,对于 n 个结点的正则二叉树来说,它的最大高度是_____。

    A. $\lceil \log_2 n \rceil$　　B. $(n-1)/2$　　C. $\lceil \log_2(n+1) \rceil$　　D. $(n+1)/2$

26. 若一棵二叉树具有 10 个度为 2 的结点、5 个度为 1 的结点,则度为 0 的结点个数是_____。

    A. 9　　　　　　　B. 11　　　　　　　C. 15　　　　　　　D. 不确定

27. 若二叉树的中序序列是 abcdef,且 c 为根结点,则_____。

    A. 结点 c 有两个孩子　　　　　B. 二叉树有两个度为 0 的结点

    C. 二叉树的高度为 5　　　　　D. 以上都不对

28. 在任何一棵二叉树中,如果结点 a 有左孩子 b、右孩子 c,则在结点的先序序列、中序序列、后序序列中,_____。

A. 结点 b 一定在结点 a 的前面　　　　　B. 结点 a 一定在结点 c 的前面

C. 结点 b 一定在结点 c 的前面　　　　　D. 结点 a 一定在结点 b 的前面

29. 如果一棵二叉树的先序序列是…a…b…、中序序列是…b…a…,则_____。

　　A. 结点 a 和结点 b 分别在某结点的左子树和右子树中

　　B. 结点 b 在结点 a 的右子树中

　　C. 结点 b 在结点 a 的左子树中

　　D. 结点 a 和结点 b 分别在某结点的两棵非空子树中

30. 设 a、b 为一棵二叉树上的两个结点,在采用中序遍历时,a 在 b 之前的条件是_____。

　　A. a 在 b 的右方　　　　　　　　　　B. a 是 b 的祖先

　　C. a 在 b 的左方　　　　　　　　　　D. a 是 b 的子孙

31. 如果在一棵二叉树的先序序列、中序序列和后序序列中,结点 a、b 的位置都是 a 在前、b 在后(即形如…a…b…),则_____。

　　A. a、b 可能是兄弟　　　　　　　　　B. a 可能是 b 的双亲

　　C. a 可能是 b 的孩子　　　　　　　　D. 不存在这样的二叉树

32. 若二叉树采用二叉链存储结构,如果要交换其所有分支结点的左、右子树的位置,利用_____遍历方法最合适。

　　A. 先序　　　　　　　　　　　　　　　B. 中序

　　C. 后序　　　　　　　　　　　　　　　D. 层次

33. 关于非空二叉树的后序序列,以下说法正确的是_____。

　　A. 后序序列的最后一个结点是根结点

　　B. 后序序列的最后一个结点一定是叶子结点

　　C. 后序序列的第一个结点一定是叶子结点

　　D. 以上都不对

34. 某二叉树的先序序列和后序序列正好相反,则该二叉树一定是_____。

　　A. 空或只有一个结点　　　　　　　　　B. 完全二叉树

　　C. 二叉排序树　　　　　　　　　　　　D. 高度等于其结点数

35. 若一棵二叉树的先序序列和后序序列分别是 1,2,3,4 和 4,3,2,1,则该二叉树的中序序列不会是_____。

　　A. 1,2,3,4　　　　B. 2,3,4,1　　　　C. 3,2,4,1　　　　D. 4,3,2,1

36. 某二叉树由一个森林转换而来,其层次序列为 ABCDEFGHI、中序序列为 DGIBAEHCF,将其还原为森林,则该森林是由_____棵树构成的。

　　A. 1　　　　　　　B. 2　　　　　　　C. 3　　　　　　　D. 无法确定

37. 一棵二叉树的先序序列为 ABCDEFG,它的中序序列可能是_____。

　　A. CABDEFG　　　B. ABCDEFG　　　C. DACEFBG　　　D. ADCFEG

38. 在中序线索二叉树(带头结点)中,p 结点的左子树为空的充要条件是_____。

　　A. $p->lchild==NULL$　　　　　　　　B. $p->ltag==1$

　　C. $p->ltag==1$ 且 $p->lchild==NULL$　　　D. 以上都不对

39. 在 n 个结点的线索二叉树中(不计头结点),线索的数目为_____。

A. $n-1$ B. n C. $n+1$ D. $2n$

40. 若度为 m 的哈夫曼树(其中只有度为 m 的结点和叶子结点)中的叶子结点个数为 n,则其非叶子结点个数为_____。

A. $n-1$ B. $\lfloor n/m \rfloor -1$

C. $\lceil (n-1)/(m-1) \rceil$ D. $\lceil n/(m-1) \rceil -1$

41. 设有 13 个值,用它们组成一棵哈夫曼树,则该哈夫曼树共有_____个结点。

A. 13   B. 12   C. 26   D. 25

42. 根据使用频率为 5 个字符设计的哈夫曼编码不可能是_____。

A. 111,110,10,01,00   B. 000,001,010,011,1

C. 100,11,10,1,0   D. 001,000,01,11,10

43. 若并查集用树表示,其中有 n 个结点,查找一个元素所属集合的算法的时间复杂度为_____。

A. $O(\log_2 n)$ B. $O(n)$ C. $O(n^2)$ D. $O(n\log_2 n)$

7.3.2　填空题

1. 在树形结构的二元组表示中,如果　　①　　,则称结点 a 和 b 是兄弟;如果　　②　　,则称 a 是 b 的双亲,　　③　　的孩子。

2. 在一棵度为 2 的树中,其结点个数最少为_____。

3. 设某棵树中的结点值为单个字符,其后根遍历序列为 ABCDEFG,则根结点值为_____。

4. 一棵具有 n 个结点的非空树,其中所有度之和等于_____。

5. 高度为 h、度为 $m(m \geqslant 2)$ 的树中最少有　　①　　个结点,最多有　　②　　个结点。

6. 一棵含有 n 个结点的 $k(k \geqslant 2)$ 次树,可能达到的最大高度为　　①　　、最小高度为　　②　　。

7. 若用孩子兄弟链存储结构来存储具有 m 个叶子结点、n 个分支结点的树,则该存储结构中有　　①　　个左指针域为空的结点,有　　②　　个右指针域为空的结点。

8. 含有 3 个结点的不同形态的二叉树有_____棵。

9. 在高度为 $h(h \geqslant 0)$ 的二叉树中最多有　　①　　个结点,最少有　　②　　个结点。

10. n 个结点的二叉树的最大高度是　　①　　、最小高度是　　②　　。

11. n 个结点的二叉树中如果有 m 个叶子结点,则一定有　　①　　个度为 1 的结点、　　②　　个度为 2 的结点。

12. 已知二叉树有 50 个叶子结点,则该二叉树的总结点数最少是_____。

13. 一个 8 层的完全二叉树至少有　　①　　个结点,具有 100 个结点的完全二叉树中结点的最大层数为　　②　　。

14. 完全二叉树中的结点个数为 $n(n>2)$,按层序编号(根结点编号为 1),则编号最大的分支结点的编号为　　①　　,编号最小的叶子结点的编号为　　②　　。

15. 一棵含有 50 个结点的完全二叉树中,第 6 层有_____个结点。

16. 一棵含有 n 个结点的满二叉树有　　①　　个度为 1 的结点、　　②　　个分支结点和　　③　　个叶子结点,该满二叉树的高度为　　④　　。

17. 在二叉树的顺序存储结构中,编号分别为 i 和 j 的两个结点处在同一层的条件是_____。

18. 设 F 是由 T_1、T_2、T_3 三棵树组成的森林,与 F 对应的二叉树为 B。已知 T_1、T_2、T_3 的结点数分别为 n_1、n_2 和 n_3,则二叉树 B 的左子树中有___①___个结点,二叉树 B 的右子树中有___②___个结点。

19. 对于高度为 3 的满二叉树 B,将其还原为森林 T,其中包含根结点的那棵树中有_____个结点。

20. 一棵树中结点 a 的第 2 个孩子为结点 b,转换成二叉树后,a、b 两结点的层次相差为_____。

21. 一棵二叉树的根结点为 a,其中序序列的第一个结点是___①___,其中序序列的最后一个结点是___②___。

22. 若一个二叉树的叶子结点是其中序序列中的最后一个结点,则它必是该二叉树的_____序列中的最后一个结点。

23. 在二叉树中结点 a 的右孩子为结点 b,那么在后序序列中必有_____形式。

24. 二叉树中的一个叶子结点 a 是其中序序列的第一个结点,则 a 结点一定是该二叉树的_____序列中的第一个结点。

25. 设一棵完全二叉树(每个结点值为单个字符)的顺序存储结构中存储的数据元素为 abcdef,则该二叉树的先序序列为___①___、中序序列为___②___、后序序列为___③___。

26. 设一棵完全二叉树(每个结点值为单个字符)的先序序列为 abdecf,则该二叉树的中序序列为___①___、层次序列为___②___。

27. 二叉树的先序序列和中序序列相同的条件是_____。

28. 在二叉树的非递归中序和后序遍历算法中需要用_____来暂存遍历的结点。

29. 线索二叉树的左线索指向其___①___结点,右线索指向其___②___结点。

30. 若以{4,5,6,7,8}作为叶子结点的权值构造哈夫曼树,则其带权路径长度是___①___,各结点对应的哈夫曼编码为___②___。

7.3.3 判断题

1. 判断以下叙述的正确性。

(1) 树形结构中的每个结点都有一个前驱结点。

(2) 度为 m 的树中至少有一个度为 m 的结点,不存在度大于 m 的结点。

(3) 在一棵树中,处于同一层上的各结点之间都存在兄弟关系。

(4) 在 $n(n>2)$ 个结点的二叉树中至少有一个度为 2 的结点。

(5) 不存在这样的二叉树:它有 n 个度为 0 的结点,$n-1$ 个度为 1 的结点,$n-2$ 个度为 2 的结点。

(6) 在任何一棵完全二叉树中,叶子结点或者和分支结点一样多,或者只比分支结点多一个。

(7) 完全二叉树中的每个结点或者没有孩子或者有两个孩子。

(8) 当二叉树中的结点数多于 1 个时,不可能根据结点的先序序列和后序序列唯一地确定该二叉树的逻辑结构。

（9）只要知道完全二叉树中结点的先序序列就可以唯一地确定它的逻辑结构。

（10）哈夫曼树中不存在度为1的结点。

（11）在哈夫曼树中,权值相同的叶子结点都在同一层上。

（12）在哈夫曼树中,权值较大的叶子结点一般离根结点较远。

2. 判断以下叙述的正确性。

（1）在一棵度为 m 的树中,每个结点最多有 $m-1$ 个兄弟。

（2）在一棵有 n 个结点的树中,其分支数为 n。

（3）如果树中 x 结点的深度（层次）大于 y 结点的深度,则 x 是 y 的子孙结点。

（4）在一棵 3 次树中有 $n_3=2$,$n_2=1$,$n_1=5$,则叶子结点个数为 6。

（5）若一棵二叉树中的所有结点值不相同,可以由其先序序列和层次序列唯一构造出该二叉树。

（6）若一棵二叉树中的所有结点值不相同,可以由其中序序列和层次序列唯一构造出该二叉树。

3. 判断以下叙述的正确性。

（1）存在这样的二叉树：对它采用任何次序的遍历,结果都相同。

（2）二叉树就是度为 2 的树。

（3）将一棵树转换成二叉树后,根结点没有左子树。

（4）对于二叉树,在后序序列中,任一结点的后面都不会出现它的子孙结点。

（5）在哈夫曼编码中,当两个字符出现的频率相同时其编码也相同。

7.3.4　简答题

习题答案

1. 简述二叉树与度为 2 的树之间的差别。

2. 已知度为 k 的树中,其度为 1、2、$\cdots$、k 的结点数分别为 n_1、n_2、$\cdots$、n_k。求该树的结点总数 n 和叶子结点数 n_0,并给出推导过程。

3. 试证明：在具有 $n(n \geqslant 1)$ 个结点的 m 次树中,若采用孩子链存储结构,则其中有 $n(m-1)+1$ 个指针域是空的。

4. 一棵高度为 h 的完全 k 次树,如果按层次自顶向下,同一层自左向右,顺序从 1 开始对全部结点进行编号,试问：

（1）最多有多少个结点？最少有多少个结点？

（2）编号为 q 的结点的第 i 个孩子结点（若存在）的编号是多少？

（3）编号为 q 的结点的双亲结点的编号是多少？

5. 对于如图 7.8 所示的二叉树：

（1）画出它的顺序存储结构图；

（2）将它转换（还原）成森林。

6. 设 $F=\{T_1,T_2,T_3\}$ 是森林,如图 7.9 所示,试画出由 F 转换成的二叉树。

7. 已知一棵树 T 的先根序列与对应二叉树 B 的先序序列相同,树 T 的后根序列与对应二叉树 B 的中序序列相同。利用树的先根序列和后根序列能否唯一确定一棵树？举例说明。

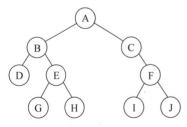

图 7.8　一棵二叉树

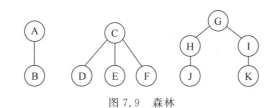

图 7.9　森林

8. 任意一棵有 n 个结点的二叉树,已知它有 m 个叶子结点,试证明非叶子结点中有 $(m-1)$ 个结点的度为 2,其余度为 1。

9. 为什么说一棵非空完全二叉树一旦结点个数 n 确定了,其树形也就确定了?

10. 为什么说一棵非空完全二叉树仅已知叶子结点个数 n_0,其树形还不能唯一确定?

11. 给定一棵非空二叉树 b,采用二叉链存储结构,说明查找中序序列的第一个结点和最后一个结点的过程。

12. 对于二叉树 B 的两个结点 a 和 b,在不构造出该二叉树的前提下,应该选择 B 的先序、中序和后序序列中的哪两个序列来判断结点 a 必定是结点 b 的祖先? 请给出判断的方法。

13. 用一维数组存放一棵完全二叉树 ABCDEFGHIJKL,给出后序遍历该二叉树的访问结点序列。

14. 已知一棵完全二叉树共有 892 个结点,试求:

(1) 树的高度;

(2) 单支结点数;

(3) 叶子结点数;

(4) 最后一个分支结点的序号。

15. 已知完全二叉树的第 8 层有 8 个结点,则其叶子结点数是多少?

16. 若一棵二叉树的左子树和右子树均有 3 个结点,其左子树的先序序列与中序序列相同,右子树的中序序列与后序序列相同,试构造该树的形态。

17. 若某非空二叉树的先序序列和中序序列正好相反,则该二叉树的形态是什么?

18. 一棵二叉树的先序、中序和后序序列分别如下,其中有一部分未显示出来。试求出空格处的内容,并画出该二叉树。

先序序列:＿B＿F＿ICEH＿G

中序序列:D＿KFIA＿EJC＿

后序序列:＿K＿FBHJ＿G＿A

19. 给出在中序线索二叉树 tb 中查找结点 p 的中序后继结点的过程。

20. 一组包含不同权值的字母已经对应好哈夫曼编码,如果某个字母对应的编码为 001,则:

(1) 什么编码不可能对应其他字母?

(2) 什么编码肯定对应其他字母?

21. 假设一段正文由字符集 {a,b,c,d,e,f} 中的字母构成,这 6 个字母在这段正文中出现的次数分别是 12、18、26、6、4、34。回答以下问题:

(1) 为这 6 个字母设计哈夫曼编码。

(2) 求带权路径长度 WPL。

（3）设每个字节由 8 个二进制位组成,计算按照哈夫曼编码存储这段正文需要多少字节?

22. 设哈夫曼编码的长度不超过 4,若已经对两个字符编码为 1 和 01,则最多还可以对多少个字符编码?

7.3.5 算法设计题

1.【二叉树的顺序存储结构算法】已知一棵二叉树按顺序方式存储在数组 $a[1..n]$ 中。设计一个算法,求编号分别为 i 和 j 的两个结点的最近公共祖先结点的值。

解: 由二叉树的顺序存储结构的特点可以得到求编号为 i 和 j 的两个结点的最近公共祖先结点的算法如下。

```
ElemType ancestor(SqBinTree a, int i, int j)
{   int p = i, q = j;
    while (p!= q)
    {   if (p > q)
            p = p/2;                    //向上找 i 的祖先
        else
            q = q/2;                    //向上找 j 的祖先
    }
    return a[p];
}
```

2.【二叉树的顺序存储结构＋先序遍历算法】已知一棵含有 n 个结点的二叉树,按顺序方式存储,设计用先序遍历二叉树中结点的递归和非递归算法。

解: 先序遍历的递归算法如下。

```
void PreOrder1(SqBinTree a, int i)
//a 数组存储二叉树(大小为 MaxSize), i 的初值为 1
{   if (i < MaxSize)
    {   if (a[i]!= '♯')
        {   printf("% c ", a[i]);       //访问根结点
            PreOrder1(a, 2 * i);         //遍历左子树
            PreOrder1(a, 2 * i + 1);     //遍历右子树
        }
    }
}
```

先序遍历的非递归算法如下(其思路参见《教程》中 7.5.3 节的先序遍历非递归算法 1):

```
void PreOrder2(SqBinTree a)               //a 数组存储二叉树(大小为 MaxSize)
{   int St[MaxSize], top = - 1, i = 1;
    top++;                                //根结点 1 进栈
    St[top] = i;
    while (top > - 1)
    {   i = St[top]; top -- ;            //出栈结点 i
        printf("% c ", a[i]);
```

```
        if (2 * i + 1 < MaxSize && a[2 * i + 1]!= '#')          //右孩子进栈
        {   top++;
            St[top] = 2 * i + 1;
        }
        if (2 * i < MaxSize && a[2 * i]!= '#')                  //左孩子进栈
        {   top++;
            St[top] = 2 * i;
        }
    }
}
```

3.【二叉链存储结构+先序递归遍历算法】假设二叉树中的每个结点值为单个字符,采用二叉链存储结构存储。设计一个算法,计算一棵给定二叉树 b 中的所有双分支结点个数。

解:采用基于先序遍历的递归方法。对应的算法如下:

```
int DSonNodes(BTNode * b)
{   int num1, num2, n;
    if (b == NULL)
        return 0;
    else if (b -> lchild!= NULL && b -> rchild!= NULL)
        n = 1;                          //为双分支结点
    else
        n = 0;                          //其他
    num1 = DSonNodes(b -> lchild);      //递归求左子树的双分支结点数
    num2 = DSonNodes(b -> rchild);      //递归求右子树的双分支结点数
    return (num1 + num2 + n);
}
```

4.【二叉链存储结构+先序递归遍历算法】假设二叉树中的每个结点值为单个字符(所有结点值不相同),采用二叉链存储结构存储。现有一个算法 DestroyBTree(b) 用于删除并释放以 b 为根结点的子树,要求设计一个算法,利用它删除二叉树 b 中以结点值 x 为根结点的子树。

解:采用基于先序遍历的递归方法,首先查找值为 x 的结点 p,然后调用 DestroyBTree(p) 删除并释放该子树。对应的算法如下:

```
void Delx(BTNode * &b, ElemType x)
{   if (b!= NULL)
    {   if (b -> data == x)
        {   DestroyBTree(b);            //调用二叉树的基本运算算法 DestroyBTree
            b = NULL;
        }
        else
        {   Delx(b -> lchild, x);
            Delx(b -> rchild, x);
        }
    }
}
```

5.【二叉链存储结构＋先序递归遍历算法】假设二叉树中的每个结点值为单个字符（所有结点值不相同），采用二叉链存储结构存储。设计一个算法 Findparent(BTNode $* b$, char x, BTNode $* \& p$)，求二叉树 b 中指定值为 x 的结点的双亲结点 p。提示：根结点的双亲为 NULL，若在 b 中未找到值为 x 的结点，p 也为 NULL，并假设二叉树中的所有结点值是唯一的。

解：采用基于先序遍历的递归方法，先判断根结点，若不满足要求，再到左子树中查找，若没有找到，最后到右子树中查找。对应的算法如下：

```
void Findparent(BTNode * b, char x, BTNode * &p)
{   if (b!= NULL)
    {   if (b->data == x) p = NULL;
        else if (b->lchild!= NULL && b->lchild->data == x)
            p = b;
        else if (b->rchild!= NULL && b->rchild->data == x)
            p = b;
        else
        {   Findparent(b->lchild, x, p);
            if (p == NULL)
                Findparent(b->rchild, x, p);
        }
    }
    else p = NULL;
}
```

6.【二叉链存储结构＋先序递归遍历算法】假设二叉树中的每个结点值为单个字符，采用二叉链存储结构存储。设计一个算法，求该二叉树中距离根结点最近的叶子结点。

解：采用基于先序遍历的递归方法，用 min 记录结点的层次（初始值取一个大整数），l 表示当前访问结点的层次。先判断根结点，若为叶子结点，其层次 l 小于 min，置 min=l，用 x 记录其结点值；再到左子树中查找并比较，最后到右子树中查找并比较。对应的算法如下：

```
void MinlenLeaf(BTNode * b, int l, int &min, char &x)
{   //l 的初值为 1, min 取最大整数, x 为所求的叶子结点
    if (b!= NULL)
    {   if (b->lchild == NULL && b->rchild == NULL)
        {   if (l < min)
            {   min = l;
                x = b->data;
            }
        }
        MinlenLeaf(b->lchild, l + 1, min, x);
        MinlenLeaf(b->rchild, l + 1, min, x);
    }
}
```

7.【二叉链存储结构＋先序递归遍历算法】假设二叉树采用二叉链存储结构，设计一个算法判断一棵二叉树是否为对称同构。所谓对称同构是指二叉树中任何结点的左、右子

树的结构是相同的。

解：采用基于先序遍历的递归方法，先判断根结点的左、右孩子是否为对称同构，若不是，返回假。再判断左子树，最后判断右子树。对应的算法如下：

```
bool isomorphism(BTNode * b)
{   if (b == NULL) return true;
    if ((b->lchild == NULL && b->rchild!= NULL) ||
        (b->lchild!= NULL && b->rchild == NULL))
        return false;
    return isomorphism(b->lchild) & isomorphism(b->rchild);
}
```

8.【二叉链存储结构＋先序递归遍历算法】假设二叉树采用二叉链存储结构存储，试设计一个算法，输出从每个叶子结点到根结点的逆路径。

解：采用基于先序遍历的递归方法，用 path 数组存放查找的路径，pathlen 存放路径的长度，当找到叶子结点 b 时，由于叶子结点 b 尚未添加到 path 中，所以在输出路径时还需输出 $b->$data 值；若 b 不为叶子结点，将 $b->$data 放入 path 中，然后在左、右子树中递归查找。递归算法如下：

```
void AllPath1(BTNode * b, ElemType path[], int pathlen)
{   //b 为根结点时 pathlen 的初始值为 0
    int i;
    if (b!= NULL)
    {   if (b->lchild == NULL && b->rchild == NULL)       //b 为叶子结点
        {   printf("  %c 到根结点的逆路径: %c ", b->data, b->data);
            for (i = pathlen - 1; i >= 0; i--)
                printf("%c ", path[i]);
            printf("\n");
        }
        else
        {   path[pathlen] = b->data;                       //将当前结点放入路径中
            pathlen++;                                     //路径的长度增1
            AllPath1(b->lchild, path, pathlen);            //递归扫描左子树
            AllPath1(b->rchild, path, pathlen);            //递归扫描右子树
            pathlen--;                                     //恢复环境
        }
    }
}
```

9.【二叉链存储结构＋先序递归遍历算法】假设二叉树采用二叉链存储结构存储，设计一个算法，输出该二叉树中第一条最长的路径的长度，并输出此路径上各结点的值。

解：采用基于先序递归算法的思路。用 path 保存从根到当前结点的路径，pathlen 保存从根到当前结点的路径的长度，longpath 保存最长的路径，longpathlen 保存最长路径的长度。当 b 为空时，表示找到从根到一个叶子结点的路径，将 pathlen 与 longpathlen 进行比较，将较长的路径及路径长度分别保存在 longpath 和 longpathlen 中。对应的算法如下：

```
#include "btree.cpp"              //二叉树的基本运算算法
void LongPath(BTNode * b,ElemType path[ ],int pathlen,ElemType longpath[ ],
    int &longpathlen)              //pathlen 和 longpathlen 的初始值为 0
{  if (b == NULL)
   {  if (pathlen > longpathlen)   //若当前路径更长,将路径保存在 longpath 中
      {  for (int i = pathlen - 1;i >= 0;i -- )
             longpath[i] = path[i];
          longpathlen = pathlen;
      }
   }
   else
   {  path[pathlen] = b -> data;   //将当前结点放入路径中
      pathlen++;                   //路径的长度增 1
      LongPath(b -> lchild,path,pathlen,longpath,longpathlen);
                                   //递归遍历左子树
      LongPath(b -> rchild,path,pathlen,longpath,longpathlen);
                                   //递归遍历右子树
   }
}
```

设计以下主函数:

```
int main()
{  BTNode * b;
   CreateBTree(b,"A(B(D,E(G,H)),C(,F(I)))");
   printf("b:"); DispBTree(b); printf("\n");
   ElemType path[MaxSize],longpath[MaxSize];
   int longpathlen = 0;
   LongPath(b,path,0,longpath,longpathlen);
   printf("第一条最长逆路径的长度:%d\n",longpathlen);
   printf("第一条最长逆路径:");
   for (int i = longpathlen - 1;i >= 0;i -- )
       printf(" %c",longpath[i]);
   printf("\n");
   DestroyBTree(b);
   return 1;
}
```

程序的执行结果如下:

```
括号表示法:A(B(D,E(G,H)),C(,F(I)))
第一条最长逆路径的长度:4
第一条最长逆路径:G E B A
```

10.【二叉链存储结构＋先序递归遍历算法】假设二叉树采用二叉链存储结构存储,设计一个算法,采用先序遍历方法求二叉树 b 的宽度(即具有结点数最多的那一层上的结点总数)。

解:采用基于先序递归算法的思路,首先置数组 width 中的所有元素为 0,当先序遍历

到某个结点 b 时，求出其层次为 l，将 width[l] 增 1。遍历完毕后，比较求出 width 中的最大元素值即为二叉树 b 的宽度。对应的算法如下：

```
void Width1(BTNode * b, int l, int width[])
{   //l 的初值为 1
    if (b!= NULL)
    {   width[l]++;
        Width1(b -> lchild, l + 1, width);
        Width1(b -> rchild, l + 1, width);
    }
}
int Width(BTNode * b)              //求二叉树 b 的宽度
{   int i, max = 0;
    int width[MaxSize];
    for (i = 1; i < MaxSize; i++)
        width[i] = 0;
    Width1(b, 1, width);
    for (i = 1; i < MaxSize; i++)
        if (width[i] > max) max = width[i];
    return max;
}
```

11.【二叉链存储结构＋先序递归遍历算法】假设二叉树的存储结构如下：

```
typedef struct node
{   ElemType data;
    struct node * lchild, * rchild;
    struct node * parent;             //双亲指针
} PBTNode;
```

其中，结点的 lchild 和 rchild 已分别填有指向左、右孩子结点的指针，而 parent 域中为空（拟作为指向双亲结点的指针）。设计一个算法，将该存储结构中各结点的 parent 域的值修改成指向其双亲结点的指针。

解：采用先序遍历的递归算法求解，p 指向当前访问结点 b 的双亲，初始时结点 b 为根结点，p 为 NULL。对应的算法如下：

```
void setparent(PBTNode * b, PBTNode * p)          //p 的初始值为 NULL
{   if (b!= NULL)
    {   b -> parent = p;
        setparent(b -> lchild, b);
        setparent(b -> rchild, b);
    }
}
```

12.【二叉链存储结构＋先序递归遍历算法】假设二叉树采用二叉链存储结构存储，设计一个算法，利用结点的右孩子指针 rchild 将一棵二叉树的叶子结点按从左往右的顺序串成一个单链表。

解：采用先序遍历的递归算法求解，head 是建立的单链表的首结点指针（初始时为空），tail 是尾结点指针。当先序遍历到结点 b 时，若它是叶子结点，如果 head 为空表示该结点是遇到的第一个叶子结点，设置 head＝tail＝b；否则表示它不是第一个叶子结点，将其链到 tail 结点之后，再遍历左、右子树。对应的算法如下：

```
void Link(BTNode * b,BTNode * &head,BTNode * &tail)
{   if (b!= NULL)
    {   if (b-> lchild == NULL && b-> rchild == NULL)    //叶子结点
        {   if (head == NULL)                            //第一个叶子结点
            {   head = b;
                tail = b;
            }
            else                                         //其他叶子结点
            {   tail -> rchild = b;
                tail = b;
            }
        }
        Link(b-> lchild, head, tail);
        Link(b-> rchild, head, tail);
    }
}
```

13.【二叉链存储结构＋先序递归遍历算法】假设二叉树中的每个结点值为单个字符，采用二叉链存储结构存储。设计一个算法，求二叉树 b 的最小枝长。所谓最小枝长是指根结点到最近叶子结点的路径的长度。

解：采用基于先序遍历的递归方法，如果根结点为空则返回 0，否则分别求出左、右子树的最小枝长 min1 和 min2。当 min1＝0 时返回 min2＋1；当 min2＝0 时返回 min1＋1；当 min1 和 min2 均不为 0 时返回 MIN(min1,min2)＋1。对应的算法如下：

```
int MinBranch(BTNode * b)
{   int min1,min2,min;
    if (b == NULL) return 0;
    min1 = MinBranch(b-> lchild);                    //递归遍历左子树
        min2 = MinBranch(b-> rchild);               //递归遍历右子树
        if(min1 == 0) return min2 + 1;              //左子树为空
        else if(min2 == 0) return min1 + 1;         //右子树为空
        else return min1 > min2?min1: min2 + 1;     //存在左子树、右子树
}
```

14.【二叉链存储结构＋先序递归遍历算法】假设二叉树中的每个结点值为单个字符，采用二叉链存储结构存储。设计一个算法，求二叉树 b 中第 k 层上的叶子结点个数。

解：采用基于先序遍历的递归方法，num 置初值 0，若当前访问结点 b 是第 k 层上的叶子结点，则 num＋＋，再求出左、右子树第 k 层上的叶子结点个数 min1 和 min2，最后返回 min1＋min2。对应的算法如下：

```
int LevelLeafkCount(BTNode * b, int h, int k)
{   //h 的初值为 1
```

```
        int num1, num2, num = 0;
        if (b!= NULL)
        {    if (h == k && b -> lchild == NULL && b -> rchild == NULL)
                num++;
            num1 = LevelLeafkCount(b -> lchild, h + 1, k);
            num2 = LevelLeafkCount(b -> rchild, h + 1, k);
            num += num1 + num2;
            return num;
        }
        else return 0;
}
int LevelLeafk(BTNode * b, int k)            //求 b 中第 k 层上的叶子结点个数
{
        return LevelLeafkCount(b, 1, k);
}
```

15. 【二叉链存储结构＋后序遍历算法】假设二叉树采用二叉链存储结构存储,要求返回二叉树 b 的后序序列中的第一个结点的指针,是否可以不用递归且不用栈来完成? 请简述原因。

解:可以。二叉树的后序序列中的第一个结点即是左子树中最左下的结点,若最左下的结点无左子树但有右子树,那么后序序列中的第一个结点应是该右子树中最左下的结点,以此类推。对应的算法如下:

```
BTNode * postfirst(BTNode * b)
{    BTNode * p = b;
    if (b!= NULL)
        while (p -> lchild!= NULL ‖ p -> rchild!= NULL)
        {    while (p -> lchild!= NULL)          //先找到结点 p 的最左下结点
                p = p -> lchild;
            if (p -> rchild!= NULL)             //若结点 p 有右孩子,转向该右孩子
                p = p -> rchild;
        }
    return p;                                   //找到的第一个叶子结点 p 即为所求
}
```

16. 【二叉链存储结构＋后序递归遍历算法】假设二叉树中的每个结点值为单个字符,采用二叉链存储结构存储。设计一个算法,采用后序遍历方式求一棵给定二叉树 b 中的所有小于 x 的结点的个数。

解:对应的算法如下。

```
int LessNodes(BTNode * b, char x)
{    int num1, num2, num = 0;
    if (b == NULL)
        return 0;
    else
    {    num1 = LessNodes(b -> lchild, x);
        num2 = LessNodes(b -> rchild, x);
        num += num1 + num2;
```

```
      if (b->data<x) num++;
      return num;
   }
}
```

17. 【二叉链存储结构＋后序递归遍历算法】假设二叉树中的每个结点值为单个字符，采用二叉链存储结构存储。设计一个算法，求一棵二叉树 b 中的最大结点值，空树返回 '0'。

解：求一棵二叉树中的最大结点值的递归模型如下。

$$f(b)=\begin{cases} '0' & \text{当 } b=\text{NULL 时} \\ b\text{->data} & \text{当 } b \text{ 只有一个结点时} \\ \text{MAX}\{f(b\text{->lchild}),f(b\text{->rchild}),b\text{->data}\} & \text{其他情况} \end{cases}$$

对应的基于后序遍历的算法如下：

```
ElemType maxnode(BTNode * b)
{   ElemType max = b->data, max1;
    if (b!= NULL)
    {   if (b->lchild == NULL && b->rchild == NULL)      //只有一个结点时
            return b->data;
        else
        {   if (b->data > max)
                max = b->data;
            if (b->lchild!= NULL)
                max1 = maxnode(b->lchild);               //遍历左子树
            if (max1 > max) max = max1;
            if (b->rchild!= NULL)
                max1 = maxnode(b->rchild);               //遍历右子树
            if (max1 > max) max = max1;                  //求最大值
            return max;                                  //返回最大值
        }
    }
    return '0';
}
```

18. 【二叉链存储结构＋后序递归遍历算法】假设一个仅包含二元运算符的简单算术表达式以二叉链形式存储在二叉树 b 中，写出计算该算术表达式的值的算法。

解：以二叉树表示算术表达式，根结点用于存储运算符。若能先分别求出左子树和右子树表示的子表达式的值，最后就可以根据根结点的运算符的要求计算出表达式的最后结果。对应的算法如下：

```
typedef struct node
{   double val;                              //存放值
    char optr;                               //只取'+'、'-'、'*'、'/'
    struct node * lchild, * rchild;
} BTNode;
double compval(BTNode * b)                    //用后序遍历方法求二叉树表示的算术表达式的值
{   double lv, rv, value;
    if (b!= NULL)
```

```
{   if (b - > lchild == NULL && b - > rchild == NULL)
        return b - > val;                      //为叶子结点时返回其值
    else
    {   lv = compval(b - > lchild);            //求左子树表示的子表达式的值
        rv = compval(b - > rchild);            //求右子树表示的子表达式的值
        switch(b - > optr)
        {
        case ' + ':value = lv + rv;
                break;
        case ' - ':value = lv - rv;
                break;
        case ' * ':value = lv * rv;
                break;
        case '/':if (rv!= 0) value = lv/rv;
                else exit(0);
                break;
        }
        return value;
    }
}
else return 0;
}
```

19.【二叉链存储结构＋后序非递归遍历算法】假设二叉树中的每个结点值为单个字符,所有结点值不相同,采用二叉链存储结构存储,b 指向根结点,其中有两个值分别为 x、y 的结点。设计一个算法,求出结点 x 和 y 的最近公共祖先。

解：采用非递归后序遍历算法,当访问到 x 结点时,栈 St 中所有结点均为 x 结点的祖先,用 anorx[0..cx−1] 存放 x 结点的祖先,同样用 anory[0..cy−1] 存放 y 结点的祖先。当访问完这两个结点后,通过 anorx 和 anory 数组求出它们的最近公共祖先结点。对应的算法如下：

```
BTNode * ancestor(BTNode * b, char x, char y)    //非递归后序遍历求 x 和 y 的最近公共祖先
{   BTNode * St[MaxSize], * p, * r;
    int top = − 1, i;                           //栈顶指针 top 置初值
    bool flag, findx = false, findy = false;
    BTNode * anorx[MaxSize];
    BTNode * anory[MaxSize];
    int cx = 0, cy = 0;
    p = b;
    do
    {   while (p!= NULL)                         //将 p 的所有左结点进栈
        {   top++; St[top] = p;
            p = p - > lchild;
        }
        r = NULL;                               //r 指向当前结点的前一个已访问的结点
        flag = true;                            //flag 为真表示正在处理栈顶结点
        while (top!= − 1 && flag)
```

```
        {   p = St[top];                          //取出当前的栈顶结点 p
            if (p -> rchild == r)                 //右子树不存在或已被访问,访问之
            {   if (p -> data == x)               //要访问的结点为 x
                {   findx = true;
                    for (i = 0; i <= top; i++)    //将根到 x 的路径存入 anorx[0..cx-1]
                        anorx[cx++] = St[i];
                }
                else if (p -> data == y)          //要访问的结点为结点 y
                {   findy = true;
                    for (i = 0; i <= top; i++)    //将根到 y 的路径存入 anory[0..cy-1]
                        anory[cy++] = St[i];
                }
                if(findx && findy)
                {   i = 0;
                    while(i < cx && i < cy && anorx[i] -> data == anory[i] -> data)
                        i++;                       //找 anorx 和 anory 中最后一个相同的结点
                    return anorx[i-1];
                }
                top--;
                r = p;                             //r 指向刚访问过的结点
            }
            else
            {   p = p -> rchild;                   //p 指向右孩子结点
                flag = false;                      //表示当前不是处理栈顶结点
            }
        }
    } while (top!= -1);
    return NULL;
}
```

另外也可以采用这样的遍历方法:设 $f(b,x,y)$ 返回找到的最近公共祖先的指针。如果当前结点 b 是 x 或者 y 结点之一,它就是最近公共祖先,返回 b;否则,对左、右子树递归查找,如果左、右子树返回的最近公共祖先均不为空,说明 x、y 结点分别在当前结点的左、右两边,则返回当前结点 b;若一个不为空,返回不为空的结果;若都为空,返回空。对应的算法如下:

```
BTNode * ancestor1(BTNode * b, char x, char y)
{   BTNode * p, * q;
    if (b == NULL) return NULL;
    if (b -> data == x || b -> data == y)
        return b;
    p = ancestor1(b -> lchild, x, y);
    q = ancestor1(b -> rchild, x, y);
    if (p!= NULL && q!= NULL) return b;
    if (p!= NULL) return p;
    if (q!= NULL) return q;
    return NULL;
}
```

20.【二叉链存储结构＋层次遍历算法】假设二叉树中的每个结点值为单个字符,采用二叉链存储结构存储。设计一个算法,采用层次遍历的方法求二叉树 b 的宽度(即具有结点数最多的那一层上的结点总数)。

解:采用层次遍历的方法求出所有结点的层编号,然后求出各层的结点总数,通过比较找出层结点总数最多的值。对应的算法如下:

```
# include "btree.cpp"                      //二叉树的基本运算算法
int BTWidth(BTNode * b)
{  struct
   {    int lno;                           //结点的层次编号
        BTNode * p;                        //结点指针
   } Qu[MaxSize];                          //定义顺序非循环队列
   int front, rear;                        //定义队首和队尾指针
   int lnum, max, i, n;
   front = rear = 0;                       //置队列为空队
   if (b!= NULL)
   {  rear++;
      Qu[rear].p = b;                      //根结点进队
      Qu[rear].lno = 1;                    //根结点的层次编号为1
      while (rear!= front)                 //队不空时循环
      {  front++;
         b = Qu[front].p;                  //出队 b
         lnum = Qu[front].lno;             //求其层次
         if (b-> lchild!= NULL)            //左孩子进队
         {  rear++;
            Qu[rear].p = b-> lchild;
            Qu[rear].lno = lnum + 1;       //孩子的层次为 lumn + 1
         }
         if (b-> rchild!= NULL)            //右孩子进队
         {  rear++;
            Qu[rear].p = b-> rchild;
            Qu[rear].lno = lnum + 1;       //孩子的层次为 lumn + 1
         }
      }
      printf("各结点的层编号:\n");          //输出各结点的层编号
      for (i = 1; i <= rear; i++)
         printf("\t% c, % d\n", Qu[i].p-> data, Qu[i].lno);
      max = 0; lnum = 1; i = 1;
      while (i <= rear)                    //通过队列求二叉树 b 的宽度
      {  n = 0;
         while (i <= rear && Qu[i].lno == lnum)
         {  n++;
            i++;
         }
         lnum = Qu[i].lno;
         if (n > max) max = n;
      }
      return max;
```

```
        }
    else
        return 0;
}
```

设计以下主函数：

```
int main()
{   BTNode * b;
    CreateBTree(b,"A(B(D,E(G,H)),C(,F(I)))");
    printf("b:"); DispBTree(b); printf("\n");
    printf("二叉树的宽度:%d\n",BTWidth(b));
    DestroyBTree(b);
    return 1;
}
```

程序的执行结果如下：

```
b: A(B(D,E(G,H)),C(,F(I)))
各结点的层编号:
    A,1
    B,2
    C,2
    D,3
    E,3
    F,3
    G,4
    H,4
    I,4
二叉树的宽度:3
```

21.【二叉树先序遍历/层次遍历】假设二叉树的结点类型为 BTNode，除了 data、lchild 和 rchild 域外，它还有一个 parent 域，初始时所有结点的 parent 域为 NULL。设计一个算法，将每个结点的 parent 域改为指向其双亲结点。

解法 1：采用二叉树的递归先序遍历方法求解。初始时 b 指向根结点，p 为 NULL，表示根结点的双亲为 NULL。在先序遍历中，若 b 非空，置 b-> parent＝p，然后递归处理左、右子树。对应的算法如下：

```
void addparent11(BTNode * b,BTNode * p)        //结点 b 的双亲为结点 p
{   if (b!= NULL)
    {   b - > parent = p;
        addparent11(b - > lchild,b);
        addparent11(b - > rchild,b);
    }
}
```

```
void addparent1(BTNode * &b)          //解法 1：递归先序遍历求解
{
    addparent11(b,NULL);
}
```

解法 2：采用二叉树的层次遍历方法求解。初始时置根结点 *b* 的 parent 域为 NULL，在层次遍历中出队一个结点 *b*，若结点 *b* 有左孩子，置 b-> lchild-> parent＝b，并且将左孩子进队；若结点 *b* 有右孩子，置 b-> rchild-> parent＝b，并且将右孩子进队。对应的算法如下：

```
void addparent2(BTNode * &b)          //解法 2：层次遍历求解
{   BTNode * Qu[MaxSize];             //定义顺序非循环队列
    int front,rear;                   //定义队首和队尾指针
    front = rear = 0;                 //置队列为空队
    rear++;
    Qu[rear] = b;                     //根结点进队
    b -> parent = NULL;               //根结点的双亲为 NULL
    while (rear!= front)              //队列不为空
    {   front++;
        b = Qu[front];                //出队结点 b
        if (b -> lchild!= NULL)       //若存在左孩子
        {   b -> lchild -> parent = b;
            rear++;                   //左孩子进队
            Qu[rear] = b -> lchild;
        }
        if (b -> rchild!= NULL)       //若存在右孩子
        {   b -> rchild -> parent = b;
            rear++;                   //右孩子进队
            Qu[rear] = b -> rchild;
        }
    }
}
```

第 8 章　图

8.1　本章知识体系

1. 知识结构图

本章的知识结构如图 8.1 所示。

2. 基本知识点

（1）图的定义和相关术语。

（2）图的邻接矩阵和邻接表两种主要存储结构及其特点。

（3）图的基本运算算法设计。

（4）图的深度优先和广度优先遍历算法。

（5）图的两种遍历算法在图搜索算法设计中的应用。

（6）生成树和最小生成树的定义,求最小生成树的普里姆和克鲁斯卡尔算法。

（7）求单源最短路径的狄克斯特拉算法,求多源最短路径的弗洛伊德算法。

（8）拓扑排序的过程。

（9）求 AOE 网关键路径的过程。

（10）灵活地运用图这种数据结构解决一些综合应用问题。

3. 要点归纳

（1）图由两个集合组成,$G=(V,E)$,V 是顶点的有限集合,E 是边的有限集合。

（2）在有向图 $G=(V,E)$ 中,集合 E 中的元素为有序对。

（3）在无向图 $G=(V,E)$ 中,集合 E 中的元素为无序对。无向图可以看成有向图的特殊情况,即 E 中的序偶是对称的。

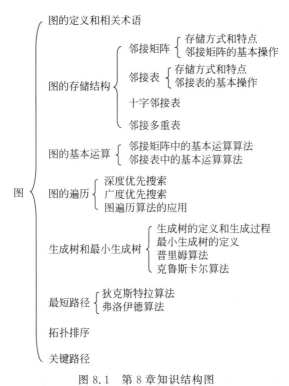

图 8.1　第 8 章知识结构图

（4）如果图中从顶点 u 到顶点 v 之间存在一条路径,则称 u 和 v 是连通的。

（5）如果无向图 G 中的任意两个顶点都是连通的,称 G 为连通图。无向图 G 的极大连通子图称为 G 的连通分量。

（6）有向图 G 中的任意两个顶点都是连通的,称 G 为强连通图。有向图 G 的极大强连通子图称为 G 的强连通分量。

（7）图的主要存储结构有邻接矩阵和邻接表。

（8）无向图的邻接矩阵一定是对称矩阵,但对称矩阵对应的图不一定都是无向图。

（9）一个图的邻接矩阵是不对称的,则该图一定是有向图。

（10）若用邻接表表示图,图中的每个顶点 v 都对应一个单链表。单链表 v 中每个结点存放的顶点 u 满足 $<v,u>\in E(G)$。

（11）对于连通图,从它的任一顶点出发进行一次深度优先遍历或广度优先遍历可访问图的每个顶点。

（12）对于非连通图,它有几个连通分量就需要调用几次深度优先遍历或广度优先遍历才能访问图的全部顶点。

（13）图的深度优先遍历与二叉树的先序遍历类似。

（14）图的广度优先遍历与二叉树的层次遍历类似。

（15）给定一个不带权的连通图,采用深度优先遍历可以找到从顶点 v 到顶点 u 的所有路径,而采用广度优先遍历可以找到最短路径。

（16）如果树 T 是连通图 G 的一个子图,且 $V(T)=V(G)$,即 G 的所有顶点也都是 T

的顶点,则称 T 为 G 的生成树。

(17) 一个带权无向图的最小生成树并非指边数最少的生成树(因为所有生成树的边数相同),而是指所有边权值之和最小的生成树。

(18) 一个带权无向图的最小生成树不一定是唯一的,但最小生成树的所有边权值之和一定是唯一的。

(19) 一个图的最短路径一定是简单路径。

(20) 求单源最短路径的 Dijkstra 算法既适合于带权有向图也适合于带权无向图。

(21) 在狄克斯特拉算法中一旦考查了一个顶点(把它添加到 S 集合中),它以后的最短路径不会再调整。

(22) 狄克斯特拉算法不适合含负权值的图求单源最短路径。

(23) 弗洛伊德算法可以对含负权值的图求最短路径,但图中不能有权值和为负数的回路。

(24) 一个有向图中如果存在回路,则不能产生完整的拓扑序列,所以一个强连通图不能进行成功的拓扑排序。

(25) 若一个有向图不能产生完整的拓扑序列,则其中必存在回路。

(26) 如果一个有向图的拓扑序列是唯一的,则图中必定仅有一个顶点的入度为 0,一个顶点的出度为 0。

(27) 一个 AOE 网中至少有一条关键路径,且是从源点到汇点的路径中最长的一条。

(28) 一个 AOE 网的关键路径不一定是唯一的,但其关键路径的长度一定是唯一的。

8.2 教材中的练习题及参考答案 ✳

1. 图 G 是一个非连通图,共有 28 条边,则该图最少有多少个顶点?

答:由于 G 是一个非连通图,在边数固定时,顶点数最少的情况是该图由两个连通分量构成,且其中之一只含一个顶点(没有边),另一个为完全无向图。设该完全无向图的顶点数为 n,其边数为 $n(n-1)/2$,即 $n(n-1)/2=28$,得 $n=8$。所以,这样的非连通图最少有 $1+8=9$ 个顶点。

2. 有一个如图 8.2(a)所示的有向图,给出其所有的强连通分量。

答:图中顶点 0、1、2 构成一个环,这个环一定是某个强连通分量的一部分。再考查顶点 3、4,它们到这个环中的顶点都有双向路径,所以将顶点 3、4 加入。然后考查顶点 5、6,它们各自构成一个强连通分量。该有向图的强连通分量有 3 个,如图 8.2(b)所示。

3. 对于稠密图和稀疏图,采用邻接矩阵和邻接表哪个更好一些?

答:邻接矩阵适合于稠密图,因为邻接矩阵占用的存储空间与边数无关。邻接表适合于稀疏图,因为邻接表占用的存储空间与边数有关。

4. 对于有 n 个顶点的无向图和有向图(均为不带权图),在采用邻接矩阵和邻接表表示时如何求解以下问题:

(1) 图中有多少条边?

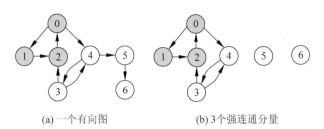

(a) 一个有向图　　　　(b) 3个强连通分量

图 8.2　一个有向图及其强连通分量

（2）任意两个顶点 i 和 j 之间是否有边相连？

（3）任意一个顶点的度是多少？

答：（1）对于邻接矩阵表示的无向图,图的边数等于邻接矩阵数组中为 1 的元素的个数除以 2；对于邻接表表示的无向图,图中的边数等于边结点的个数除以 2。

对于邻接矩阵表示的有向图,图中的边数等于邻接矩阵数组中为 1 的元素的个数；对于邻接表表示的有向图,图中的边数等于边结点的个数。

（2）对于邻接矩阵 g 表示的无向图,邻接矩阵数组元素 $g.edges[i][j]$ 为 1 表示它们有边相连,否则为无边相连。对于邻接矩阵 g 表示的有向图,邻接矩阵数组元素 $g.edges[i][j]$ 为 1 表示从顶点 i 到顶点 j 有边,$g.edges[j][i]$ 为 1 表示从顶点 j 到顶点 i 有边。

对于邻接表 G 表示的无向图,若从头结点 $G->adjlist[i]$ 的单链表中找到编号为 j 的边表结点,表示它们有边相连,否则为无边相连。对于邻接表 G 表示的有向图,若从头结点 $G->adjlist[i]$ 的单链表中找到编号为 j 的边表结点,表示从顶点 i 到顶点 j 有边。若从头结点 $G->adjlist[j]$ 的单链表中找到编号为 i 的边表结点,表示从顶点 j 到顶点 i 有边。

（3）对于邻接矩阵表示的无向图,顶点 i 的度等于第 i 行中元素为 1 的个数；对于邻接矩阵表示的有向图,顶点 i 的出度等于第 i 行中元素为 1 的个数,入度等于第 i 列中元素为 1 的个数,顶点 i 的度等于它们之和。

对于邻接表 G 表示的无向图,顶点 i 的度等于 $G->adjlist[i]$ 为头结点的单链表中边表结点的个数。

对于邻接表 G 表示的有向图,顶点 i 的出度等于 $G->adjlist[i]$ 为头结点的单链表中边表结点的个数；入度需要遍历所有的边结点,若 $G->adjlist[j]$ 为头结点的单链表中存在编号为 i 的边结点,则顶点 i 的入度增1,顶点 i 的度等于入度和出度之和。

5. 对于如图 8.3 所示的一个无向图 G,给出以顶点 0 作为初始点的所有的深度优先遍历序列和广度优先遍历序列。

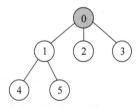

图 8.3　一个无向图 G

答：无向图 G 的所有深度优先遍历序列如下。

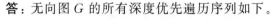

```
0 1 4 5 2 3
0 1 5 4 2 3
0 1 4 5 3 2
0 1 5 4 3 2
0 2 1 4 5 3
0 2 1 5 4 3
```

```
0 2 3 1 4 5
0 2 3 1 5 4
0 3 1 4 5 2
0 3 1 5 4 2
0 3 2 1 4 5
0 3 2 1 5 4
```

无向图 G 的所有广度优先遍历序列如下。

```
0 1 2 3 4 5
0 1 2 3 5 4
0 1 3 2 4 5
0 1 3 2 5 4
0 2 1 3 4 5
0 2 1 3 5 4
0 2 3 1 4 5
0 2 3 1 5 4
0 3 1 2 4 5
0 3 1 2 5 4
0 3 2 1 4 5
0 3 2 1 5 4
```

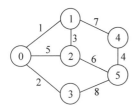

图 8.4　一个带权无向图

6. 对于如图 8.4 所示的带权无向图,给出利用 Prim 算法(从顶点 0 开始构造)和 Kruskal 算法构造出的最小生成树的结果,要求结果按构造边的顺序列出。

答: 利用 Prim 算法从顶点 0 出发构造的最小生成树为 $\{(0,1),(0,3),(1,2),(2,5),(5,4)\}$,利用 Kruskal 算法构造出的最小生成树为 $\{(0,1),(0,3),(1,2),(5,4),(2,5)\}$。

7. 对于一个顶点个数超过 4 的带权无向图,回答以下问题:

(1) 该图的最小生成树一定是唯一的吗? 如果所有边的权都不相同,那么其最小生成树一定是唯一的吗?

(2) 如果该图的最小生成树不是唯一的,那么调用 Prim 算法和 Kruskal 算法构造出的最小生成树一定相同吗?

(3) 如果图中有且仅有两条权最小的边,它们一定出现在该图的所有最小生成树中吗? 简要说明理由。

(4) 如果图中有且仅有 3 条权最小的边,它们一定出现在该图的所有最小生成树中吗? 简要说明理由。

答:(1) 该图的最小生成树不一定是唯一的。如果所有边的权都不相同,那么其最小生成树一定是唯一的。

(2) 若该图的最小生成树不是唯一的,那么调用 Prim 算法和 Kruskal 算法构造出的最小生成树不一定相同。

(3) 如果图中有且仅有两条权最小的边,它们一定会出现在该图的所有最小生成树中。因为在采用 Kruskal 算法构造最小生成树时首先选择这两条权最小的边加入,不会出现回路(严格的证明可以采用反证法)。

(4) 如果图中有且仅有 3 条权最小的边,它们不一定出现在该图的所有最小生成树中,因为在采用 Kruskal 算法构造最小生成树时选择这 3 条权最小的边加入有可能出现回路。例如,如图 8.5 所示的带权无向图,有 3 条边的权均为 1,它们一定不会同时出现在其任何最小生成树中。

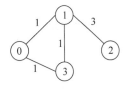

图 8.5　一个带权无向图

8. 对于如图 8.6 所示的带权有向图,采用 Dijkstra 算法求出从顶点 0 到其他各顶点的最短路径及其长度,要求给出求解过程。

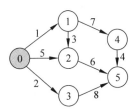

图 8.6　一个带权有向图 G

答:采用 Dijkstra 算法求从顶点 0 到其他各顶点的最短路径及其长度的过程如下。

(1) $S=\{0\}$,dist[0..5]=\{0,\underline{1},\underline{5},\underline{2},\infty,\infty\}$,path[0..5]=\{0,0,0,0,-1,-1\}$。选取最短路径长度的顶点 1。

(2) $S=\{0,1\}$,调整顶点 1 到顶点 2、4 的最短路径长度,dist[0..5]=\{0,1,\mathbf{4},2,\mathbf{8},\infty\}$,path[0..5]=\{0,0,\mathbf{1},0,\mathbf{1},-1\}$。选取最短路径长度的顶点 3。

(3) $S=\{0,1,3\}$,调整顶点 3 到顶点 5 的最短路径长度,dist[0..5]=\{0,1,\underline{4},2,8,\mathbf{10}\}$,path[0..5]=\{0,0,1,0,1,\mathbf{3}\}$。选取最短路径长度的顶点 2。

(4) $S=\{0,1,3,2\}$,调整顶点 2 到顶点 5 的最短路径长度,dist[0..5]=\{0,1,4,2,\underline{8},10\}$,path[0..5]=\{0,0,1,0,1,3\}$。选取最短路径长度的顶点 4。

(5) $S=\{0,1,3,2,4\}$,调整顶点 4 到顶点 5 的最短路径长度,dist[0..5]=\{0,1,4,2,8,\underline{10}\}$,path[0..5]=\{0,0,1,0,1,3\}$。选取最短路径长度的顶点 5。

(6) $S=\{0,1,3,2,4,5\}$,顶点 5 没有出边,dist[0..5]=\{0,1,4,2,8,10\}$,path[0..5]=\{0,0,1,0,1,3\}$。

最终结果如下:

```
从 0 到 1 的最短路径长度为:1,路径为:0,1
从 0 到 2 的最短路径长度为:4,路径为:0,1,2
从 0 到 3 的最短路径长度为:2,路径为:0,3
从 0 到 4 的最短路径长度为:8,路径为:0,1,4
从 0 到 5 的最短路径长度为:10,路径为:0,3,5
```

9. 对于一个带权连通图,可以采用 Prim 算法构造出从某个顶点 v 出发的最小生成树,问该最小生成树是否一定包含从顶点 v 到其他所有顶点的最短路径?如果回答是,请予以证明;如果回答不是,请给出反例。

答:不一定。例如,对于如图 8.7(a) 所示的带权连通图,从顶点 0 出发的最小生成树如图 8.7(b) 所示,而从顶点 0 到顶点 2 的最短路径为 0→2,不是最小生成树中的 0→1→2。

(a) 一个带权连通图　　(b) 最小生成树

图 8.7　一个带权连通图及其最小生成树

10. 若只求带权有向图 G 中从顶点 i 到顶点 j 的最短路径,如何修改 Dijkstra 算法来实现这一功能?

答:修改 Dijkstra 算法为从顶点 i 开始(以顶点 i 为源点),按 Dijkstra 算法的思路不断地扩展顶点集 S,当扩展到顶点 j 时算法结束,通过 path 回推出从顶点 i 到顶点 j 的最短路径。

11. Dijkstra 算法用于求单源最短路径,为了求一个图中所有顶点对之间的最短路径,可以以每个顶点作为源点调用 Dijkstra 算法,Floyd 算法和这种算法相比有什么优势?

答:对于有 n 个顶点的图,求所有顶点对之间的最短路径,若调用 Dijkstra 算法 n 次,其时间复杂度为 $O(n^3)$。Floyd 算法的时间复杂度也是 $O(n^3)$。但 Floyd 算法更快,这是因为前者每次调用 Dijkstra 算法时都是独立执行的,路径比较中得到的信息没有共享,而 Floyd 算法中每考虑一个顶点时所得到的路径比较信息保存在 A 数组中,会用于下次的路径比较,从而提高了整体查找最短路径的效率。

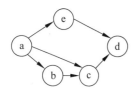

图 8.8　一个有向图

12. 回答以下有关拓扑排序的问题:

(1) 给出如图 8.8 所示有向图的所有不同的拓扑序列。

(2) 什么样的有向图的拓扑序列是唯一的?

(3) 现要对一个有向图的所有顶点重新编号,使所有表示边的非 0 元素集中到邻接矩阵数组的上三角部分。根据什么顺序对顶点进行编号可以实现这个功能?

答:(1) 该有向图的所有不同的拓扑序列有 aebcd、abced、abecd。

(2) 这样的有向图的拓扑序列是唯一的:图中只有一个入度为 0 的顶点,在拓扑排序中每次输出一个顶点并删除它的所有出边后都只有一个入度为 0 的顶点。

(3) 首先对有向图进行拓扑排序,把所有顶点排在一个拓扑序列中;然后按该序列对所有顶点重新编号,使得每条有向边的起点编号小于终点编号,这样就可以把所有边集中到邻接矩阵数组的上三角部分。

13. 已知有 6 个顶点(顶点的编号为 0~5)的带权有向图 G,其邻接矩阵数组 A 为上三角矩阵,按行为主序(行优先)保存在以下的一维数组中:

4	6	∞	∞	∞	5	∞	∞	∞	4	3	∞	∞	3	3

要求:

(1) 写出图 G 的邻接矩阵数组 A。

(2) 画出带权有向图 G。

(3) 求图 G 的关键路径,并计算该关键路径的长度。

答:(1) 图 G 的邻接矩阵数组 A 如图 8.9 所示。

(2) 带权有向图 G 如图 8.10 所示。

(3) 图 8.11 中粗线所标识的 4 个活动组成图 G 的关键路径。

14. 假设不带权有向图采用邻接矩阵 g 存储,设计实现以下功能的算法:

(1) 求出图中每个顶点的入度。

(2) 求出图中每个顶点的出度。

(3) 求出图中出度为 0 的顶点数。

$$A = \begin{bmatrix} 0 & 4 & 6 & \infty & \infty & \infty \\ \infty & 0 & 5 & \infty & \infty & \infty \\ \infty & \infty & 0 & 4 & 3 & \infty \\ \infty & \infty & \infty & 0 & \infty & 3 \\ \infty & \infty & \infty & \infty & 0 & 3 \\ \infty & \infty & \infty & \infty & \infty & 0 \end{bmatrix}$$

图 8.9　邻接矩阵 A

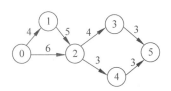
图 8.10　图 G

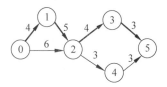
图 8.11　图 G 中的关键路径

解：利用邻接矩阵的特点和相关概念得到以下算法。

```
void InDs1(MatGraph g)              //(1)求出图 G 中每个顶点的入度
{   int i,j,n;
    printf("各顶点的入度:\n");
    for (j = 0;j < g.n;j++)
    {   n = 0;
        for (i = 0;i < g.n;i++)
            if (g.edges[i][j]!= 0)
                n++;               //n 累计入度数
        printf("   顶点 % d: % d\n",j,n);
    }
}

void OutDs1(MatGraph g)             //(2)求出图 G 中每个顶点的出度
{   int i,j,n;
    printf("各顶点的出度:\n");
    for (i = 0;i < g.n;i++)
    {   n = 0;
        for (j = 0;j < g.n;j++)
            if (g.edges[i][j]!= 0)
                n++ ;              //n 累计出度数
        printf("   顶点 % d: % d\n",i,n);
    }
}

void ZeroOutDs1(MatGraph g)         //(3)求出图 G 中出度为 0 的顶点数
{   int i,j,n;
    printf("出度为 0 的顶点:");
    for (i = 0;i < g.n;i++)
    {   n = 0;
        for (j = 0;j < g.n;j++)
            if (g.edges[i][j]!= 0)   //存在一条出边
                n++;
        if (n == 0)
            printf(" % 2d\n",i);
    }
    printf("\n");
}
```

15. 假设不带权有向图采用邻接表 G 存储，设计实现以下功能的算法：

(1) 求出图中每个顶点的入度。

（2）求出图中每个顶点的出度。

（3）求出图中出度为 0 的顶点数。

解：利用邻接表的特点和相关概念得到以下算法。

```
void InDs2(AdjGraph * G)              //(1)求出图 G 中每个顶点的入度
{   ArcNode * p;
    int A[MAXV],i;                    //A 中存放各顶点的入度
    for (i = 0;i < G->n;i++)          //A 中的元素置初值 0
        A[i] = 0;
    for (i = 0;i < G->n;i++)          //遍历所有头结点
    {   p = G->adjlist[i].firstarc;
        while (p!= NULL)              //遍历边结点
        {   A[p->adjvex]++;           //表示 i 到 p->adjvex 顶点有一条边
            p = p->nextarc;
        }
    }
    printf("各顶点的入度:\n");          //输出各顶点的入度
    for (i = 0;i < G->n;i++)
        printf("  顶点%d:%d\n",i,A[i]);
}
void OutDs2(AdjGraph * G)             //(2)求出图 G 中每个顶点的出度
{   int i,n;
    ArcNode * p;
    printf("各顶点的出度:\n");
    for (i = 0;i < G->n;i++)          //遍历所有头结点
    {   n = 0;
        p = G->adjlist[i].firstarc;
        while (p!= NULL)              //遍历边结点
        {   n++;                      //累计出边的数
            p = p->nextarc;
        }
        printf("  顶点%d:%d\n",i,n);
    }
}
void ZeroOutDs2(AdjGraph * G)        //(3)求出图 G 中出度为 0 的顶点数
{   int i,n;
    ArcNode * p;
    printf("出度为 0 的顶点:");
    for (i = 0;i < G->n;i++)          //遍历所有头结点
    {   p = G->adjlist[i].firstarc;
        n = 0;
        while (p!= NULL)              //遍历边结点
        {   n++;                      //累计出边的数
            p = p->nextarc;
        }
        if (n == 0)                   //输出边数为 0 的顶点的编号
            printf(" %2d",i);
    }
    printf("\n");
}
```

16. 假设一个连通图采用邻接表作为存储结构，试设计一个算法，判断其中是否存在经

过顶点 v 的回路(一条回路中至少包含 3 个不同的顶点)。

解:从顶点 v 出发进行深度优先遍历,用 d 记录走过的路径长度,对每个访问的顶点设置标记为 1。若当前访问顶点 u,表示 $v \Rightarrow u$ 存在一条路径,如果顶点 u 的邻接点 w 等于 v 并且 $d>1$,表示顶点 u 到 v 有一条边,即构成经过顶点 v 的回路,如图 8.12 所示。Cycle 算法中的 has 是布尔值,在初始调用时置为 false,执行后若为 true 表示存在经过顶点 v 的回路,否则表示没有相应的回路。

从顶点v出发深度优先搜索到
顶点u,表示v到u存在一条路径

若顶点u有一个邻接点v,表示
u到v存在一条边,从而构成回路

图 8.12 图中存在回路的示意图

对应的算法如下:

```
int visited[MAXV];                    //全局变量数组
void Cycle(AdjGraph * G,int u,int v,int d,bool &has)
{   //调用时 has 置初值 false,d 为 - 1
    ArcNode * p;int w;
    visited[u] = 1; d++;              //置已访问标记
    p = G->adjlist[u].firstarc;       //p 指向顶点 u 的第一个邻接点
    while (p!= NULL)
    {   w = p->adjvex;
        if (visited[w] == 0)          //若顶点 w 未访问,递归访问它
            Cycle(G,w,v,d,has);       //从顶点 w 出发搜索
        else if (w == v && d > 1)     //u 到 v 存在一条边且回路的长度大于 1
        {   has = true;
            return;
        }
        p = p->nextarc;               //找下一个邻接点
    }
}
bool hasCycle(AdjGraph * G,int v)     //判断连通图 G 中是否有经过顶点 v 的回路
{   bool has = false;
    Cycle(G,v,v, - 1,has);            //从顶点 v 出发搜索
    return has;
}
```

17. 假设无向图 G 采用邻接表存储,设计一个算法,判断图 G 是否为一棵树,若为树,返回真;否则返回假。

解:一个无向图 G 是一棵树的条件是 G 必须是无回路的连通图或者是有 $n-1$ 条边的连通图。这里采用后者作为判断条件,通过深度优先遍历图 G,并求出遍历过的顶点数 vn 和边数 en,若 vn$==G->n$ 且 en$==2(G->n-1)$(无向图中每条边遍历两次,总遍历边

数为 $2(G->n-1))$ 成立,则 G 为一棵树。对应的算法如下:

```
void DFS2(AdjGraph * G, int v, int &vn, int &en)
{   //深度优先遍历图 G,并求出遍历过的顶点数 vn 和边数 en
    ArcNode * p;
    visited[v] = 1; vn++;                    //遍历过的顶点数增 1
    p = G-> adjlist[v].firstarc;
    while (p!= NULL)
    {   en++;                                //遍历过的边数增 1
        if (visited[p-> adjvex] == 0)
            DFS2(G, p-> adjvex, vn, en);
        p = p-> nextarc;
    }
}
int IsTree(AdjGraph * G)                     //判断无向图 G 是否为一棵树
{   int vn = 0, en = 0, i;
    for (i = 0; i < G-> n; i++)
        visited[i] = 0;
    DFS2(G, 1, vn, en);
    if (vn == G-> n && en == 2 * (G-> n - 1))
        return 1;                            //遍历顶点为 G-> n 个,遍历边数为 2(G-> n - 1),则为树
    else
        return 0;
}
```

18. 设 5 地(0~4)之间架设有 6 座桥(A~F),如图 8.13 所示,设计一个算法,从某地出发,恰巧每座桥经过一次,最后仍回到原地。

解:该实地图对应的一个无向图 G 如图 8.14 所示,本题变为从指定点 k 出发找经过所有 6 条边回到 k 顶点的路径,由于所有顶点的度均为偶数,可以找到这样的路径。

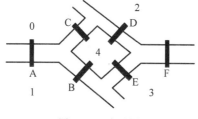

图 8.13　实地图

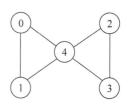

图 8.14　一个无向图 G

对应的算法如下:

```
int vedge[MAXV][MAXV];                        //边访问数组,vedge[i][j]表示(i,j)边是否被访问过
void Traversal(AdjGraph * G, int u, int v, int k, int path[], int d)
//d 是到当前为止已走过的路径的长度,调用时初值为 -1
{   int w, i;
    ArcNode * p;
    d++; path[d] = v;                        //(u,v)加入 path 中
    vedge[u][v] = vedge[v][u] = 1;           //(u,v)边已访问
    p = G-> adjlist[v].firstarc;             //p 指向顶点 v 的第一条边
    while (p!= NULL)
```

```
    {   w = p->adjvex;                             //(v,w)有一条边
        if (w == k && d == G->e-1)                 //找到一个回路,输出之
        {   printf("   %d->",k);
            for (i = 0;i <= d;i++)
                printf("%d->",path[i]);
            printf("%d\n",w);
        }
        if (vedge[v][w] == 0)                       //(v,w)未访问过,则递归访问之
            Traversal(G,v,w,k,path,d);
        p = p->nextarc;                             //找 v 的下一条边
    }
    vedge[u][v] = vedge[v][u] = 0;                  //恢复环境:使该边点可重新使用
}
void FindCPath(AdjGraph * G,int k)                  //输出经过顶点 k 和所有边的全部回路
{   int path[MAXV];
    int i,j,v;
    ArcNode * p;
    for (i = 0;i < G->n;i++)                        //vedge 数组置初值
        for (j = 0;j < G->n;j++)
            if (i == j) vedge[i][j] = 1;
            else vedge[i][j] = 0;
    printf("经过顶点 %d 的走过所有边的回路:\n",k);
    p = G->adjlist[k].firstarc;
    while (p!= NULL)
    {   v = p->adjvex;
        Traversal(G,k,v,k,path,-1);
        p = p->nextarc;
    }
}
```

设计以下主函数:

```
int main()
{   int v = 4;
    AdjGraph * G;
    int n = 5,e = 6;
    int A[MAXV][MAXV] = {{0,1,0,0,1},{1,0,0,0,1},
                    {0,0,0,1,1},{0,0,1,0,1},{1,1,1,1,0}};
    CreateAdj(G,A,n,e);
    printf("图 G 的邻接表:\n");DispAdj(G);            //输出邻接表
    FindCPath(G,v);
    printf("\n");
    DestroyAdj(G);
    return 1;
}
```

程序的执行结果如下:

```
图 G 的邻接表:
    0:    1[1]→   4[1]→∧
```

```
1:    0[1]→    4[1]→ ∧
2:    3[1]→    4[1]→ ∧
3:    2[1]→    4[1]→ ∧
4:    0[1]→    1[1]→    2[1]→    3[1]→ ∧
```

经过顶点 4 的走过所有边的回路:

```
4->0->1->4->2->3->4
4->0->1->4->3->2->4
4->1->0->4->2->3->4
4->1->0->4->3->2->4
4->2->3->4->0->1->4
4->2->3->4->1->0->4
4->3->2->4->0->1->4
4->3->2->4->1->0->4
```

19. 设不带权无向图 G 采用邻接表表示,设计一个算法求源点 i 到其余各顶点的最短路径长度。

解: 由于 G 是不带权无向图,从顶点 i 出发进行广度优先遍历,这样将求顶点 i 到某个顶点 u 的最短路径长度转化为求从 i 到 u 的广搜层数(结点起始顶点 i 的层数为 0)。对应的算法如下:

```
typedef struct
{   int v;                            //顶点编号
    int level;                        //顶点的层次
} QType;                              //环形队列元素类型
int visited[MAXV];
void ShortPath(AdjGraph * G, int i)
{   QType qu[MAXV];                   //定义环形队列 qu
    int front = 0, rear = 0, u, w, lev;//lev 保存从 i 到访问顶点的层数
    ArcNode * p;
    visited[i] = 1;
    rear++; qu[rear].v = i; qu[rear].//顶点 i=0 访问,将其进队
    while (front != rear)             //队非空则执行
    {   front = (front + 1) % MAXV;   //出队
        u = qu[front].v;
        lev = qu[front].level;
        if (u != i)
            printf(" 顶点 %d 到顶点 %d 的最短距离是: %d\n", i, u, lev);
        p = G->adjlist[u].firstarc;   //取 k 的边表头指针
        while (p != NULL)             //依次搜索邻接点
        {   w = p->adjvex;            //找到顶点 u 的邻接点 w
            if (visited[w] == 0)      //若顶点 w 未访问过
            {   visited[w] = 1;       //访问顶点 w
                rear = (rear + 1) % MAXV;
                qu[rear].v = w;       //访问过的邻接点进队
                qu[rear].level = lev + 1;
            }
            p = p->nextarc;           //找顶点 u 的下一个邻接点
        }
    }
}
```

设计以下主函数：

```
int main()
{   AdjGraph * G;
    int n = 5, e = 8;
    int A[MAXV][MAXV] = {{0,1,0,1,1},{1,0,1,1,0},
        {0,1,0,1,1},{1,1,1,0,1},{1,0,1,1,0}};
    CreateAdj(G,A,n,e);                 //创建图的邻接表
    printf("图 G 的邻接表:\n");DispAdj(G);   //输出邻接表
    for (int i = 0;i < n;i++)
        visited[i] = 0;
    printf("顶点 1 到其他各顶点的最短距离如下:\n");
    ShortPath(G,1);
    return 1;
}
```

程序的执行结果如下：

```
图 G 的邻接表:
   0:   1[1]→   3[1]→   4[1]→∧
   1:   0[1]→   2[1]→   3[1]→∧
   2:   1[1]→   3[1]→   4[1]→∧
   3:   0[1]→   1[1]→   2[1]→   4[1]→∧
   4:   0[1]→   2[1]→   3[1]→∧
顶点 1 到其他各顶点的最短距离如下:
   顶点 1 到顶点 0 的最短距离是:1
   顶点 1 到顶点 2 的最短距离是:1
   顶点 1 到顶点 3 的最短距离是:1
   顶点 1 到顶点 4 的最短距离是:2
```

20. 对于一个带权有向图，设计一个算法输出从顶点 i 到顶点 j 的所有路径及其长度，并调用该算法求出《教程》的图 8.35 中顶点 0 到顶点 3 的所有路径及其长度。

解：采用回溯的深度优先遍历方法。增加一个形参 length 表示路径的长度，其初始值为 0。从顶点 u 出发，设置 visited$[u]=1$，当找到一个没有访问过的邻接点 w 时，就从 w 出发递归查找，其路径长度 length 增加 $< u,w >$ 边的权值。当找到终点 v 时，就输出一条路径。通过设置 visited$[u]=0$ 回溯查找所有的路径。对应的算法如下：

```
int visited[MAXV];
void findpath(AdjGraph * G,int u,int v,int path[],int d,int length)
{   //d 表示 path 中顶点的个数,初始为 0; length 表示路径的长度,初始为 0
    int w,i;
    ArcNode * p;
    path[d] = u; d++;                 //顶点 u 加入路径中,d 增 1
    visited[u] = 1;                   //置已访问标记
    if (u == v && d > 0)              //找到一条路径则输出
    {   printf("   路径长度:%d, 路径:",length);
        for (i = 0;i < d;i++)
```

```
            printf("%2d",path[i]);
        printf("\n");
        visited[u] = 0;
        return;
    }
    p = G->adjlist[u].firstarc;          //p指向顶点u的第一个邻接点
    while (p!= NULL)
    {   w = p->adjvex;                    //w为顶点u的邻接点
        if (visited[w] == 0)             //若w顶点未访问,递归访问它
            findpath(G,w,v,path,d,p->weight + length);
        p = p->nextarc;                  //p指向顶点u的下一个邻接点
    }
    visited[u] = 0;                      //恢复环境,使该顶点可重新使用
}
```

设计以下主函数求《教程》的图 8.35 中顶点 0 到顶点 3 的所有路径及其长度。

```
int main()
{   AdjGraph * G;
    int A[MAXV][MAXV] = {
        {0,4,6,6,INF,INF,INF},{INF,0,1,INF,7,INF,INF},
        {INF,INF,0,INF,6,4,INF},{INF,INF,2,0,INF,5,INF},
        {INF,INF,INF,INF,0,INF,6},{INF,INF,INF,INF,1,0,8},
        {INF,INF,INF,INF,INF,INF,0}};
    int n = 7, e = 12;
    CreateAdj(G,A,n,e);                  //创建有向图的邻接表
    printf("图 G 的邻接表:\n");
    DispAdj(G);                          //输出邻接表
    int u = 0, v = 5;
    int path[MAXV];
    printf("从 %d->%d 的所有路径:\n",u,v);
    findpath(G,u,v,path,0,0);
    DestroyAdj(G);
    return 1;
}
```

上述程序的执行结果如下：

```
图 G 的邻接表:
  0:  1[4]→ 2[6] → 3[6] → ∧
  1:  2[1] → 4[7] → ∧
  2:  4[6] → 5[4] → ∧
  3:  2[2] → 5[5] → ∧
  4:  6[6] → ∧
  5:  4[1] → 6[8] → ∧
  6:  ∧
从 0->5 的所有路径:
  路径长度:9, 路径:0 1 2 5
  路径长度:10, 路径:0 2 5
  路径长度:12, 路径:0 3 2 5
  路径长度:11, 路径:0 3 5
```

8.3　补充练习题及参考答案

8.3.1　单项选择题

习题答案

1. 所谓简单路径,是指除了起点和终点以外,_____。
   A. 路径上可以出现重复的顶点
   B. 路径上任何一个顶点不重复出现
   C. 这条路径由一个顶点序列构成,不包含边
   D. 这条路径由边序列构成,不包含顶点

2. 带权有向图 G 用邻接矩阵 A 存储,则顶点 i 的入度等于 A 中_____。
   A. 第 i 行非∞的元素之和　　　　　B. 第 i 列非∞的元素之和
   C. 第 i 行非∞且非 0 的元素个数　　D. 第 i 列非∞且非 0 的元素个数

3. 无向图的邻接矩阵是一个_____。
   A. 对称矩阵　　　　B. 零矩阵　　　　C. 上三角矩阵　　　　D. 对角矩阵

4. 在一个无向图中,所有顶点的度之和等于边数的_____倍。
   A. 1/2　　　　　　B. 1　　　　　　　C. 2　　　　　　　D. 4

5. 一个有 n 个顶点的无向图最多有_____条边。
   A. n　　　　　　　B. $n(n-1)$　　　C. $n(n-1)/2$　　　D. $2n$

6. 具有 6 个顶点的无向图至少应该有_____条边才可能是一个连通图。
   A. 5　　　　　　　　B. 6　　　　　　　C. 7　　　　　　　D. 8

7. 若无向图 $G(V,E)$ 中含 7 个顶点,则保证图 G 在任何情况下都是连通的需要的边数最少是_____。
   A. 6　　　　　　　　B. 15　　　　　　　C. 16　　　　　　　D. 21

8. 设 G 是一个非连通无向图,有 15 条边,则该图至少有_____个顶点。
   A. 5　　　　　　　　B. 6　　　　　　　C. 7　　　　　　　D. 15

9. 设图 G 是一个含有 $n(n>1)$ 个顶点的连通图,其中任意一条简单路径的长度不会超过_____。
   A. 1　　　　　　　　B. n　　　　　　　C. $n-1$　　　　　　D. $n/2$

10. 下列关于无向连通图特征的叙述中正确的是_____。
    Ⅰ. 所有顶点的度之和为偶数
    Ⅱ. 边数大于顶点个数减 1
    Ⅲ. 至少有一个顶点的度为 1
    A. 只有Ⅰ　　　　　B. 只有Ⅱ　　　　　C. Ⅰ和Ⅱ　　　　　D. Ⅰ和Ⅲ

11. 在图 8.15 所示的有向图中存在一个强连通分量 $G=(V,E)$,其中,_____。
    A. $V=\{2,3,5,6\}, E=\{<5,2>,<2,3>,<2,6>,<6,3>,<3,5>\}$
    B. $V=\{2,3,5,6\}, E=\{<5,2>,<2,6>,<6,3>,<3,5>\}$
    C. $V=\{2,3,5\}, E=\{<2,3>,<3,5>,<5,2>\}$

D. $V = \{1,7\}, E = \{<1,7>,<7,1>\}$

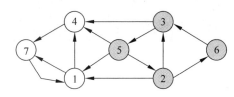

图 8.15 一个有向图

12. 下列_____的邻接矩阵是对称矩阵。

    A. 有向图   B. 无向图   C. AOV 网   D. AOE 网

13. 若图的邻接矩阵中主对角线上的元素全是 0,其余元素全是 1,则可以断定该图一定是_____。

    A. 无向图   B. 非带权图   C. 有向图   D. 完全图

14. 一个有向图 G 的邻接表存储如图 8.16 所示,现按深度优先搜索遍历,从顶点 0 出发所得到的顶点序列是_____。

    A. 0,1,2,3,4   B. 0,1,2,4,3   C. 0,1,3,4,2   D. 0,1,4,2,3

15. 对于图 8.17 所示的无向图,从顶点 1 开始进行深度优先遍历,可得到的顶点访问序列是_____。

    A. 1 2 4 3 5 7 6   B. 1 2 4 3 5 6 7

    C. 1 2 4 5 6 3 7   D. 1 2 3 4 5 7 6

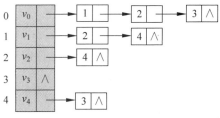

图 8.16 有向图 G 的邻接表   图 8.17 一个无向图

16. 对于图 8.17 所示的无向图,从顶点 1 开始进行广度优先遍历,可得到的顶点访问序列是_____。

    A. 1 3 2 4 5 6 7   B. 1 2 4 3 5 6 7

    C. 1 2 3 4 5 7 6   D. 2 5 1 4 7 3 6

17. 如果从无向图的任一顶点出发进行一次深度优先遍历即可访问所有顶点,则该图一定是_____。

    A. 完全图   B. 连通图   C. 有回路   D. 一棵树

18. 采用邻接表存储的图的深度优先遍历算法类似于二叉树的_____算法。

    A. 先序遍历   B. 中序遍历   C. 后序遍历   D. 层次遍历

19. 采用邻接表存储的图的广度优先遍历算法类似于二叉树的_____算法。

    A. 先序遍历   B. 中序遍历   C. 后序遍历   D. 层次遍历

20. 在图的广度优先遍历算法中用到一个队列,每个顶点最多进队_____次。

    A. 1   B. 2   C. 3   D. 不确定

21. 以下关于广度优先遍历的叙述正确的是_____。

    A. 广度优先遍历不适合有向图

    B. 对任何有向图调用一次广度优先遍历算法便可访问所有的顶点

    C. 对一个强连通图调用一次广度优先遍历算法便可访问所有的顶点

    D. 对任何非强连通图需要多次调用广度优先遍历算法才可访问所有的顶点

22. 任何一个含两个或两个以上顶点的带权无向连通图_____最小生成树。

    A. 只有一棵   B. 有一棵或多棵

    C. 一定有多棵   D. 可能不存在

23. 一个无向连通图的生成树是含有该连通图的全部顶点的_____。

    A. 极小连通子图   B. 极小子图

    C. 极大连通子图   D. 极大子图

24. 设有无向图 $G=(V,E)$ 和 $G'=(V',E')$，如果 G' 是 G 的生成树，则下面的说法中错误的是_____。

    A. G' 为 G 的连通分量   B. G' 是 G 的无环子图

    C. G' 为 G 的子图   D. G' 为 G 的极小连通子图且 $V'=V$

25. 对于有 n 个顶点的带权连通图，它的最小生成树是指图中任意一个_____。

    A. 由 $n-1$ 条权值最小的边构成的子图

    B. 由 $n-1$ 条权值之和最小的边构成的子图

    C. 由 n 个顶点构成的极大连通子图

    D. 由 n 个顶点构成的极小连通子图,且边的权值之和最小

26. 对某个带权连通图构造最小生成树,以下说法中正确的是_____。

Ⅰ. 该图的所有最小生成树的总代价一定是唯一的

Ⅱ. 其所有权值最小的边一定会出现在所有的最小生成树中

Ⅲ. 用 Prim 算法从不同顶点开始构造的所有最小生成树一定相同

Ⅳ. 用 Prim 算法和 Kruskal 算法得到的最小生成树总不相同

    A. 仅Ⅰ   B. 仅Ⅱ   C. 仅Ⅰ、Ⅲ   D. 仅Ⅱ、Ⅳ

27. 用 Prim 算法求一个连通的带权图的最小代价生成树,在算法执行的某时刻,已选取的顶点的集合 $U=\{1,2,3\}$,已选取的边的集合 $TE=\{(1,2),(2,3)\}$,要选取下一条权值最小的边,应当从_____组中选取。

    A. $\{(1,4),(3,4),(3,5),(2,5)\}$ B. $\{(4,5),(1,3),(3,5)\}$

    C. $\{(1,2),(2,3),(3,5)\}$ D. $\{(3,4),(3,5),(4,5),(1,4)\}$

28. 用 Prim 算法求一个连通的带权图的最小代价生成树,在算法执行的某时刻,已选取的顶点的集合 $U=\{1,2,3\}$,边的集合 $TE=\{(1,2),(2,3)\}$,要选取下一条权值最小的边,不可能从_____组中选取。

    A. $\{(1,4),(3,4),(3,5),(2,5)\}$ B. $\{(1,5),(2,4),(3,5)\}$

    C. $\{(1,2),(2,3),(3,5)\}$ D. $\{(1,4),(3,5),(2,5),(3,4)\}$

29. 用 Kruskal 算法求一个连通的带权图的最小代价生成树,在算法执行的某时刻,已选取的边的集合 $TE=\{(1,2),(2,3),(3,5)\}$,要选取下一条权值最小的边,可能选取的边

是_____。

  A. (1,2)   B. (3,5)   C. (2,5)   D. (6,7)

30. 在用 Prim 和 Kruskal 算法构造最小生成树时,前者更适合于_____①,后者更适合于_____②。

  A. 有向图   B. 无向图   C. 稀疏图   D. 稠密图

31. 对含有 n 个顶点、e 条边的带权图求最短路径的 Dijkstra 算法的时间复杂度为_____。

  A. $O(n)$ B. $O(n+e)$ C. $O(n^2)$ D. $O(ne)$

32. Dijkstra 算法是_____方法求出图中从某顶点到其余顶点的最短路径的。

  A. 按长度递减的顺序求出图中某顶点到其余顶点的最短路径

  B. 按长度递增的顺序求出图中某顶点到其余顶点的最短路径

  C. 通过深度优先遍历求出图中某顶点到其余顶点的最短路径

  D. 通过广度优先遍历求出图中某顶点到其余顶点的最短路径

33. 用 Dijkstra 算法求一个带权有向图 G 中从顶点 0 出发的最短路径,在算法执行的某时刻,$S=\{0,2,3,4\}$,下一步选取的目标顶点可能是_____。

  A. 顶点 2   B. 顶点 3   C. 顶点 4   D. 顶点 7

34. 用 Dijkstra 算法求一个带权有向图 G 中从顶点 0 出发的最短路径,在算法执行的某时刻,$S=\{0,2,3,4\}$,选取的目标顶点是顶点 1,则可能修改的最短路径是_____。

  A. 从顶点 0 到顶点 2 的最短路径   B. 从顶点 2 到顶点 4 的最短路径

  C. 从顶点 0 到顶点 1 的最短路径   D. 从顶点 0 到顶点 3 的最短路径

35. 有一个顶点编号为 0~4 的带权有向图 G,现用 Floyd 算法求任意两个顶点之间的最短路径,在算法执行的某时刻已考虑了 0~2 的顶点,现考虑顶点 3,则以下叙述中正确的是_____。

  A. 只可能修改从顶点 0~2 到顶点 3 的最短路径

  B. 只可能修改从顶点 3 到顶点 0~2 的最短路径

  C. 只可能修改从顶点 0~2 到顶点 4 的最短路径

  D. 所有两个顶点之间的路径都可能被修改

36. 对如图 8.18 所示的带权有向图,若采用 Dijkstra 算法求源点 a 到其他各顶点的最短路径,则得到的第一条最短路径的目标顶点是 b,第二条最短路径的目标顶点是 c,后续得到的其余各最短路径的目标顶点依次是_____。

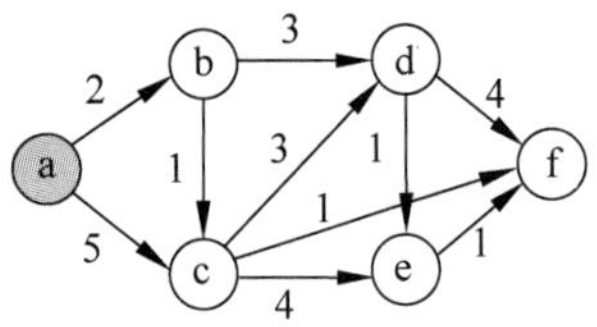

图 8.18　一个有向图

  A. d,e,f   B. e,d,f

  C. f,d,e   D. f,e,d

37. 判定一个有向图是否存在回路除了可以利用拓扑排序方法以外,还可以用_____。

  A. 求关键路径的方法   B. 求最短路径的 Dijkstra 方法

  C. 广度优先遍历算法   D. 深度优先遍历算法

38. 若一个有向图中的顶点不能排成一个拓扑序列,则可断定该有向图_____。

  A. 是个有根有向图   B. 是个强连通图

C. 含有多个入度为 0 的顶点   D. 含有顶点数目大于 1 的强连通分量

39. 关键路径是 AOE 网中_____。

    A. 从源点到汇点的最长路径   B. 从源点到汇点的最短路径

    C. 最长的回路   D. 最短的回路

40. 对于 AOE 网的关键路径,以下叙述中正确的是_____。

    A. 任何一个关键活动提前完成,则整个工程也会提前完成

    B. 完成工程的最短时间是从源点到汇点的最短路径的长度

    C. 一个 AOE 网的关键路径是唯一的

    D. 任何一个活动持续时间的改变都可能会影响关键路径的改变

8.3.2 填空题

1. 有 n 个顶点的无向图最多有_____条边。

2. 有 n 顶点的强连通有向图 G 至少有_____条边。

3. 在有 n 个顶点的有向图中,每个顶点的度最大可达_____。

4. 一个图的 ____①____ 存储结构是唯一的,而 ____②____ 存储结构不一定是唯一的。

5. 用邻接矩阵 $\mathbf{A}$ 存储不带权有向图 G,其第 i 行的所有元素之和等于顶点 i 的_____。

6. 有 n 个顶点的有向图 G 最多有_____条边。

7. 对于一个具有 n 个顶点、e 条边的无向图,若采用邻接表表示,则头结点数组的大小为 ____①____,边结点总数是 ____②____。

8. 已知一个有向图采用邻接矩阵表示,删除所有从第 i 个顶点出发的边的操作是_____。

9. 对于 n 个顶点的不带权无向图,采用邻接矩阵表示,求图中边数的方法是 ____①____,判断任意两个顶点 i 和 j 是否有边相连的方法是 ____②____,求任意一个顶点的度的方法是 ____③____。

10. 对于 n 个顶点的不带权有向图,采用邻接矩阵表示,求图中边数的方法是 ____①____,判断顶点 i 到顶点 j 是否有边的方法是 ____②____,求任意一个顶点的度的方法是 ____③____。

11. 对于 n 个顶点的无向图,采用邻接表表示,求图中边数的方法是 ____①____,判断任意两个顶点 i 和 j 是否有边相连的方法是 ____②____,求任意一个顶点的度的方法是 ____③____。

12. 无向图的连通分量是指_____。

13. 一个有 n 个顶点、e 条边的连通图采用邻接表表示,从某个顶点 v 出发进行深度优先遍历(DFS(G,v)),则最大的递归深度是_____。

14. 一个有 n 个顶点、e 条边的连通图采用邻接表表示,从某个顶点 v 出发进行广度优先遍历(BFS(G,v)),则队列中最多的顶点个数是_____。

15. 有 n 个顶点、e 条边的图 G 采用邻接矩阵表示,从顶点 v 出发进行深度优先遍历的时间复杂度为_____。

16. 对于有 n 个顶点的连通图来说,它的生成树一定有_____条边。

17. 若含有 n 个顶点的无向图恰好形成一个环,则它有_____棵生成树。

18. 一个连通图的_____是一个极小连通子图。

19. Prim 算法适用于求___①___的网的最小生成树,Kruskal 算法适用于求___②___的网的最小生成树。

20. 对于如图 8.19 所示的带权有向图,采用 Dijkstra 算法求从顶点 0 到其他顶点的最短路径,当考虑的当前顶点为顶点 3 时,可能修改的最短路径的顶点是_____。

21. 对于如图 8.19 所示的带权有向图,采用 Dijkstra 算法求从顶点 0 到顶点 6 的最短路径,该路径是_____。

22. 对于如图 8.19 所示的带权有向图,采用 Dijkstra 算法求从顶点 0 到顶点 6 的最短路径,path[1..6]的元素依次是_____。

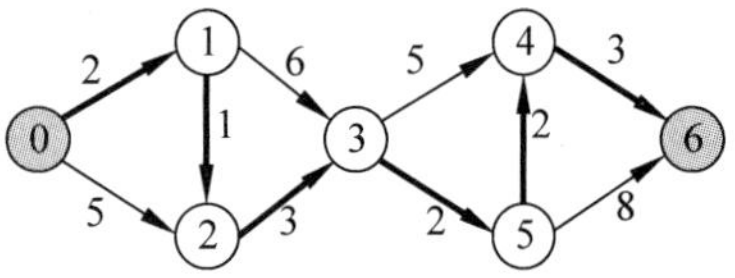

图 8.19　一个带权有向图

23. Dijkstra 算法从源点到其余各顶点的最短路径的长度按___①___次序依次产生,该算法在边上的权出现___②___情况时不能正确地产生最短路径。

24. 对于含有 n 个顶点、e 条边的带权图,采用 Floyd 算法求所有两个顶点之间的最短路径,在求出所有的最短路径后 path[i][j]的元素表示_____。

25. 对于含有 n 个顶点、e 条边的带权图,采用 Floyd 算法求所有两个顶点之间的最短路径,$A_k[i][j] = \infty$,表示_____。

26. 可以进行拓扑排序的有向图一定是_____。

27. 对于含有 n 个顶点、e 条边的有向无环图,拓扑排序算法的时间复杂度是_____。

28. 一个含有 n 个顶点的有向图仅有唯一的拓扑序列,则该图的边数为_____。

29. AOE 网中从源点到汇点的长度最长的路径称为关键路径,该路径上的活动称为_____。

30. 在一个 AOE 网中,某活动 a 的最早开始时间为 $e(a)$、最迟开始时间为 $l(a)$,该活动需要 c 天完成,若满足_____,则称 a 为关键活动。

8.3.3　判断题

习题答案

1. 判断以下叙述的正确性。

(1) n 个顶点的无向图最多有 $n(n-1)$ 条边。

(2) 在有向图中,各顶点的入度之和等于各顶点的出度之和。

(3) 无论是有向图还是无向图,其邻接矩阵表示都是唯一的。

(4) 对同一个有向图来说,只保存出边的邻接表中结点的数目总是和只保存入边的邻接表中结点的数目一样多。

(5) 如果表示图的邻接矩阵是对称矩阵,则该图一定是无向图。

(6) 如果表示有向图的邻接矩阵是对称矩阵,则该有向图一定是完全有向图。

(7) 连通图的生成树包含了图中的所有顶点。

(8) 对于有 n 个顶点的连通图 G 来说,如果其中的某个子图有 n 个顶点、$n-1$ 条边,则该子图一定是 G 的生成树。

（9）最小生成树是指边数最少的生成树。

（10）从 n 个顶点的连通图中选取 $n-1$ 条权值最小的边即可构成最小生成树。

2．判断以下叙述的正确性。

（1）强连通图不能进行成功的拓扑排序。

（2）只要带权无向图中没有权值相同的边，其最小生成树就是唯一的。

（3）只要带权无向图中存在权值相同的边，其最小生成树就不可能是唯一的。

（4）关键路径是由权值最大的边构成的。

（5）一个 AOE 网可能有多条关键路径，这些关键路径的长度可以不相同。

（6）求单源最短路径的 Dijkstra 算法不适用于有回路的带权有向图。

（7）求单源最短路径的 Dijkstra 算法不适用于有负权边的带权有向图。

（8）最短路径一定是简单路径。

3．判断以下叙述的正确性。

（1）连通分量是无向图中的极小连通子图。

（2）强连通分量是有向图中的极大强连通子图。

（3）在一个有向图的拓扑序列中，若顶点 a 在顶点 b 之前，则图中必有一条边 $<a,b>$。

（4）对于有向图 G，如果从任一顶点出发进行一次深度优先遍历或广度优先遍历能访问到每个顶点，则该图一定是完全图。

（5）在连通图的广度优先遍历中一般要采用队列来暂存刚访问过的顶点。

（6）在图的深度优先遍历中一般要采用栈来暂存刚访问过的顶点。

（7）广度优先遍历方法仅适合无向图的遍历而不适合有向图的遍历。

4．判断以下叙述的正确性。

（1）有向无环图才能进行拓扑排序。

（2）拓扑排序算法不适合无向图的拓扑排序。

（3）关键路径是 AOE 网中从源点到汇点的最长路径。

（4）在表示某工程的 AOE 网中，加速其关键路径上的任意关键活动均可缩短整个工程的完成时间。

（5）在 AOE 图中，所有关键路径上共有的某个活动的时间缩短 C 天，整个工程的时间也必定缩短 C 天。

（6）在 AOE 图中，延长关键活动的时间会导致延长整个工程的工期。

（7）当一个 AOE 网中所有活动的时间都不相同时，其关键路径是唯一的。

8.3.4　简答题

习题答案

1．简述图有哪两种主要的存储结构，并说明各种存储结构在图中的不同运算（例如图的遍历、求最小生成树、最短路径和拓扑排序等）中有什么样的优越性？

2．回答以下关于图的问题：

（1）有 n 个顶点的强连通图最多需要多少条边？最少需要多少条边？

（2）表示一个有 1000 个顶点、1000 条边的有向图的邻接矩阵有多少个矩阵元素？

（3）对于一个有向图，不用拓扑排序，如何判断图中是否存在环？

3．一个有向图 G 的邻接表存储如图 8.20 所示，给出该图的所有强连通分量。

4. 有一个带权有向图如图 8.21 所示,回答以下问题:

(1) 给出该图的邻接矩阵表示。

(2) 给出该图的邻接表表示。

(3) 给出该图的逆邻接表表示。

(4) 和邻接表相比,逆邻接表的主要作用是什么?

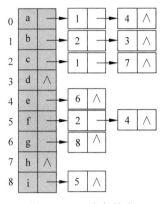

图 8.20　一个邻接表

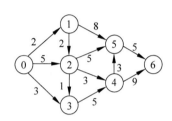

图 8.21　一个带权有向图

5. 证明将深度优先遍历算法应用于一个连通图时在遍历过程中所经历的边形成一棵树。

6. 有如图 8.22 所示的带权有向图 G,试回答以下问题。

(1) 给出从顶点 1 出发的一个深度优先遍历序列和一个广度优先遍历序列。

(2) 给出 G 的一个拓扑序列。

(3) 给出从顶点 1 到顶点 8 的最短路径和关键路径。

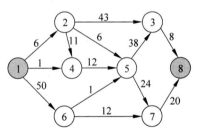

图 8.22　一个带权有向图 G

7. 有一个带权无向图,其邻阵矩阵数组表示如下:

$$
\begin{array}{c}
0 \\ 1 \\ 2 \\ 3 \\ 4 \\ 5 \\ 6 \\ 7
\end{array}
\left[
\begin{array}{cccccccc}
0 & 3 & 5 & \infty & \infty & \infty & 9 & \infty \\
3 & 0 & 6 & \infty & \infty & \infty & \infty & 10 \\
5 & 6 & 0 & \infty & \infty & \infty & \infty & 4 \\
\infty & \infty & \infty & 0 & 3 & 6 & \infty & \infty \\
\infty & \infty & \infty & 3 & 0 & 5 & \infty & \infty \\
\infty & \infty & \infty & 6 & 5 & 0 & \infty & \infty \\
9 & \infty & \infty & \infty & \infty & \infty & 0 & 7 \\
\infty & 10 & 4 & \infty & \infty & \infty & 7 & 0
\end{array}
\right]
$$

试完成下列要求:

(1) 画出该图的一种邻接表(图中顶点编号为 0～7)。

(2) 在给出的邻接表中从顶点 0 出发进行深度优先遍历,得到的访问顶点序列是什么?并据此判断该图是否为连通图。

(3) 如果该图是非连通图,分别从顶点 0 和顶点 3 出发,采用 Prim 算法构造最小生成树(森林)。

8. 给定如图 8.23 所示的带权无向图 G。

(1) 画出该图的邻接表存储结构。

(2) 根据该图的邻接表存储结构,从顶点 0 出发,调用 DFS 和 BFS 算法遍历该图,给出相应的遍历序列。

(3) 给出采用 Kruskal 算法构造最小生成树的过程。

9. 对于如图 8.24 所示的有向网,试利用狄克斯特拉算法求出从源点 1 到其他各顶点的最短路径,并写出执行过程。

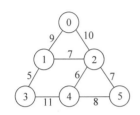

图 8.23 一个带权无向图

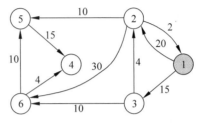

图 8.24 带权有向图

10. 带权图(权值非负,表示边连接的两顶点间的距离)的最短路径问题是找出从初始顶点到目标顶点之间的一条最短路径。假设从初始顶点到目标顶点之间存在路径,现有一种解决该问题的方法,具体的解题步骤如下:

① 设最短路径初始时仅包含初始顶点,令当前顶点 u 为初始顶点。

② 选择离 u 最近且尚未在最短路径中的一个顶点 v,加入到最短路径中,修改当前顶点 $u = v$。

③ 重复步骤②,直到 u 是目标顶点时为止。

请问上述方法能否求得最短路径?若该方法可行,请证明;否则,请举例说明。

11. 设 A 为一个不带权图的 0/1 邻接矩阵,定义如下:

$$A^{(1)} = A$$
$$A^{(m)} = A^{(m-1)} \times A$$

试证明 $A^{(m)}[i][j]$ 的值即为从顶点 i 到顶点 j 的路径长度为 m 的路径条数。

12. 对于如图 8.25 所示的无向图,按照弗洛伊德算法,给出所有两个顶点之间的最短路径和最短路径长度。

13. 设图 8.26 中的顶点表示村庄,有向边代表交通路线,若要建立一家医院,试问建在哪一个村庄能使各村庄间的总体交通代价最小?

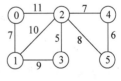

图 8.25 一个无向图

14. 对于有向无环图:

(1) 叙述求拓扑有序序列的步骤。

(2) 写出如图 8.27 所示的图 G 的 4 个不同的拓扑序列。

15. 设有向图 G 如图 8.28 所示。

(1) 写出所有的拓扑序列。

(2) 在添加一条边后只有唯一的拓扑序列,问应该添加哪条边?

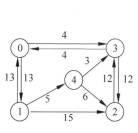

图 8.26　一个有向图 G

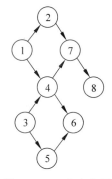

图 8.27　一个有向图

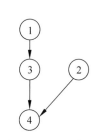

图 8.28　一个有向图

16. 对于如图 8.29 所示的 AOE 网,求:

(1) 每项活动 a_i 的最早开始时间 $e(a_i)$ 和最迟开始时间 $l(a_i)$。

(2) 完成此工程最少需要多少天(设边上的权值为天数)?

(3) 哪些是关键活动?

(4) 是否存在某项活动,当其提高速度后能使整个工程缩短工期?

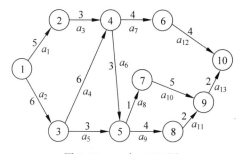

图 8.29　一个 AOE 网

8.3.5　算法设计题

1.【图的邻接表运算算法】假设带权有向图 G 采用邻接表存储。设计一个算法增加一条边 $<i,j>$,其权值为 w,假设顶点 i、j 已存在,原来图中不存在 $<i,j>$ 边。

解: 建立一个边结点 p,置 $p->\mathrm{adjvex}=j$,$p->\mathrm{weight}=w$。将 p 结点插到 $G->\mathrm{adjlist}[i]$ 单链表的开头。对应的算法如下:

```
void AddEdge(AdjGraph * &G, int i, int j, int w)
{    ArcNode * p;
     p = (ArcNode * )malloc(sizeof(ArcNode));
     p->adjvex = j;
     p->weight = w;
     p->nextarc = G->adjlist[i].firstarc;
     G->adjlist[i].firstarc = p;
     G->e++;
}
```

2.【图的邻接表运算算法】假设带权有向图 G 采用邻接表存储,假设顶点 i、j 已存在,设计一个算法删除一条已存在的边 $<i,j>$。

解:让 pre 指向 $G->$ adjlist$[i]$ 单链表的首结点。如果 pre 为空,则返回;若 pre 不为空,并且 pre$->$ adjvex$==j$,则删除并释放 pre 结点;否则用 pre、p 在该单链表中查找到 adjvex 域为 j 的 p 结点,通过其前驱结点 pre 删除并释放 p 结点。对应的算法如下:

```
void DelEdge(AdjGraph * &G, int i, int j)
{   ArcNode * pre, * p;
    pre = G-> adjlist[i].firstarc;
    if (pre == NULL) return;
    if (pre -> adjvex == j)
    {   G-> adjlist[i].firstarc = pre -> nextarc;
        free(pre);
        G-> e-- ;
    }
    else
    {   p = pre -> nextarc;
        while (p!= NULL && p -> adjvex!= j)
        {   pre = p;
            p = p -> nextarc;
        }
        pre -> nextarc = p -> nextarc;
        free(p);
        G-> e-- ;
    }
}
```

3.【图的邻接表运算算法】假设带权有向图 G 采用邻接表存储,设计一个算法输出顶点 i 的所有入边邻接点。

解:若顶点 i 错误,直接返回。用 j 扫描所有的单链表,对于 $G->$ adjlist$[j]$ 单链表,如果其中存在 adjvex 域为 i 的结点,表示顶点 j 是顶点 i 的入边邻接点,则输出 j。对应的算法如下:

```
void AllInNeig(AdjGraph * G, int i)
{   int j;
    ArcNode * p;
    if (i< 0 || i>G->n)
        return;
    for (j = 0; j < G->n; j++)
    {   p = G-> adjlist[j].firstarc;
        while (p!= NULL)
        {   if (p -> adjvex == i)
            {   printf(" % d ",j);
                break;
            }
            p = p -> nextarc;
        }
    }
    printf("\n");
}
```

4.【图的遍历算法】假设无向图采用邻接表存储,编写一个算法求连通分量的个数并输出各连通分量的顶点集。

解:以深度优先遍历来求图 G 的连通分量的个数。对应的算法如下:

```
int DFSTrave(AdjGraph * G)
{   int k,num = 0;                    //num 记录连通分量的个数
    for (k = 0;k < G->n;k++)
        visited[k] = 0;
    for (k = 0;k < G->n;k++)
        if (visited[k] == 0)
        {   num++;
            printf("第 %d 个连通分量顶点集:",num);
            DFS(G,k);                  //DFS 是《教程》中的深度优先遍历算法
            printf("\n");
        }
    return num;
}
```

说明:本题也可采用广度优先遍历算法。

5.【图的遍历算法】假设图采用邻接表存储,分别写出基于 DFS 和 BFS 遍历的算法来判断顶点 i 和顶点 $j(i \neq j)$ 之间是否有路径。

解:先置全局变量 visited[]为 0,然后从顶点 i 开始进行某种遍历,遍历之后,若 visited[j]=0,说明顶点 i 与顶点 j 之间没有路径,否则说明它们之间存在路径。基于 DFS 遍历的算法如下:

```
int visited[MAXV];                    //全局变量数组
bool DFSTrave(AdjGraph * G,int i,int j)
{   int k;
    for (k = 0;k < G->n;k++)
        visited[k] = 0;
    DFS(G,i);                         //从顶点 i 开始进行深度优先遍历
    if (visited[j] == 0)
        return false;
    else
        return true;
}
```

基于 BFS 遍历的算法如下:

```
bool BFSTrave(AdjGraph * G,int i,int j)
{   int k;
    int visited[MAXV];
    for (k = 0;k < G->n;k++)
        visited[k] = 0;
    BFS(G,i);                         //从顶点 i 开始进行广度优先遍历
    if (visited[j] == 0)
        return false;
    else
        return true;
}
```

6.【图的存储结构算法】假设图采用邻接表 $G1$ 存储,设计一个算法由 $G1$ 产生该图的逆邻接表 $G2$。

解:先分配逆邻接表 $G2$ 的存储空间,置 $G2->n=G1->n$,$G2->e=G1->e$,并置所有 $G2->$ adjlist[i]. firstarc 为空。用 i 遍历 $G1$ 的所有单链表:对于 $G1->$ adjlist[i] 中的结点 p,其顶点编号为 j,建立一个结点 q,置 $q->$ adjvex $=i$,$q->$ weight $=p->$ weight,将 q 结点插到 $G2->$ adjlist[j] 单链表的开头。对应的算法如下:

```
void ReAdj(AdjGraph * G1,AdjGraph * &G2)
{   int i,j;
    ArcNode * p, * q;
    G2 = (AdjGraph * )malloc(sizeof(AdjGraph));
    G2 -> n = G1 -> n; G2 -> e = G1 -> e;
    for (i = 0;i < G2 -> n;i++)
        G2 -> adjlist[i].firstarc = NULL;
    for (i = 0;i < G1 -> n;i++)
    {   p = G1 -> adjlist[i].firstarc;
        while (p!= NULL)
        {   j = p -> adjvex;
            q = (ArcNode * )malloc(sizeof(ArcNode));
            q -> adjvex = i;
            q -> weight = p -> weight;
            q -> nextarc = G2 -> adjlist[j].firstarc;
            G2 -> adjlist[j].firstarc = q;
            p = p -> nextarc;
        }
    }
}
```

7.【邻接矩阵+DFS算法】假设图采用邻接矩阵表示,设计一个从顶点 v 出发的深度优先遍历算法。

解:设置全局数组 visited 并将所有元素初始化为 0,访问顶点 v 并置 visited[v]=1。在邻接矩阵 g.edges 的第 v 行找一个相邻点 w,若它没有访问过,递归调用 MDFS(g,w) 从顶点 w 开始进行深度优先遍历。对应的算法如下:

```
int visited[MAXV];              //全局变量
void MDFS(MatGraph g,int v)
{   int w;
    printf(" % d ",v);          //访问顶点 v
    visited[v] = 1;             //置访问标记
    for (w = 0;w < g.n;w++)     //找顶点 v 的所有邻接点
        if (g.edges[v][w]!= 0 && g.edges[v][w]!= INF && visited[w] == 0)
            MDFS(g,w);          //找顶点 v 的未访问过的邻接点 w
}
```

8.【邻接矩阵+BFS算法】假设图 G 采用邻接矩阵存储,给出图的从顶点 v 出发的广度优先遍历算法,并分析算法的时间复杂度。

解:利用一个环形队列 Qu,先访问根结点并将其进队。队列不空时循环:出队一个顶

点,将它所有相邻的没有访问过的顶点进队。本算法的时间复杂度为 $O(n^2)$。对应的算法如下:

```
void MBFS(MatGraph g, int v)
{    int Qu[MAXV], front = 0, rear = 0;        //定义循环队列并初始化
     int visited[MAXV];                        //定义存放结点的访问标志的数组
     int w, i;
     for (i = 0; i < g.n; i++) visited[i] = 0; //访问标志数组的初始化
     printf(" % 3d", v);                       //输出被访问顶点的编号
     visited[v] = 1;                           //置已访问标记
     rear = (rear + 1) % MAXV;
     Qu[rear] = v;                             //v 进队
     while (front!= rear)                      //队列不空时循环
     {    front = (front + 1) % MAXV;
          w = Qu[front];                       //出队并赋给 w
          for (i = 0; i < g.n; i++)            //找与顶点 w 相邻的顶点
               if (g.edges[w][i]!= 0 && g.edges[w][i]!= INF && visited[i] == 0)
               {                               //若当前邻接顶点 i 未被访问
                    printf(" % 3d", i);        //访问相邻顶点 i
                    visited[i] = 1;            //置该顶点已被访问的标志
                    rear = (rear + 1) % MAXV;  //该顶点进队
                    Qu[rear] = i;
               }
     }
     printf("\n");
}
```

9.【邻接矩阵＋DFS 算法】假设图 G 采用邻接矩阵存储,设计一个算法采用深度优先遍历方法求有向图的根。若有向图中存在一个顶点 v,从 v 可以通过路径到达图中的其他所有顶点,则称 v 为该有向图的根。

解:由于从有向图的根出发可以到达图中的其他所有顶点,所以可以通过深度优先遍历方法来判断一个顶点是否为有向图的根。当采用深度优先遍历方法从顶点 i 出发能够访问所有顶点时表示 i 为图的根,若找到这样的顶点 i,返回 i,否则返回 -1。对应的算法如下:

```
int visited[MAXV];                          //全局变量
void MDFS(MatGraph g, int v)                //基于邻接矩阵的深度优先遍历算法
{    int w;
     visited[v] = 1;                        //置访问标记
     for (w = 0; w < g.n; w++)              //找顶点 v 的所有邻接点
          if (g.edges[v][w]!= 0 && g.edges[v][w]!= INF && visited[w] == 0)
               MDFS(g, w);                  //找顶点 v 的未访问过的邻接点 w
}
int DGRoot(MatGraph g)                      //基于深度优先遍历求图的根
{    int i, j, k, n;
     for (i = 0; i < g.n; i++)
     {    for (j = 0; j < g.n; j++)
               visited[j] = 0;
```

```
        MDFS(g,i);
        n = 0;                            //累计从顶点 i 出发访问到的顶点个数
        for (k = 0;k < g.n;k++)
            if (visited[k] == 1) n++;
        if (n == g.n) return(i);          //若访问所有顶点,则顶点 i 为根
    }
    return - 1;                           //图没有根
}
```

10.【邻接矩阵＋DFS 算法】假设图采用邻接矩阵存储。自由树(即无环连通图) $T = (V,E)$ 的直径是树中所有点对点间最短路径长度的最大值,即 T 的直径定义为 MAX $d(u,v)(u,v \in V)$,这里 $d(u,v)$ 表示顶点 u 到顶点 v 的最短路径长度(路径长度为路径中包含的边数)。设计一个算法求 T 的直径,以图 8.30 为例给出解,并分析算法的时间复杂度。

解:利用深度优先遍历求出一个根结点 v 到每个叶子结点的距离,这是由 Diameter(v) 函数实现的,该函数的时间复杂度为 $O(n+e)$,n 为顶点个数,e 为边数。然后以每个顶点作为根结点调用 Diameter() 函数,其中最大值即为 T 的直径,由此本算法的时间复杂度为 $O(n(n+e))$。

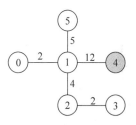

图 8.30　一棵自由树

设计 DFSTrav(g,v,w,len) 算法通过形参 len 返回图 G 中从顶点 v 到以顶点 w 为根结点的子树中的所有叶子结点中的最大路径长度。例如,在图 8.30 中,顶点 0 到顶点 1 的返回值为 14(路径是 0-1-4),顶点 2 到顶点 1 的返回值为 16(路径是 2-1-4)。

设计 Diameter(g,v) 算法返回图 G 中任意两个叶子结点经过 v 的最短路径长度的最大值,其方法是通过调用 DFSTrav$(g,v,*,\text{len})$ 找出两个最大的 len1 和 len2,它们都是图 G 中从顶点 v 到某个叶子结点的最大路径长度,且是不同的路径,则 len1＋len2 就是两个叶子结点经过顶点 v 的最短路径长度的最大值。例如,图 8.30 中经过顶点 1 的最短路径长度的最大值为 18,其路径为 3-2-1-4。

对应的算法如下:

```
void DFSTrav(MatGraph g, int parent, int child, int &len)
{   int clen, v = 0, maxlen;
    clen = len;
    maxlen = len;
    while (v < g.n && g.edges[child][v] == 0)    //找 child 的第一个邻接点 v
        v++;
    while (v < g.n)                              //存在邻接点时循环
    {   if (v!= parent)
        {   len = len + g.edges[child][v];
            DFSTrav(g,child,v,len);
            if (len > maxlen)                    //比较找最大值
                maxlen = len;
        }
        v++;
```

```
            while (v < g.n && g.edges[child][v] == 0)    //找 child 的下一个邻接点
                v++;
            len = clen;
        }
        len = maxlen;
    }
    int Diameter(MatGraph g, int v)
    {    int maxlen1 = 0;                                   //存放目前找到的根 v 到叶子结点的最大值
         int maxlen2 = 0;                                   //存放目前找到的根 v 到叶子结点的次大值
         int len = 0;                                       //记录深度优先遍历中到某个叶子结点的距离
         int w = 0;                                         //存放 v 的邻接顶点
         while (w < g.n && g.edges[v][w] == 0)              //找与 v 相邻的第一个顶点 w
             w++;
         while (w < g.n)                                    //存在邻接点时循环
         {    len = g.edges[v][w];
              DFSTrav(g, v, w, len);
              if (len > maxlen1)
              {    maxlen2 = maxlen1;
                   maxlen1 = len;
              }
              else if (len > maxlen2)
                   maxlen2 = len;
              w++;
              while (w < g.n && g.edges[v][w] == 0)
                  w++;                                      //找 v 的下一个邻接点 w
         }
         return maxlen1 + maxlen2;
    }
    int MaxDiameter(MatGraph g)                             //求 g 的直径
    {    int i, diam, d;
         diam = Diameter(g, 0);
         for (i = 1; i < g.n; i++)                          //找出从所有顶点出发的直径的最大值
         {    d = Diameter(g, i);
              if (diam < d) diam = d;
         }
         return diam;
    }
```

设计以下主函数：

```
int main()
{    MatGraph g;
     int A[MAXV][MAXV] = {{0,2,0,0,0,0},{2,0,4,0,12,5},{0,4,0,2,0,0},
         {0,0,2,0,0,0},{0,12,0,0,0,0},{0,5,0,0,0,0}};
     int n = 6, e = 5;
     CreateMat(g, A, n, e);          //建立如图 8.40 所示的邻接矩阵
     printf("图 G 的邻接矩阵:\n"); DispMat(g);
     printf("T 的直径 = %d\n", MaxDiameter(g));
     return 1;
}
```

程序的执行结果如下：

```
图 G 的邻接矩阵:
  0   2   0   0    0   0
  2   0   4   0   12   5
  0   4   0   0    2   0
  0   0   2   0    0   0
  0  12   0   0    0   0
  0   5   0   0    0   0
T 的直径 = 18
```

11.【图的最短路径算法】给定 n 个村庄之间的交通图。若村庄 i 与村庄 j 之间有路可通，则将顶点 i 与顶点 j 之间用边连接，边上的权值 w_{ij} 表示这条道路的长度。现打算在这 n 个村庄中选定一个村庄建一所医院，设计一个算法求出该医院应建在哪个村庄才能使距离医院最远的村庄到医院的路程最短。

解：将 n 个村庄的交通图用二维数组 A 表示。算法思路参见 8.3.4 节第 13 题，先应用 Floyd 算法计算每对顶点之间的最短路径，然后找出从每一个顶点到其他各顶点的最短路径中最长的路径，最后在这 n 条最长路径中找出最短的一条。对应的算法如下：

```
int MaxMinPath(MatGraph g)
{   int i,j,k;
    int A[MAXV][MAXV];
    int s,min = 32767;
    for (i = 0;i < g.n;i++)
        for (j = 0;j < g.n;j++)
            A[i][j] = g.edges[i][j];
    for (k = 0;k < g.n;k++)            //应用 Floyd 算法计算每对村庄之间的最短路径长度
        for (i = 0;i < g.n;i++)
            for (j = 0;j < g.n;j++)
                if (A[i][k] + A[k][j] < A[i][j])
                    A[i][j] = A[i][k] + A[k][j];
    k = -1;
    for (i = 0;i < g.n;i++)//对每个村庄循环一次
    {   s = 0;
        for (j = 0;j < g.n;j++)//求到达村庄 i 的一条最长路径的长度
            if (A[j][i] > s)
                s = A[j][i];
        if (s < min)//在各最长路径中选最短的一条,将该村庄放在 k 中
        {   k = i;
            min = s;
        }
    }
    return k;
}
```

对于图 8.26，用上述算法求出的结果是顶点 3。此题若改成求该医院应建在哪个村庄使其他所有村庄到医院的往返路径总和最短，则算法改为：

```
int MinPath(MatGraph g)
{    int i,j,k;
     int A[MAXV][MAXV];
     int min = 32767,B[MAXV];
     for (i = 0;i < g.n;i++)
         for (j = 0;j < g.n;j++)
             A[i][j] = g.edges[i][j];
     for (k = 0;k < g.n;k++)          //应用Floyd算法计算每对村庄之间的最短路径长度
         for (i = 0;i < g.n;i++)
             for (j = 0;j < g.n;j++)
                 if (A[i][k] + A[k][j]< A[i][j])
                     A[i][j] = A[i][k] + A[k][j];
     for (i = 0;i < g.n;i++)          //求每个村庄到村庄i的往返路径长度
     {    B[i] = 0;
          for (j = 0;j < g.n;j++)
              B[i] += A[i][j] + A[j][i];
     }
     for (i = 0;i < g.n;i++)          //求最短往返路径长度的顶点k
         if (B[i]< min)
         {    k = i;
              min = B[i];
         }
     return k;
}
```

对于图8.26，用上述算法求出的结果是顶点3。

12.【图的最短路径算法】假设一个带权有向图采用邻接表存储，设计求从源点 v 到其他顶点最短路径和最短路径长度的Dijkstra算法。不考虑路径的输出，说明算法的时间复杂度。

解：利用Dijkstra算法过程和邻接表的特点设计对应的算法如下。

```
void Dispath(AdjGraph * G,int dist[],int path[],int S[],int v)
//输出从顶点 v 出发的所有最短路径
{    int i,j,k;
     int apath[MAXV],d;                    //存放一条最短路径(逆向)及其顶点个数
     for (i = 0;i < G-> n;i++)             //循环输出从顶点 v 到顶点 i 的路径
         if (S[i] == 1 && i!= v)
         {    printf("  从顶点 %d 到顶点 %d 的路径长度为:%d\t 路径为:",v,i,dist[i]);
              d = 0; apath[d] = i;          //添加路径上的终点
              k = path[i];
              if (k == - 1)                 //没有路径的情况
                  printf("无路径\n");
              else                          //存在路径时输出该路径
              {    while (k!= v)
                   {    d++; apath[d] = k;
                        k = path[k];
                   }
                   d++; apath[d] = v;       //添加路径上的起点
```

```
            printf(" % d",apath[d]);                    //先输出起点
            for (j = d - 1;j > = 0;j -- )                //再输出其他顶点
                printf(", % d",apath[j]);
            printf("\n");
        }
    }
}
void MDijkstra(AdjGraph * G,int v)                       //基于邻接表的Dijkstra算法
{   ArcNode * p;
    int dist[MAXV],path[MAXV];
    int S[MAXV];                                         //S[i]表示顶点i是否在S中
    int Mindis,i,j,u;
    for (i = 0;i < G->n;i++)                             //距离初始化为∞,S置为空,path置为-1
    {   dist[i] = INF;
        S[i] = 0;
        path[i] = - 1;
    }
    S[v] = 1;                                            //将源点v放入S中
    p = G->adjlist[v].firstarc;
    while (p!= NULL)                                     //设置dist[p->adjvex]为<v,p->adjvex>的权值
    {   dist[p->adjvex] = p->weight;
        path[p->adjvex] = v;
        p = p->nextarc;
    }
    for (i = 0;i < G->n - 1;i++)                         //循环,直到所有顶点的最短路径都求出
    {   Mindis = INF;                                    //Mindis置最大长度初值
        for (j = 0;j < G->n;j++)                         //选取不在S中且具有最短路径长度的顶点u
            if (S[j] == 0 && dist[j]< Mindis)
            {   u = j;
                Mindis = dist[j];
            }
        S[u] = 1;                                        //顶点u加入S中
        p = G->adjlist[u].firstarc;
        while (p!= NULL)
        {   j = p->adjvex;                               //顶点u的出边邻接点为j,该边的权值为p->weight
            if (S[j] == 0 && dist[u] + p->weight < dist[j])
            {                                            //修改不在S中的顶点的最短路径
                dist[j] = dist[u] + p->weight;
                path[j] = u;
            }
            p = p->nextarc;
        }
    }
    Dispath(G,dist,path,S,v);                            //输出最短路径
}
```

设计以下主程序：

```
int main()
{   AdjGraph *G;
    int A[MAXV][MAXV] = {
        {0,4,6,6,INF,INF,INF},
        {INF,0,1,INF,7,INF,INF},
        {INF,INF,0,INF,6,4,INF},
        {INF,INF,2,0,INF,5,INF},
        {INF,INF,INF,INF,0,INF,6},
        {INF,INF,INF,INF,1,0,8},
        {INF,INF,INF,INF,INF,INF,0}};
    int n = 7, e = 12;
    CreateAdj(G,A,n,e);
    int v = 0;
    printf("从 %d 顶点出发的最短路径如下:\n",v);
    MDijkstra(G,v);
    DestroyAdj(G);
    return 1;
}
```

程序的执行结果如下：

```
从 0 顶点出发的最短路径如下:
   从顶点 0 到顶点 1 的路径长度为:4      路径为:0,1
   从顶点 0 到顶点 2 的路径长度为:5      路径为:0,1,2
   从顶点 0 到顶点 3 的路径长度为:6      路径为:0,3
   从顶点 0 到顶点 4 的路径长度为:10     路径为:0,1,2,5,4
   从顶点 0 到顶点 5 的路径长度为:9      路径为:0,1,2,5
   从顶点 0 到顶点 6 的路径长度为:16     路径为:0,1,2,5,4,6
```

第 9 章 查找

9.1 本章知识体系

1. 知识结构图

本章的知识结构如图 9.1 所示。

2. 基本知识点

（1）顺序查找算法及其性能分析。

（2）折半查找算法及其性能分析。

（3）索引存储结构和分块查找的特点及其性能分析。

（4）二叉排序树的查找和插入算法设计及删除过程。

（5）平衡二叉树的调整过程和性能分析。

（6）红黑树的旋转和插入过程。

（7）B 树的查找、插入和删除过程。

（8）哈希表的特点、哈希函数的构造方法和解决冲突的方法。

（9）各种查找方法的特点和性能对比分析。

3. 要点归纳

（1）在查找表中，默认所有元素的关键字是唯一的。查找表分为静态查找表和动态查找表。

（2）衡量查找算法性能的主要指标是平均查找长度（ASL），分为成功和不成功平均查找长度。

（3）在对线性表进行顺序查找时，线性表既可以采用顺序存储，也可以采用链式存储。

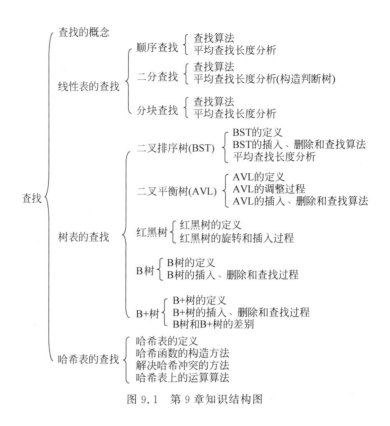

图 9.1　第 9 章知识结构图

（4）在对线性表进行折半查找时，要求线性表必须以顺序方式存储，且元素按关键字有序排列。

（5）在对含有 n 个元素的有序顺序表进行顺序查找时，算法的时间复杂度仍然为 $O(n)$。

（6）在对含有 n 个元素的有序顺序表进行折半查找时，算法的时间复杂度是 $O(\log_2 n)$。

（7）折半查找的判定树反映了所有可能的查找情况，内部结点对应查找成功，外部结点对应查找失败。若内部结点的个数为 n，则外部结点恰好有 $n+1$ 个。

（8）在对含有 n 个元素的有序顺序表进行折半查找时，成功和不成功情况下关键字比较的最多次数均为 $\lceil \log_2(n+1) \rceil$。

（9）分块查找的数据分布满足块间有序、块内无序的特性，在等概率的情况下，分块查找的平均查找长度不仅与表长有关，而且与每一块中的元素个数有关。分块查找算法的效率介于顺序查找和折半查找之间。

（10）向一棵二叉排序树中插入一个结点所需的关键字比较次数最多是树的高度。

（11）向一棵二叉排序树中插入一个结点均是以叶子结点插入的。

（12）若先删除二叉排序树中的某个结点，再重新插入该结点，不一定得到原来的二叉排序树。

（13）二叉排序树的中序序列是一个递增有序序列。

（14）平衡二叉树的查找过程和二叉排序树的查找过程相同。插入过程是先采用二叉排序树的方法插入关键字 k，若不平衡则需要调整，调整分为 LL、RR、LR 和 RL 类型。

(15) 红黑树中根结点和外部结点的颜色均为黑色,红色结点的所有孩子结点为黑色。从一个结点到其子孙的任何外部结点的路径中包含相同个数的黑色结点。

(16) 红黑树是一种弱平衡二叉树,通过旋转和改变结点颜色维护其平衡性,插入和删除运算的时间复杂度为 $O(\log_2 n)$。

(17) 在 m 阶 B 树中,所有内部结点的关键字个数在 $\lceil m/2 \rceil - 1 \sim m-1$ 的范围内。

(18) 在 m 阶 B 树中插入一个关键字 k 可能引起分裂,只有根结点分裂时 B 树的高度才增加一层。

(19) 在 m 阶 B 树中删除一个关键字 k 可能引起合并,只有根结点合并时 B 树的高度才减少一层。

(20) B 树只能随机查找,B+树既可以随机查找也可以顺序查找。

(21) 哈希表不同于其他存储方法,它根据元素的关键字直接计算出该元素的存储地址。这个地址计算函数就是哈希函数。

(22) 设计哈希表主要是设计哈希函数和哈希冲突解决方法。

(23) 同义词是指两个不同关键字的元素,其哈希函数值相同,这种冲突称为同义词冲突。非同义词冲突是指哈希函数值不相同的两个元素争夺同一个后继哈希地址,导致出现堆积(或聚集)现象。

(24) 在采用线性探测法处理冲突的哈希表中,所有同义词在表中不一定相邻。

(25) 在理想的情况下(例如元素个数和元素值确定,可以设计出不出现冲突的哈希函数),在哈希表中查找一个元素的时间复杂度为 $O(1)$。

9.2 教材中的练习题及参考答案 ✳

1. 设有 5 个数据 do、for、if、repeat、while,它们排在一个有序表中,其查找概率分别是 $p_1 = 0.2, p_2 = 0.15, p_3 = 0.1, p_4 = 0.03, p_5 = 0.01$,而查找它们之间不存在数据的概率分别为 $q_0 = 0.2, q_1 = 0.15, q_2 = 0.1, q_3 = 0.03, q_4 = 0.02, q_5 = 0.01$,该有序表如下:

do	for	if	repeat	while

$q_0 \quad p_1 \quad q_1 \quad p_2 \quad q_2 \quad p_3 \quad q_3 \quad p_4 \quad q_4 \quad p_5 \quad q_5$

(1) 试画出对该有序表分别采用顺序查找和折半查找时的判定树。

(2) 分别计算顺序查找的查找成功和不成功的平均查找长度。

(3) 分别计算折半查找的查找成功和不成功的平均查找长度。

答:(1) 对该有序表分别采用顺序查找和折半查找时的判定树分别如图 9.2 和图 9.3 所示。

(2) 对于顺序查找,成功查找到第 i 个元素需要 i 次比较,不成功查找需要比较的次数为对应外部结点的层次减 1:

$$\text{ASL}_{\text{成功}} = (p_1 + 2p_2 + 3p_3 + 4p_4 + 5p_5) = 0.97。$$

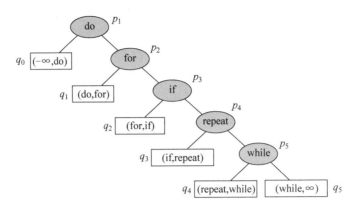

图 9.2　有序表上顺序查找的判定树

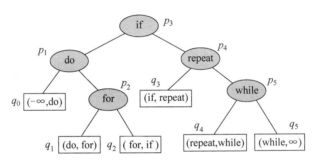

图 9.3　有序表上折半查找的判定树

$$\mathrm{ASL}_{不成功}=(q_0+2q_1+3q_2+4q_3+5q_4+5q_5)=1.07。$$

（3）对于折半查找，成功查找需要比较的次数为对应内部结点的层次，不成功查找需要比较的次数为对应外部结点的层次减 1：

$$\mathrm{ASL}_{成功}=[p_3+2(p_1+p_4)+3(p_2+p_5)]=1.04。$$

$$\mathrm{ASL}_{不成功}=(2q_0+3q_1+3q_2+2q_3+3q_4+3q_5)=1.3。$$

2. 对于有序表 $A[0..10]$，在等概率的情况下求采用折半查找法时成功和不成功的平均查找长度。对于有序表(12,18,24,35,47,50,62,83,90,115,134)，当用折半查找法查找 90 时需要进行多少次查找可确定成功？查找 47 时需要进行多少次查找可确定成功？查找 100 时需要进行多少次查找才能确定不成功？

答：对于有序表 $A[0..10]$ 构造的判定树如图 9.4(a)所示。因此有：

$$\mathrm{ASL}_{成功}=\frac{1\times1+2\times2+4\times3+4\times4}{11}=3$$

$$\mathrm{ASL}_{不成功}=\frac{4\times3+8\times4}{12}=3.67$$

对于题中给定的有序表构造的判定树如图 9.4(b)所示。在查找 90 时，关键字比较次序是 50、90，比较两次。在查找 47 时，关键字比较次序是 50、24、35、47，比较 4 次。在查找 100 时，关键字比较次序是 50、90、115，比较 3 次。

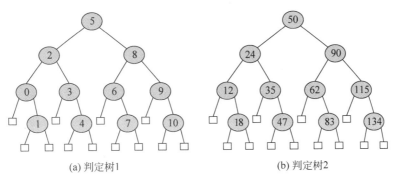

(a) 判定树1　　　　　　　　　(b) 判定树2

图 9.4　两棵判定树

3. 有以下查找算法:

```
int fun(int a[ ],int n,int k)
{    int i;
     for (i = 0;i < n;i += 2)
         if (a[i] == k)
             return i;
     for (i = 1;i < n;i += 2)
         if (a[i] == k)
             return i;
     return − 1;
}
```

(1) 指出 fun(a,n,k)算法的功能。

(2) 当 $a[]=\{2,6,3,8,1,7,4,9\}$时,执行 fun(a,n,1)后的返回结果是什么? 一共进行了几次比较?

(3) 当 $a[]=\{2,6,3,8,1,7,4,9\}$时,执行 fun(a,n,5)后的返回结果是什么? 一共进行了几次比较?

答:(1) fun(a,n,k)算法的功能是在数组 $a[0..n-1]$中查找值为 k 的元素,若找到了返回 k 对应元素的下标,否则返回 -1。该算法先在奇数序号的元素中查找,如果没有找到,再在偶数序号的元素中查找。

(2) 当 $a[]=\{2,6,3,8,1,7,4,9\}$时,执行 fun(a,n,1)后的返回结果是4,表示查找成功。一共进行了 3 次比较。

(3) 当 $a[]=\{2,6,3,8,1,7,4,9\}$时,执行 fun(a,n,5)后的返回结果是-1,表示查找不成功。一共进行了 8 次比较。

4. 假设一棵二叉排序树的关键字为单个字母,其后序遍历序列为 ACDBFIJHGE,回答以下问题:

(1) 画出该二叉排序树。

(2) 求在等概率情况下的查找成功的平均查找长度。

(3) 求在等概率情况下的查找不成功的平均查找长度。

答:(1) 该二叉排序树的后序遍历序列为 ACDBFIJHGE,则中序遍历序列为 ABCDEFGHIJ,由后序序列和中序序列构造的二叉排序树如图 9.5 所示。

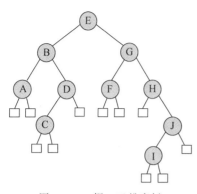

图9.5　一棵二叉排序树

（2）$ASL_{成功} = (1 \times 1 + 2 \times 2 + 4 \times 3 + 2 \times 4 + 1 \times 5)/10 = 3$。

（3）$ASL_{不成功} = (6 \times 3 + 3 \times 4 + 2 \times 5)/11 = 3.64$。

5. 证明如果一棵非空二叉树（所有结点值均不相同）的中序遍历序列是从小到大有序的，则该二叉树是一棵二叉排序树。

证明：对于关键字为 k 的任一结点 a，由中序遍历过程可知，在中序遍历序列中，它的左子树的所有结点的关键字排在 k 的左边，它的右子树的所有结点的关键字排在 k 的右边，由于中序序列是从小到大排列的，所以结点 a 的左子树中所有结点的关键字小于 k，结点 a 的右子树中所有结点的关键字大于 k，这满足二叉排序树的性质，所以该二叉树是一棵二叉排序树。

6. 由 23、12、45 关键字构成的二叉排序树有多少棵？其中属于平衡二叉树的有多少棵？

答：这里 $n = 3$，构成的二叉排序树的棵数 $= \dfrac{1}{n+1} C_{2n}^{n} = 5$，如图9.6所示。其中的平衡二叉树有一棵，为图9.6中的第3棵。

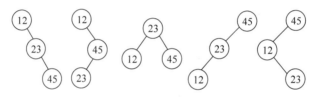

图9.6　5棵二叉排序树

7. 将整数序列(4,5,7,2,1,3,6)中的元素依次插入一棵空的二叉排序树中，试构造相应的二叉排序树，要求用图形给出构造过程。

答：构造一棵二叉排序树的过程如图9.7所示。

8. 将整数序列(4,5,7,2,1,3,6)中的元素依次插入一棵空的平衡二叉树中，试构造相应的平衡二叉树，要求用图形给出构造过程。

答：构造一棵平衡二叉树的过程如图9.8所示。

9. 有一个关键字序列为(11,14,2,7,1,15,5,8,4)，从一棵空红黑树开始依次插入各个关键字创建一棵红黑树，给出创建红黑树的过程。

答：从一棵空红黑树开始依次插入各个关键字创建红黑树的过程如下：

（1）插入 11 的结点，为根结点，改变该结点颜色为黑色，如图9.9(a)所示。

（2）插入 14 的结点，其双亲结点为黑色，不需要调整，如图9.9(b)所示。

（3）插入 2 的结点，其双亲结点为黑色，不需要调整，如图9.9(c)所示。

（4）插入 7 的结点，其双亲结点 P 为红色，叔叔结点 U 为红色，按情况①处理，将结点 P 和 U 的颜色改为黑色，祖父结点 G 的颜色改为红色。当前结点 N 变为原来结点 G，由于结点 N 是根结点，将其颜色改变为黑色，如图9.9(d)所示。

（5）插入 1 的结点，其双亲结点为黑色，不需要调整，如图9.9(e)所示。

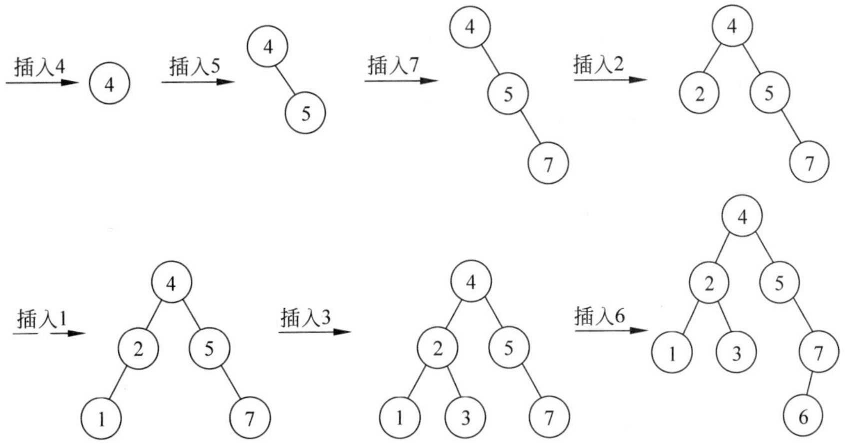

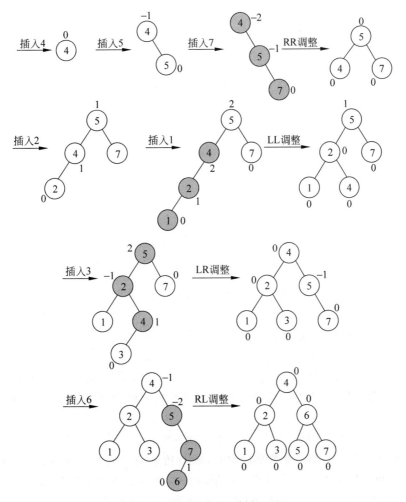

图 9.7　构造二叉排序树的过程

图 9.8　构造平衡二叉树的过程

（6）插入 15 的结点，其双亲结点为黑色，不需要调整，如图 9.9(f)所示。

（7）插入 5 的结点，其双亲结点 P 为红色，叔叔结点 U 为红色，按情况①处理，将结点 P 和 U 的颜色改为黑色，祖父结点 G 的颜色改为红色。当前结点 N 变为原来结点 G，由于结点 N 的双亲结点为黑色，不需要调整，如图 9.9(g)所示。

（8）插入 8 的结点，其双亲结点为黑色，不需要调整，如图 9.9(h)所示。

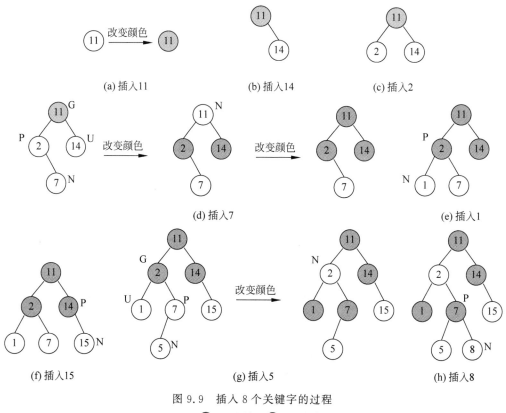

图 9.9　插入 8 个关键字的过程

注：⬤——黑色；◯——红色

（9）插入 4 的结点，其双亲结点 P 为红色，叔叔结点 U 为红色，按情况①处理，将结点 P 和 U 的颜色改为黑色，祖父结点 G 的颜色改为红色。

当前结点 N 变为原来结点 G，其双亲结点 P 为红色，叔叔结点 U 是黑色，并且结点 N 是右孩子，按情况②处理，左旋以双亲结点 P 为根的子树。

当前结点 N 变为原来结点 P，其双亲结点 P 为红色，叔叔结点 U 是黑色，并且结点 N 是左孩子，按情况③处理，先右旋以祖父结点 G 为根的子树，然后交换结点 P 和祖父结点 G 的颜色，如图 9.10 所示。

10．已知一棵 5 阶 B 树中有 53 个关键字，则树的最大高度是多少？

答：当每个结点的关键字个数都最少时，该 B 树的高度最大。根结点最少有一个关键字、两棵子树，第一层至少有一个结点。除根结点以外每个结点至少有 $\lceil 5/2 \rceil - 1 = 2$ 个关键字、3 棵子树，则第 2 层至少有两个结点，共 $2 \times 2 = 4$ 个关键字。第 3 层至少有 2×3 个结点，共 $2 \times 3 \times 2 = 12$ 个关键字。第 4 层至少有 6×2 个结点，共 $6 \times 3 \times 2 = 36$ 个关键字。而 $1 + 4 + 12 + 36 = 53$，加上外部结点层，该 B 树的最大高度是 5 层。

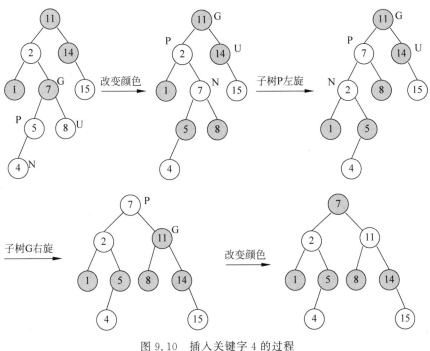

图 9.10 插入关键字 4 的过程

注：⬤——黑色；◯——红色

11. 设有一组关键字(19,1,23,14,55,20,84,27,68,11,10,77),其哈希函数为 $h(\text{key})=\text{key}\%13$。采用开放地址法中的线性探测法解决冲突,试在 0～18 的哈希表中对该关键字序列构造哈希表,并求在成功和不成功情况下的平均查找长度。

答：依题意,$m=19$,利用线性探测法计算下一地址的计算公式如下。

$$d_0=h(\text{key})$$

$$d_{j+1}=(d_j+1)\%m \quad j=0,1,2,\cdots$$

计算各关键字存储地址的过程如下：

$h(19)=19\%13=6,h(1)=1\%13=1,h(23)=23\%13=10$

$h(14)=14\%13=1(冲突),h(14)=(1+1)\%19=2$

$h(55)=55\%13=3,h(20)=20\%13=7$

$h(84)=84\%13=6(冲突),h(84)=(6+1)\%19=7(仍冲突),h(84)=(7+1)\%19=8$

$h(27)=27\%13=1(冲突),h(27)=(1+1)\%19=2(仍冲突),h(27)=(2+1)\%19=3$（仍冲突）,$h(27)=(3+1)\%19=4$

$h(68)=68\%13=3(冲突),h(68)=(3+1)\%19=4(仍冲突),h(68)=(4+1)\%19=5$

$h(11)=11\%13=11$

$h(10)=10\%13=10(冲突),h(10)=(10+1)\%19=11(仍冲突),h(10)=(11+1)\%19=12$

$h(77)=77\%13=12(冲突),h(77)=(12+1)\%19=13$

因此,构建的哈希表如表 9.1 所示。

表 9.1 哈希表

下标	0	1	2	3	4	5	6	7	8	9	10	11	12	13	14	15	16	17	18
key		1	14	55	27	68	19	20	84		23	11	10	77					
探测次数		1	2	1	4	3	1	1	3		1	1	3	2					

表中的探测次数即为相应关键字成功查找时所需比较关键字的次数,因此:
$$ASL_{成功}=(1+2+1+4+3+1+1+3+1+1+3+2)/12=1.92$$

查找不成功表示在表中未找到指定关键字的记录。以哈希地址是 0 的关键字为例,由于此处关键字为空,只需比较一次便可确定本次查找不成功;以哈希地址是 1 的关键字为例,若该关键字不在哈希表中,需要将它与 1~9 地址的关键字相比较,由于地址 9 的关键字为空,所以不再向后比较,共比较 9 次,其他的以此类推,所以得到如表 9.2 所示的结果。

表 9.2 不成功查找的探测次数

下标	0	1	2	3	4	5	6	7	8	9	10	11	12	13	14	15	16	17	18
key		1	14	55	27	68	19	20	84		23	11	10	77					
探测次数	1	9	8	7	6	5	4	3	2	1	5	4	3	2	1	1	1	1	1

而哈希函数为 $h(key)=key\%13$,所以只需考虑 $h(key)=0\sim12$ 的情况,即:
$$ASL_{不成功}=(1+9+8+7+6+5+4+3+2+1+5+4+3)/13$$
$$=58/13=4.46$$

12. 设计一个折半查找算法,求查找到关键字为 k 的记录所需关键字的比较次数。假设 k 与 $R[i].key$ 比较得到 3 种情况,即 $k==R[i].key$、$k<R[i].key$ 或者 $k>R[i].key$,计为一次比较(在教材中讨论关键字比较次数时都是这样假设的)。

解:用 cnum 累计关键字的比较次数,最后返回其值。由于题目中的假设,实际上 cnum 是求在判定树中比较结束时的结点层次(首先与根结点比较,所以 cnum 初始化为 1)。对应的算法如下:

```
int BinSearch1(RecType R[ ],int n,KeyType k)
{    int low = 0,high = n-1,mid;
     int cnum = 1;              //成功查找需要一次比较
     while (low < = high)
     {    mid = (low + high)/2;
          if (R[mid].key == k)
              return cnum;
          else if (k < R[mid].key)
              high = mid-1;
          else
              low = mid + 1;
          cnum++;
     }
     cnum--;                    //不成功查找的比较次数需要减1
     return cnum;
}
```

13. 设计一个算法,判断给定的二叉树是否为二叉排序树。假设二叉树中结点的关键

字均为正整数且均不相同。

解：对于二叉排序树来说，其中序遍历序列为一个递增有序序列。因此，对给定的二叉树进行中序遍历，如果始终能保持前一个值比后一个值小，则说明该二叉树是一棵二叉排序树。对应的算法如下：

```
KeyType predt = -32768;              //predt 为全局变量,保存当前结点的中序前驱的值,初值为 -∞
bool JudgeBST(BSTNode * bt)
{   bool b1,b2;
    if (bt == NULL)
        return true;
    else
    {   b1 = JudgeBST(bt->lchild);     //判断左子树
        if (b1 == false)               //左子树不是 BST,返回假
            return false;
        if (bt->key<predt)             //当前结点违反 BST 性质,返回假
            return false;
        predt = bt->key;
        b2 = JudgeBST(bt->rchild);     //判断右子树
        return b2;
    }
}
```

14. 设计一个算法,在一棵非空二叉排序树 bt 中求出指定关键字为 k 的结点的层次。

解：采用循环语句边查找边累计层次 lv,当找到关键字为 k 的结点时返回 lv,否则返回 0。对应的算法如下：

```
int Level(BSTNode * bt,KeyType k)
{   int lv = 1;                        //层次 lv 置初值 1
    BSTNode * p = bt;
    while (p!= NULL && p->key!= k)     //二叉排序树未找完或未找到则循环
    {   if (k<p->key)
            p = p->lchild;             //在左子树中查找
        else
            p = p->rchild;             //在右子树中查找
        lv++;                          //层次增 1
    }
    if (p!= NULL)                      //找到后返回其层次
        return lv;
    else
        return(0);                     //表示未找到
}
```

15. 设计一个哈希表 ha[0..m-1] 存放 n 个元素,哈希函数采用除留余数法,哈希函数为 $H(key)=key \% p(p \leqslant m)$,解决冲突采用开放地址法中的平方探测法。

(1) 设计哈希表的类型。

(2) 设计在哈希表中查找指定关键字的算法。

解：哈希表为 ha[0..m-1],存放 n 个元素,哈希函数为 $H(key)=key \% p(p \leqslant m)$。

平方探测法：$H_i = (H(key) + d_i) \bmod m \, (1 \leqslant i \leqslant m-1)$，其中 $d_i = 1^2$、-1^2、2^2、-2^2、$\cdots$。

（1）设计哈希表的类型如下：

```
#define MaxSize 100              //定义最大哈希表长度
#define NULLKEY −1               //定义空关键字值
typedef int KeyType;            //关键字的类型
typedef char * InfoType;        //其他数据类型
typedef struct
{   KeyType key;                 //关键字域
    InfoType data;              //其他数据域
    int count;                   //探测次数域
} HashTable[MaxSize];           //哈希表类型
```

（2）对应的算法如下：

```
int SearchHT1(HashTable ha, int p, int m, KeyType k)    //在哈希表中查找关键字 k
{   int adr, adr1, i = 1, sign;
    adr = adr1 = k % p;                                  //求哈希函数值
    sign = 1;
    while (ha[adr].key!= NULLKEY && ha[adr].key!= k)     //找到的位置不空
    {   adr = (adr1 + sign * i * i) % m;
        if (sign == 1)
            sign = −1;
        else                                             //sign = −1
        {   sign = 1;
            i++;
        }
    }
    if (ha[adr].key == k)                                //查找成功
        return adr;
    else                                                 //查找失败
        return −1;
}
```

9.3 补充练习题及参考答案

9.3.1 单项选择题

习题答案

1. 不适合在链式存储结构上实现的查找方法是_____。

    A. 顺序查找   B. 折半查找

    C. 二叉排序树查找   D. 哈希查找

2. 在采用顺序查找方法查找长度为 n 的线性表时，不成功查找的平均查找长度为_____。

    A. n B. $n/2$ C. $(n+1)/2$ D. $(n-1)/2$

3. 在数据元素有序、元素个数较多而且固定不变的情况下宜采用_____法。

    A. 折半查找   B. 分块查找

    C. 二叉排序树查找   D. 顺序查找

4. 有一个长度为 12 的有序表,按二分查找法对该表进行查找,在表内各元素等概率的情况下,查找成功所需的平均比较次数为_____。

    A. 35/12   B. 37/12   C. 39/12   D. 43/12

5. 有一个有序表 $R[1..13]=\{1,3,9,12,32,41,45,62,75,77,82,95,100\}$,当用二分查找法查找值为 82 的结点时,经过_____次比较后查找成功。

    A. 1   B. 2   C. 4   D. 8

6. 设有 100 个元素的有序表,采用折半查找方法,成功时最多的比较次数是_____。

    A. 25   B. 50   C. 10   D. 7

7. 设有 100 个元素的有序表,采用折半查找方法,不成功时最多的比较次数是_____。

    A. 25   B. 50   C. 10   D. 7

8. 在折半查找对应的判定树中,外部结点是_____。

    A. 一次成功查找过程终止的结点

    B. 一次失败查找过程终止的结点

    C. 一次成功查找过程中经过的中间结点

    D. 一次失败查找过程中经过的中间结点

9. 当采用分块查找时,数据的组织方式为_____。

    A. 数据分成若干块,每块内的数据有序

    B. 数据分成若干块,每块内的数据无序,但块间必须有序

    C. 数据分成若干块,全部数据必须有序

    D. 数据分成若干块,每块中的数据个数必须相同

10. 在采用分块查找时,若线性表中共有 625 个元素,查找每个元素的概率相同,假设采用顺序查找来确定结点所在的块,则每块分为_____个结点最佳。

    A. 9   B. 25   C. 6   D. 625

11. 设待查找元素为 47,且已存入变量 k 中,如果在查找过程中和 k 进行比较的元素依次是 47、32、46、25、47,则所采用的查找方法_____。

    A. 是一种错误的方法   B. 可能是分块查找

    C. 可能是顺序查找   D. 可能是折半查找

12. 如果在 n 个元素中查找其中任何一个元素至少要比较两次,则所用的查找方法有可能是_____。

    A. 折半查找   B. 分块查找

    C. 顺序查找   D. 二叉排序树查找

13. 在二叉排序树中,凡是新插入的结点都是没有_____的。

    A. 孩子   B. 关键字   C. 平衡因子   D. 赋值

14. 以下关于二叉排序树的叙述中正确的是_____。

    A. 在二叉排序树中插入新结点时会引起树的重新分裂和合并

B. 对二叉排序树进行层次遍历可以得到一个有序序列

C. 在构造二叉排序树时,若关键字序列有序,则二叉排序树的高度最大

D. 在二叉排序树中查找时关键字的比较次数不超过结点数的一半

15. 以下关于二叉排序树的描述不正确的是_____。

A. 二叉排序树的查找效率取决于树的形态

B. 从二叉排序树中删去一个结点后再重新插入,一定是作为叶子结点插入的

C. 在最坏情况下,利用插入操作构造一棵二叉排序树花费的代价为 $O(n\log_2 n)$

D. 在含有 n 个结点的平衡二叉排序树中,查找失败时最多
花费的代价为 $O(\log_2 n)$

16. 如图 9.11 所示的一棵二叉排序树,不成功查找的平均查找
长度是_____。

A. 21/7　　　　　　　　　　　　B. 28/7

C. 15/6　　　　　　　　　　　　D. 21/6

17. 在含有 27 个结点的二叉排序树上查找关键字为 35 的结
点,则依次比较的关键字序列有可能是_____。

A. 28,36,18,46,35　　　　　　　B. 18,36,28,46,35

C. 46,28,18,36,35　　　　　　　D. 46,36,18,28,35

18. 对于下列关键字序列,不可能构成某二叉排序树中一条查找路径的序列
是_____。

A. 95,22,91,24,94,71　　　　　　B. 92,20,91,34,88,35

C. 21,89,77,29,36,38　　　　　　D. 12,25,71,68,33,34

19. 如图 9.12 所示的平衡二叉树插入关键字 48 后得到一棵新
平衡二叉树,在新平衡二叉树中,关键字 37 所在结点的左、右子结点
中保存的关键字分别是_____。

A. 13,48　　　　　　　　　　　B. 24,48

C. 24,53　　　　　　　　　　　D. 24,90

20. 具有 5 层结点的 AVL 树至少有_____个结点。

A. 10　　　　　　　　　　　　B. 12

C. 15　　　　　　　　　　　　D. 17

21. 分别以下列序列构造平衡二叉树,与其他 3 个序列所构造的结果不同的是_____。

A. (4,2,3,1,6,5,7)　　　　　　B. (4,6,5,7,2,1,3)

C. (4,1,2,3,6,5,7)　　　　　　D. (4,2,1,3,6,5,7)

22. 在含有 12 个结点的平衡二叉树上查找关键字为 35(存在该结点)的结点,则依次比
较的关键字有可能是_____。

A. 46,36,18,20,28,35　　　　　B. 47,37,18,27,36

C. 27,48,39,43,37　　　　　　D. 15,45,25,35

23. 在含有 15 个结点的平衡二叉树上查找关键字为 28 的结点,则依次比较的关键字
有可能是_____。

A. 30,36　　　　　　　　　　　B. 38,48,28

C. 48,18,38,28　　　　　　　　　　D. 60,30,50,40,38,36

24. 以下关于 m 阶 B 树的叙述中正确的是_____。

    A. 每个结点至少有两棵非空子树

    B. 树中每个结点最多有 $\lceil m/2 \rceil - 1$ 个关键字

    C. 所有外部结点均在同一层上

    D. 当插入一个关键字引起 B 树的结点分裂时树增高一层

25. 已知一棵 3 阶 B 树中有 2047 个关键字,则树的最大高度是_____。

    A. 11　　　　　　B. 12　　　　　　C. 13　　　　　　D. 14

26. 在一棵高度为 2(不计外部结点层)的 5 阶 B 树中所含关键字的个数最少是_____。

    A. 5　　　　　　　B. 7　　　　　　　C. 8　　　　　　　D. 14

27. m 阶 B+树中除根结点以外,其他结点的关键字个数至少为_____。

    A. $\lceil m/2 \rceil$　　B. $\lceil m/2 \rceil - 1$　　C. $\lceil m/2 \rceil + 1$　　D. 任意

28. 下面关于 B 树和 B+树的叙述中不正确的是_____。

    A. B 树和 B+树都能有效地支持顺序查找

    B. B 树和 B+树都能有效地支持随机查找

    C. B 树和 B+树都是平衡的多分树

    D. B 树和 B+树都可用于文件索引结构

29. 哈希表中出现哈希冲突是指_____。

    A. 两个元素具有相同的序号

    B. 两个元素的关键字不同,而其他属性相同

    C. 数据元素过多

    D. 两个元素的关键字不同,而对应的哈希函数值相同

30. 设哈希表长 $m = 14$,哈希函数 $h(\text{key}) = \text{key mod } 11$。表中已有 4 个元素,addr(15)=4,addr(38)=5,addr(61)=6,addr(84)=7,其余地址为空,如用二次探测法处理冲突,则关键字为 49 的结点的地址是_____。

    A. 8　　　　　　　B. 3　　　　　　　C. 5　　　　　　　D. 9

31. 下面有关哈希表的叙述中正确的是_____。

    A. 哈希查找的时间与规模 n 成正比

    B. 不管是开放地址法还是拉链法,查找时间都与装填因子 α 有关

    C. 开放地址法存在堆积现象,而拉链法不存在堆积现象

    D. 在拉链法中装填因子 α 必须小于 1

32. 为提高哈希表的查找效率,可以采取的正确措施是_____。

Ⅰ. 增大装填因子

Ⅱ. 设计冲突少的哈希函数

Ⅲ. 处理冲突时避免产生堆积现象

    A. 仅Ⅰ　　　　　B. 仅Ⅱ　　　　　C. 仅Ⅰ、Ⅱ　　　　D. 仅Ⅱ、Ⅲ

33. 在采用开放地址法解决冲突的哈希表中,发生堆积的原因主要是_____。

    A. 数据元素过多　　　　　　　　　B. 装填因子 α 过大

C. 哈希函数选择不当　　　　　　　　D. 解决冲突的算法选择不当

34. 从 100 个元素中查找某个元素,如果最多进行 5 次元素之间的比较,则采用的查找方法只可能是_____。

  A. 折半查找　　　　　　　　　　　B. 分块查找

  C. 哈希查找　　　　　　　　　　　D. 二叉排序树查找

35. 在顺序查找、折半查找、分块查找和二叉排序树查找中,在最坏情况下时间复杂度相同的是_____。

  A. 折半查找和二叉排序树查找　　　B. 顺序查找和二叉排序树查找

  C. 分块查找和二叉排序树查找　　　D. 折半查找和分块查找

9.3.2　填空题

1. 衡量查找算法性能好坏的主要标准是_____。

2. 采用顺序查找方法查找含 n 个元素的顺序表,若查找成功,则比较关键字的次数最多为___①___次;若查找不成功,则比较关键字的次数为___②___。

3. 在 n 个元素的有序顺序表中进行折半查找,查找过程落在对应判定树的第 i 层的某个外部结点中,则关键字的比较次数是_____。

4. 设有序表为 $\{2,4,6,8,10,12,14,16,18,20\}$,采用折半查找方法查找元素 14,依次比较的元素是_____。

5. 设有序顺序表中有 $2^{20}-1$ 个元素,采用折半查找,不成功查找时的平均查找长度是_____。

6. 分块查找的数据分布特性是_____。

7. 在分块查找方法中,首先查找___①___,然后查找相应的___②___。

8. 在某分块查找中,查找表中有 3100 个元素,共分为 31 块,则对应的索引表中的项数是___①___;如果索引表采用折半查找,则成功查找的平均查找长度为___②___。

9. 在高度为 h、含 n 个结点的二叉排序树上查找一个关键字的最多比较次数为_____。

10. 如果按关键字递增顺序依次将 n 个关键字插入一棵初始为空的二叉排序树中,则对这样的二叉排序树查找时关键字的平均比较次数是_____。

11. 对二叉排序树进行_____遍历,可以得到按关键字从小到大排列的结点序列。

12. 对于两棵具有相同关键字集合而形状不同的二叉排序树,在进行_____遍历时可以得到完全相同的序列。

13. 对一棵二叉排序树进行这样的遍历:遍历右子树、访问根结点、遍历左子树,则得到的遍历序列是_____。

14. 在含有 n 个结点的二叉排序树中添加外部结点,则外部结点的个数为_____。

15. 输入序列为 $(20,35,30,\cdots)$,构造一棵平衡二叉树,其中的第一次调整为_____型调整。

16. 输入序列为 $(20,11,12,\cdots)$,构造一棵平衡二叉树,其中的第一次调整为_____型调整。

17. 在一个 10 阶的 B 树上,每个非根结点、非外部结点的结点中所含的关键字的数目

最多允许为 ___①___ 个,最少允许为 ___②___ 个。

18. 当向 B 树中插入一个关键字时可能引起结点的 ___①___,可能导致整个 B 树的高度 ___②___；当从 B 树中删除一个关键字时可能引起结点的 ___③___,可能导致整个 B 树的高度 ___④___。

19. 在采用哈希存储方法时,用于计算元素存储地址的是 _____。

20. 评价哈希函数好坏的标准是 _____。

21. 在各种查找方法中,其平均查找长度与结点个数 n 无关的查找方法是 _____。

22. 在哈希存储中,装填因子 α 的值越大,则 ___①___；α 的值越小,则 ___②___。

9.3.3 判断题

习题答案

1. 判断以下叙述的正确性。

(1) 顺序查找方法只能在顺序存储结构上进行。

(2) 二分查找适合在有序的双链表上进行。

(3) 分块查找的效率与查找表被分成多少块有关。

(4) 二叉排序树是用来进行排序的。

(5) 在二叉排序树中,每个结点的关键字都比左孩子关键字大,比右孩子关键字小。

(6) 每个结点的关键字都比左孩子关键字大,比右孩子关键字小,这样的二叉树一定是二叉排序树。

(7) 在二叉排序树中,新插入的关键字总是处于最底层。

(8) 在二叉排序树中,新结点总是作为树叶插入的。

(9) 二叉排序树的查找性能和二叉排序树的高度有关。

(10) 在平衡二叉排序树中,每个结点的平衡因子值都是相等的。

(11) 在平衡二叉排序树中,以每个分支结点为根的子树都是平衡的。

(12) 哈希存储方法只能存储数据元素的值,不能存储数据元素之间的关系。

(13) 哈希冲突是指相同关键字的元素对应多个不同的哈希地址。

(14) 在哈希查找过程中,关键字的比较次数和哈希表中关键字的个数直接相关。

(15) 在用线性探测法处理冲突的哈希表中,哈希函数值相同的关键字总是存放在一片连续的存储单元中。

2. 判断以下叙述的正确性。

(1) 用顺序表和单链表存储的有序表均适合采用二分查找方法来提高查找速度。

(2) n 个元素存放在一维数组 $R[1..n]$ 中,采用任何顺序查找方法,无论是有序还是无序,无论查找成功与否,算法的时间性能都是一样的。

(3) 在二叉排序树的任意一棵子树中,关键字最小的结点必无左孩子,关键字最大的结点必无右孩子。

(4) 二叉排序树的任意一棵子树也是二叉排序树。

(5) 在二叉排序树上删除一个结点时不必移动其他结点,只要将该结点的双亲结点的相应指针域置空即可。

(6) 二叉排序树的查找都是从根结点开始的,则查找失败一定落在叶子上。

(7) 哈希表的查找效率主要取决于构造哈希表时选取的哈希函数和处理冲突的方法。

(8) 若哈希表的装填因子 $\alpha < 1$,则可避免冲突的产生。

（9）在哈希表中进行查找不需要关键字的比较。

（10）在用线性探测法处理冲突的哈希表中，假设有 10 个元素互为同义词，把它们存入哈希表中，总共最多需要进行 10 次探测。

9.3.4 简答题

习题答案

1. 试述顺序查找法、二分查找法和分块查找法对被查找表中元素的要求。对长度为 n 的表来说，3 种查找法在查找成功时的平均查找长度各是多少？

2. 为什么折半查找要求数据采用具有随机存取特性的存储结构来存储？

3. 在对长度为 2^h-1 的有序表进行折半查找时，成功情况下最多比较多少次？查找失败的平均次数是多少？

4. 有以下查找算法：

```
int fun(int a[], int low, int high, int k)
{   int mid;
    if (low <= high)
    {   mid = (low + high)/2;
        if (a[mid] < k)
            return fun(a, mid + 1, high, k);
        else if (a[mid] > k)
            return fun(a, low, mid - 1, k);
        else
            return mid;
    }
    else return - 1;
}
```

（1）指出 fun(a, low, high, k)算法的功能。

（2）当 $a[]=\{1,2,3,4,5,6,7,8\}$ 时，执行 fun(a, 0, 7, 5)后的返回结果是什么？

5. 有一个递增有序表 R，采用以下算法利用有序性进行顺序查找：

```
int Find(RecType R[], int n, KeyType k)
{   int i = 0;
    while (i < n)
    {   if (R[i].key == k)
            return i + 1;
        else if (k > R[i].key)
            i++;
        else
            return 0;
    }
}
```

分析该算法在等概率情况下成功和不成功查找的平均查找长度，和单纯的顺序查找相比，哪个查找效率更高一些？

6. 证明二叉排序树的中序遍历序列是从小到大有序的。

7. 某人认为可以这样定义二叉排序树：对于一棵非空二叉树，若每个结点的关键字大于左孩子的关键字，小于右孩子的关键字，则它是一棵二叉排序树。如果你认为正确，请证明；如果你认为错误，请给出一个反例。

8. 给定一棵非空二叉排序树的先序序列,可以唯一确定该二叉排序树吗?为什么?

9. 对于一棵高度为 10 的平衡二叉树,求叶子结点的最小层次。

10. 试问含有 8 个关键字的 3 阶 B 树最多有几个内部结点?最少有几个内部结点?画出其形态。

11. 已知一棵 3 阶 B 树如图 9.13 所示,画出在其中插入关键字 18 的过程。

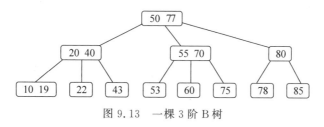

图 9.13 一棵 3 阶 B 树

12. 哈希表查找的时间性能在什么情况下可以达到 $O(1)$?

13. 为什么哈希表不支持元素之间的顺序查找?

14. 用开放地址法构造哈希表,其装填因子为何不能超过 1?而用拉链法构造哈希表,其装填因子为何可以超过 1?

15. 在采用线性探测法处理冲突的哈希表中,所有同义词在表中是否一定相邻?

16. 对于关键字序列 $(30,15,21,40,25,26,36,37)$,若查找表的装填因子为 0.8,采用线性探测法解决冲突,完成以下各题:

(1) 设计哈希函数。

(2) 画出哈希表。

(3) 计算在等概率条件下查找成功和查找失败的平均查找长度。

17. 设有一组关键字 $\{9,1,23,14,55,20,84,27\}$,采用哈希函数 $H(\text{key})=\text{key mod } 7$,表长 m 为 10,用开放地址法中的平方探测法($H_i=(H(\text{key})+d_i)\bmod 10$,$d_i=\pm1^2,\pm2^2$,$\pm3^2,\cdots$)来解决冲突,要求对该关键字序列构造哈希表,并计算查找成功时的平均查找长度。

9.3.5 算法设计题

1.【顺序查找算法】设计一个顺序查找的递归算法。

解:对应的递归模型如下。

$f(R,n,k,i)=0$ 当 $i \geqslant n$ 时

$f(R,n,k,i)=i+1$ 当 $R[i].key=k$ 时

$f(R,n,k,i)=f(R,n,k,i+1)$ 其他情况

对应的算法如下:

```
int SeqSearch1(RecType R[ ],int n,KeyType k,int i)
//初始调用时 i = 0
{    if (i > = n)
        return 0;
    else if (R[i].key == k)
        return i + 1;
```

```
        else
            return(SeqSearch1(R,n,k,i+1));
    }
```

2.【顺序查找算法】若顺序表中各元素的查找概率不等,可用以下策略提高顺序查找的效率:若找到指定的元素,则将该元素与其前驱(若存在)元素交换,使得经常被查找的元素尽量位于表的前端。设计出满足上述策略的顺序查找算法。

解:对应的算法如下。

```
int SeqSearch2(RecType R[ ], int n, KeyType k)
{   int i = 0;
    while (i < n && R[i].key != k)
        i++;
    if (i < n)                      //找到了关键字为 k 的元素 R[i]
    {   if (i > 0)                  //i > 0 时 R[i]前移一位
        {   swap(R[i], R[i-1]);     //R[i]交换到前面
            return i;               //返回 R[i]新位置的逻辑序号
        }
        else return i + 1;         //i = 0 时不能移动 R[i],返回 1
    }
    return 0;
}
```

3.【折半查找算法】设计一个折半查找的递归算法。

解:根据折半查找过程得到以下递归模型。

$$f(R,\text{low},\text{high},k)=\begin{cases}0 & \text{当 low} > \text{high 时}\\ \text{mid}+1(\text{mid}=(\text{low}+\text{high})/2) & \text{当 } R[\text{mid}].\text{key}=k \text{ 时}\\ f(R,\text{low},\text{mid}-1,k) & \text{当 } k < R[\text{mid}].\text{key 时}\\ f(R,\text{mid}+1,\text{high},k) & \text{当 } k > R[\text{mid}].\text{key 时}\end{cases}$$

对应的算法如下。

```
int BinSearch1(RecType R[ ], int low, int high, KeyType k)
{   //初始调用时 low = 0, high = n - 1
    int mid;
    if (low <= high)
    {   mid = (low + high)/2;
        if (R[mid].key < k)
            return BinSearch1(R,mid + 1,high,k);
        else if (R[mid].key > k)
            return BinSearch1(R,low,mid - 1,k);
        else                //R[mid].key = k
            return mid + 1;
    }
    else return 0;
}
```

4.【折半查找算法】利用折半查找算法在一个有序表 R 中插入一个关键字为 k 的元素

x,并保持表的有序性。

解：先采用折半查找算法找到插入元素的位置 pos,将位置 pos 及之后的所有元素后移一个位置,然后将 x 放置在位置 pos 处。对应的算法如下:

```
void Binsert(RecType R[ ], int &n, RecType x)
{   int low = 0, high = n − 1, mid, pos, i;
    bool find = false;
    while (low < = high && !find)        //折半查找
    {   mid = (low + high)/2;
        if (x.key < R[mid].key)
            high = mid − 1;
        else if (x.key > R[mid].key)
            low = mid + 1;
        else
        {   i = mid;
            find = true;
        }
    }
    if (find)                            //若找到相同关键字的元素
        pos = mid;                       //在 mid 处插入元素
    else                                 //否则有 x.key > R[high].key 并且 x.key < R[high + 1].key
        pos = high + 1;                  //在该 high + 1 处插入元素
    for (i = n − 1; i > = pos; i − − )   //R[pos..n − 1]均后移一位
        R[i + 1] = R[i];
    R[pos] = x;                          //插入元素 x
    n++;                                 //元素个数增加 1
}
```

5.【二叉排序树算法】设计一个递归算法,从大到小输出二叉排序树 bt 中所有值不小于 k 的关键字。

解：由二叉排序树的性质可知,右子树中的所有结点值大于根结点值,左子树中的所有结点值小于根结点值。为了从大到小输出,先遍历右子树,再访问根结点(仅输出大于或等于 k 的关键字),后遍历左子树。对应的算法如下:

```
void Output(BSTNode * bt, KeyType k)
{   if (bt == NULL)
        return;
    if (bt − > rchild != NULL)
        Output(bt − > rchild, k);
    if (bt − > key > = k)
        printf(" % d ", bt − > key);
    if (bt − > lchild != NULL)
        Output(bt − > lchild, k);
}
```

6.【二叉排序树算法】假设二叉排序树 bt 中所有的关键字是由整数构成的,为了查找某关键字 k,会得到一个查找序列。设计一个算法,判断一个序列(存放在 a 数组中)是否为从 bt 中搜索关键字 k 的序列。

解：设查找序列 a 中有 n 个关键字，如果查找成功，$a[n-1]$ 应等于 k。用 i 遍历 a 数组（初值为 0），p 用于在二叉排序树 bt 中查找（p 的初值指向根结点），每查找一层，比较该层的结点关键字 $p->$ key 是否等于 $a[i]$，若不相等，表示 a 不是 bt 中查找关键字 k 的序列，返回 false，否则继续查找下去。若一直未找到关键字 k，则 p 最后必为 NULL，表示 a 不是查找序列，返回 false，否则表示在 bt 中查找到 k，p 指向该结点，表示 a 是查找序列，返回 true。对应的算法如下：

```
bool Findseq(BSTNode * bt, int k, int a[ ], int n)
{   BSTNode * p = bt;
    int i = 0;
    if (a[n-1]!= k)                          //未找到 k,返回 false
        return false;
    while (i < n && p!= NULL)
    {   if (p->key!= a[i])                   //若不等,表示 a 不是 k 的查找序列
            return false;                    //返回 false
        if (k < p->key) p = p->lchild;       //在左子树中查找
        else if (k > p->key) p = p->rchild;  //在右子树中查找
        i++;                                 //查找序列指向下一个关键字
    }
    if (p!= NULL) return true;               //找到了 k,返回 true
    else return false;                       //未找到 k,返回 false
}
```

7.【二叉排序树算法】对于二叉排序树 bt，设计一个算法，删除其中以关键字 k 为根结点的子树中所有关键字小于 k 的结点。

解：利用二叉排序树销毁算法 DestroyBST(bt)，其功能是删除并释放以 bt 为根结点的二叉排序树。在二叉排序树 bt 中找关键字为 k 的结点 bt，调用 DestroyBST(bt-> lchild) 删除以 bt 为根结点的左子树，并置 bt-> lchild 为空。对应的算法如下：

```
bool Delk(BSTNode * &bt, KeyType k)
{   if (bt == NULL)
        return false;
    if (bt->key == k)
    {   DestroyBST(bt->lchild);
        bt->lchild = NULL;
        return true;
    }
    else if (k < bt->key)
        Delk(bt->lchild, k);
    else
        Delk(bt->rchild, k);
}
```

8.【二叉排序树算法】对于二叉排序树 bt，设计一个算法，输出在该树中查找某个关键字 k 所经过的路径。

解：设计的算法为 SearchPath(BSTNode * bt, KeyType k, KeyType path[], int d)，它输出二叉排序树 bt 中查找关键字 k 的查找路径。path 数组存储比较的结点，d 表示 path 中最后关键字的下标，初始值为 -1。当找到关键字为 k 的结点时输出 path。对应的算法如下：

```
void SearchPath(BSTNode * bt, KeyType k, KeyType path[], int d)
{   //d 表示 path 中最后关键字的下标,初始值为 -1
    if (bt == NULL)
        return;
    else if (k == bt->key)
    {   d++; path[d] = bt->key;                   //添加到路径中
        for (int i = 0; i <= d; i++)
            printf(" % 2d", path[i]);
        printf("\n");
    }
    else
    {   d++; path[d] = bt->key;                   //添加到路径中
        if (k < bt->key)
            SearchPath(bt->lchild, k, path, d);   //在左子树中递归查找
        else
            SearchPath(bt->rchild, k, path, d);   //在右子树中递归查找
    }
}
```

9.【二叉排序树算法】给定一棵关键字为整数的二叉排序树(所有的关键字是唯一的)，采用二叉链存储结构，设计一个尽可能高效的算法求关键字 k 的后继结点，若存在这样的结点返回该结点的地址，不存在时返回 NULL。关键之处给出注释。

解：在二叉排序树中求结点 p 的后继结点的过程如下。

(1) 若结点 p 有右子树，则其右子树中的最小结点就是结点 p 的后继结点。

(2) 若结点 p 没有右子树，从根结点出发查找结点 p，同时求出其双亲结点 f 和第一个左拐的祖先结点 firstL。这又分为 3 种子情况：

① f 为空，说明结点 p 为根结点并且没有右子树，则结点 p 没有后继结点。

② f 不空，结点 p 是结点 f 的左孩子，则结点 p 的后继结点是结点 f。

③ f 不空，结点 p 是结点 f 的右孩子，则结点 p 的后继结点是结点 firstL。

对应的算法如下：

```
BSTNode * getnodek(BSTNode * bt, int k, BSTNode * & f, BSTNode * & firstL)
{   BSTNode * p = bt;
    while(p != NULL)
    {   if(k == p->key)
            return p;                    //查找成功返回 p
        f = p;
        if(k > p->key)
            p = p->rchild;               //在右子树中查找
        else
        {   firstL = p;                  //出现左拐点,firstR 建立第一个左拐点
```

```
            p = p -> lchild;                        //在左子树中查找
        }
    }
    return NULL;
}
BSTNode * getsucc(BSTNode * bt, int k)              //求解算法
{   BSTNode * f = NULL;
    BSTNode * firstL = NULL;
    BSTNode * p = getnodek(bt, k, f, firstL);
    if(p == NULL)
        return NULL;
    if(p -> rchild!= NULL)                          ///情况(1)中结点 p 有右子树
    {   BSTNode * succ = p -> rchild;
        while(succ -> lchild!= NULL)
            succ = succ -> lchild;
        return succ;
    }
    if(f == NULL)
        return NULL;                                //情况(2)中的子情况①
    if(p == f -> lchild)                            //情况(2)中的子情况②
        return f;
    else                                            //情况(2)中的子情况③
        return firstL;
}
```

10.【平衡二叉树算法】设计一个算法,判断一棵二叉排序树 bt 是否为平衡的。

解:对于二叉排序树 bt,用 balance 表示其平衡性,h 表示二叉排序树 bt 的高度。对于 bt 结点,递归调用 JudgeAVT(bt−>lchild, bl, hl)求出左子树的平衡性 bl 和高度 hl,递归调用 JudgeAVT(bt−>rchild, br, hr)求出右子树的平衡性 br 和高度 hr,若 hl 和 hr 之差的绝对值小于或等于1,说明该结点是平衡的,返回左、右子树的平衡性,即 bl & br,否则表示是不平衡的。对应的算法如下:

```
int abs(int x, int y)                           //求两个整数差的绝对值
{   int z = x - y;
    return z > 0?z: - z;
}
void JudgeAVT(BSTNode * bt, bool &balance, int &h)
{   //h 为 bt 的高度, balance 表示 bt 的平衡性
    int hl, hr;
    bool bl, br;
    if (bt == NULL)                             //空树是平衡的
    {   h = 0;
        balance = true;
    }
    else if (bt -> lchild == NULL && bt -> rchild == NULL)   //只有一个结点的树是平衡的
    {   h = 1;
        balance = true;
    }
    else
```

```
    {    JudgeAVT(bt -> lchild, bl, hl);        //求出左子树的平衡性 bl 和高度 hl
         JudgeAVT(bt -> rchild, br, hr);        //求出右子树的平衡性 br 和高度 hr
         h = (hl > hr?hl:hr) + 1;
         if (abs(hl, hr)<= 1)
             balance = bl & br;                 //& 为逻辑与运算符
         else
             balance = false;
    }
}
```

设计以下主函数：

```
int main()
{    BSTNode * bt;
     KeyType keys[ ] = {5, 2, 3, 4, 1, 8, 6, 7, 9};
     int n = 9;
     bt = CreateBST(keys, n);                  //创建二叉排序树
     printf("BST:"); DispBST(bt); printf("\n");
     bool balance;
     int h;
     JudgeAVT(bt, balance, h);
     if (balance)
         printf("该 BST 树是平衡的\n");
     else
         printf("该 BST 树是不平衡的\n");
     printf("该 BST 树的高度 : % d\n", h);
     DestroyBST(bt);
     return 1;
}
```

程序的执行结果如下：

```
BST:5(2(1,3(,4)),8(6(,7),9))
该 BST 树是平衡的
该 BST 树的高度:4
```

第10章 内排序

1. 知识结构图

本章的知识结构如图 10.1 所示。

内排序
- 内排序的概念
- 插入排序
  - 直接插入排序算法及分析
  - 折半插入排序算法及分析
  - 希尔排序算法及分析
- 交换排序
  - 冒泡排序算法及分析
  - 快速排序算法及分析
- 选择排序
  - 简单选择排序算法及分析
  - 堆排序算法及分析
- 归并排序——二路归并排序算法及分析
- 基数排序——基数排序算法及分析
- 各种内排序方法的比较和选择

图 10.1　第 10 章知识结构图

2. 基本知识点

(1) 内排序的相关概念和排序算法的分析方法。

(2) 简单排序算法(直接插入、冒泡排序和简单选择排序)设计。

(3) 折半插入排序算法设计。

(4) 希尔排序算法设计。

（5）快速排序算法设计。

（6）堆排序算法设计。

（7）二路归并排序算法设计。

（8）基数排序算法设计。

（9）各种内排序算法的特点及其应用。

3. 要点归纳

（1）稳定的排序算法是指多个相同关键字元素在排序后相对位置不发生改变。

（2）内排序的时间主要花在关键字的比较和元素的移动上。

（3）直接插入排序在初始数据正序时呈现最好情况，此时时间复杂度为 $O(n)$；在初始数据反序时呈现最坏情况，此时时间复杂度为 $O(n^2)$。平均情况接近最坏情况。

（4）直接插入排序和折半插入排序中每趟产生的有序区是局部有序区。

（5）折半插入排序采用折半查找方法找插入元素的位置，但和直接插入排序移动元素的次数是相同的。

（6）希尔排序是利用直接插入排序在数据正序时呈现最好情况这个特点。

（7）冒泡排序在初始数据正序时呈现最好情况，此时时间复杂度为 $O(n)$；在初始数据反序时呈现最坏情况，此时时间复杂度为 $O(n^2)$。平均情况接近最坏情况。

（8）冒泡排序中每趟产生的有序区是全局有序区。每趟将一个元素归位，以后该元素的位置不再发生改变。

（9）快速排序利用划分方法实现排序，将一个无序区分为两个子无序区，对每个子无序区的处理是独立的，先处理哪一个都可以。

（10）快速排序中每趟将一个元素归位，以后该元素的位置不再发生改变，但每趟并不产生有序区。

（11）快速排序在初始数据正序和反序时都呈现最坏情况，而平均情况接近最好情况。快速排序的空间复杂度为 $O(\log_2 n)$。

（12）选择类排序算法（包括简单选择排序和堆排序）与初始数据的正反序无关，它们都是不稳定的。

（13）简单选择排序采用简单比较方法从 k 个元素中挑选出最大（或者最小）关键字元素，执行时间为 $O(k)$，而堆排序是采用堆结构来实现的，执行时间为 $O(\log_2 k)$。

（14）简单选择排序的平均情况接近最坏情况，而堆排序的平均情况接近最好情况。

（15）在一个大根堆中，根结点是关键字最大的结点，关键字最小的结点一定属于叶子结点。从根结点到某个叶子结点的路径恰好构成一个关键字递减序列。

（16）堆的用途是挑选最大（或者最小）关键字元素，当需要从一组元素中连续挑选最大（或者最小）关键字元素时可以采用堆来实现。对一个堆进行层次遍历不一定能得到一个有序序列。

（17）二路归并排序的空间复杂度为 $O(n)$，它是各种内排序中空间复杂度最高的排序方法。

（18）三路归并排序的时间复杂度也是 $O(n\log_2 n)$，但其算法设计远比二路归并排序算法复杂。

(19) 基数排序不需要关键字比较,其空间复杂度为 $O(r)$。

(20) 基数排序的每一趟都是稳定的,所以基数排序是稳定的排序方法。

(21) 在多个关键字排序中可能需要考虑排序算法的稳定性。

(22) 不能简单地认为一种排序方法一定好于另外一种排序方法,影响排序性能的因素有多个。

10.2 教材中的练习题及参考答案 ※

1. 直接插入排序算法在含有 n 个元素的表的初始数据正序、反序和全部相等时的时间复杂度各是多少?

答:含有 n 个元素的排序表的初始数据正序时,直接插入排序算法的时间复杂度为 $O(n)$;含有 n 个元素的排序表的初始数据反序时,直接插入排序算法的时间复杂度为 $O(n^2)$;含有 n 个元素的排序表的初始数据全部相等时,直接插入排序算法的时间复杂度为 $O(n)$。

2. 回答以下关于直接插入排序和折半插入排序的问题:

(1) 使用折半插入排序所要进行的关键字比较次数是否与待排序的元素的初始状态有关?

(2) 在一些特殊情况下,折半插入排序比直接插入排序要执行更多的关键字比较,这句话对吗?

答:(1) 使用折半插入排序所要进行的关键字比较次数与待排序的元素的初始状态无关。无论待排序序列是否有序,已形成的部分子序列都是有序的。折半插入排序首先查找插入位置,插入位置是判定树失败的位置(对应外部结点),失败位置只能在判定树的最下两层上。

(2) 在一些特殊情况下,折半插入排序的确比直接插入排序需要更多的关键字比较,例如在待排序序列接近正序的情况下便是如此。

3. 有以下关于排序的算法:

```
void fun(int a[ ], int n)
{    int i,j,d,tmp;
     d = n/3;
     while (true)
     {    for (i = d;i < n;i++)
          {    tmp = a[i];
               j = i - d;
               while (j >= 0 && tmp < a[j])
               {    a[j + d] = a[j];
                    j = j - d;
               }
               a[j + d] = tmp;
          }
          if (d == 1) break;
```

```
        else if (d < 3) d = 1;
        else d = d/3;
    }
}
```

(1) 指出 fun(a,n)算法的功能。

(2) 当 $a[]=\{5,1,3,6,2,7,4,8\}$时,问 fun(a,8)共执行几趟排序? 各趟的排序结果是什么?

答:(1) fun(a,n)算法的功能是采用增量递减为 1/3 的希尔排序方法对 a 数组中的元素进行递增排序。

(2) 当 $a[]=\{5,1,3,6,2,7,4,8\}$时,执行 fun(a,8)的过程如下。

$d=2$:21364758

$d=1$:12345678

共有两趟排序。

4. 在实现快速排序的非递归算法时,可根据基准元素将待排序序列划分为两个子序列。若下一趟首先对较短的子序列进行排序,试证明在此做法下快速排序所需的栈的深度为 $O(\log_2 n)$。

答:由快速排序的算法可知,所需递归工作栈的深度取决于所需划分的最大次数。在排序过程中每次划分都把整个待排序序列根据基准元素划分为左、右两个子序列,然后对这两个子序列进行类似的处理。设 $S(n)$为对 n 个记录进行快速排序时平均所需的栈的深度,则:

$$S(n)=\frac{1}{n}\sum_{k=1}^{n}(S(k-1)+S(n-k))=\frac{2}{n}\sum_{i=0}^{n-1}S(i)$$

当 $n=1$ 时,所需的栈空间为常量,由此可推出 $S(n)=O(\log_2 n)$。

实际上,在快速排序中下一趟首先对较短子序列排序,并不会改变所需的栈的深度,所以所需的栈的深度仍为 $O(\log_2 n)$。

5. 将快速排序算法改为非递归算法时通常使用一个栈,若把栈换为队列会对最终排序结果有什么影响?

答:在执行快速排序算法时,用栈保存每趟快速排序划分后左、右子区间的首、尾地址,其目的是在处理子区间时能够知道其范围,这样才能对该子区间进行排序,但这与处理子区间的先后顺序没什么关系,而仅起存储作用(因为左、右子区间的处理是独立的)。因此,用队列同样可以存储子区间的首、尾地址,即可以取代栈的作用。在执行快速排序算法时,把栈换为队列对最终排序结果不会产生任何影响。

6. 在堆排序、快速排序和二路归并排序中:

(1) 若只从存储空间考虑,应首先选取哪种排序方法? 其次选取哪种排序方法? 最后选取哪种排序方法?

(2) 若只从排序结果的稳定性考虑,则应选取哪种排序方法?

(3) 若只从最坏情况下的排序时间考虑,则不应选取哪种排序方法?

答:(1) 若只从存储空间考虑,则应首先选取堆排序(空间复杂度为 $O(1)$),其次选取快速排序(空间复杂度为 $O(\log_2 n)$),最后选取二路归并排序(空间复杂度为 $O(n)$)。

(2) 若只从排序结果的稳定性考虑,则应选取二路归并排序,其他两种排序方法是不稳定的。

（3）若只从最坏情况下的排序时间考虑，则不应选取快速排序方法。因为快速排序方法在最坏情况下的时间复杂度为 $O(n^2)$，其他两种排序方法在最坏情况下的时间复杂度为 $O(n\log_2 n)$。

7. 如果只想在一个有 n 个元素的任意序列中得到最小的前 $k(k\ll n)$ 个元素的部分排序序列，那么最好采用什么排序方法？为什么？例如有一个序列$(57,40,38,11,13,34,48,75,6,19,9,7)$，要得到前 4 个最小元素$(k=4)$的有序序列，在用所选择的算法实现时要执行多少次比较？

答：采用堆排序最合适，建立初始堆（小根堆）所花的时间不超过 $4n$，每次选出一个最小元素所花的时间为 $\log_2 n$，因此得到前 k 个最小元素的有序序列所花的时间大约为 $4n+k\log_2 n$，而冒泡排序和简单选择排序所花的时间为 kn。

对于序列$(57,40,38,11,13,34,48,75,6,19,9,7)$，形成初始堆（小根堆）并选最小元素 6，需进行 18 次比较，选次小元素 7 时需进行 5 次比较，选元素 9 时需进行 6 次比较，选元素 11 时需进行 4 次比较，总共需进行 33 次比较。整个过程如图 10.2 所示。

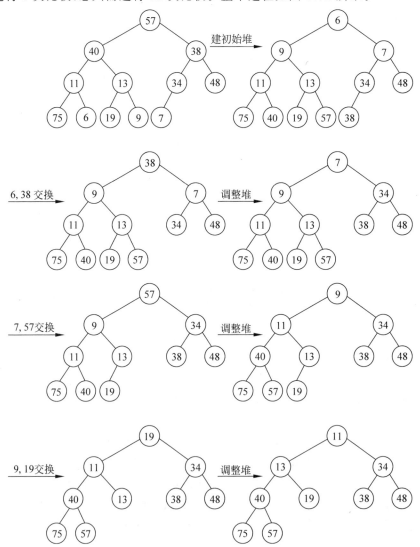

图 10.2　建立初始堆和产生部分有序序列的过程

8. 在基数排序过程中用队列暂存排序的元素,是否可以用栈来代替队列? 为什么?

答：不能用栈来代替队列。

基数排序是按关键字位一趟一趟进行的,从第 2 趟开始必须采用稳定的排序方法,否则排序结果可能不正确,若用栈代替队列,这样可能使排序过程变得不稳定。

9. 线性表有顺序表和链表两种存储方式,不同的排序方法适合不同的存储结构。对于常见的内部排序方法,说明哪些更适合于顺序表? 哪些更适合于链表? 哪些两者都适合?

答：更适合于顺序表的排序方法有希尔排序、折半插入排序和堆排序。

更适合于链表的排序方法是基数排序。

两者都适合的排序方法有直接插入排序、冒泡排序、简单选择排序、快速排序和二路归并排序。

10. 设一个整数数组 $a[0..n-1]$ 中存有互不相同的 n 个整数,且每个元素的值均在 $1 \sim n$ 范围内。设计一个算法在 $O(n)$ 时间内将 a 中的元素递增排序,将排序结果放在另一个同样大小的数组 b 中。

解：对应的算法如下。

```
void Sort(int a[ ], int n, int b[ ])
{    int i;
     for (i = 0; i < n; i++)
         b[a[i] − 1] = a[i];
}
```

11. 设计一个双向冒泡排序算法,即在排序过程中交替改变扫描方向。

解：置 i 的初值为 0,先从后向前从无序区 $R[i..n-i-1]$ 归位一个最小元素 $R[i]$ 到有序区 $R[0..i-1]$,再从前向后从无序区 $R[i..n-i-1]$ 归位一个最大元素到有序区 $R[n-i..n-1]$。当某趟没有元素交换时结束,否则将 i 增加 1。对应的算法如下：

```
void DBubbleSort(RecType R[ ], int n)          //对 R[0..n−1]按递增序进行双向冒泡排序
{    int i = 0, j;
     bool exchange = true;                      //exchange 标识本趟是否进行了元素交换
     while (exchange)
     {   exchange = false;
         for (j = n − i − 1; j > i; j−−)
             if (R[j].key < R[j−1].key)         //由后向前冒泡小元素
             {   exchange = true;
                 swap(R[j], R[j−1]);            //R[j]和 R[j−1]交换
             }
         for (j = i; j < n − i − 1; j++)
             if (R[j].key > R[j+1].key)         //由前向后冒泡大元素
             {   exchange = true;
                 swap(R[j], R[j+1]);            //R[j]和 R[j+1]交换
             }
         if (!exchange) return;
         i++;
     }
}
```

12. 假设有 n 个关键字不同的元素存于顺序表中,要求不经过整体排序从中选出从大到小顺序的前 $m(m \ll n)$ 个元素。试采用简单选择排序算法实现此选择过程。

解:改进后的简单选择排序算法如下。

```
void SelectSort1(RecType R[], int n, int m)
{    int i, j, k;
     for (i = 0; i < m; i++)              //做第 i 趟排序
     {    k = i;
          for (j = i + 1; j < n; j++)     //在当前无序区 R[i..n-1]中选 key 最大的 R[k]
               if (R[j].key > R[k].key)
                    k = j;                 //k 记下目前找到的最大关键字所在的位置
          if (k != i)
               swap(R[i], R[k]);           //交换 R[i]和 R[k]
     }
}
```

13. 对于给定的含有 n 个元素的无序数据序列(所有元素的关键字不相同),利用快速排序方法求这个序列中第 $k(1 \leqslant k \leqslant n)$ 小元素的关键字,并分析所设计算法的最好和平均时间复杂度。

解:采用快速排序思想求解,当划分的基准元素为 $R[i]$ 时,根据 i 与 k 的大小关系在相应的子区间中查找。对应的算法如下:

```
KeyType QuickSelect(RecType R[], int s, int t, int k)   //在 R[s..t]序列中找第 k 小的元素
{    int i = s, j = t;
     RecType tmp;
     if (s < t)                            //区间内至少存在两个元素的情况
     {    tmp = R[s];                      //用区间的第 1 个记录作为基准
          while (i != j)                   //从区间两端交替向中间扫描,直到 i = j 为止
          {    while (j > i && R[j].key >= tmp.key)
                    j--;                    //从右向左扫描,找第 1 个关键字小于 tmp 的 R[j]
               if (j > i)
               {    R[i] = R[j];
                    i++;
               }
               while (i < j && R[i].key <= tmp.key)
                    i++;                    //从左向右扫描,找第 1 个关键字大于 tmp 的 R[i]
               if (i < j)
               {    R[j] = R[i];
                    j--;
               }
          }
          R[i] = tmp;
          if (k - 1 == i) return R[i].key;
          else if (k - 1 < i) return QuickSelect(R, s, i - 1, k);     //在左区间中递归查找
          else return QuickSelect(R, i + 1, t, k);          //在右区间中递归查找
     }
     else if (s == t && s == k - 1)        //区间内只有一个元素且为 R[k-1]
          return R[k - 1].key;
```

```
    else
        return - 1;                        //k 错误返回特殊值 - 1
}
```

对于 QuickSelect(R,s,t,k)算法,设序列 R 中含有 n 个元素,其比较次数的递推式为:
$$T(n) = T(n/2) + O(n)$$

可以推导出 $T(n) = O(n)$,这是最好的情况,即每次划分的基准恰好是中位数,将一个序列划分为长度大致相等的两个子序列。在最坏情况下,每次划分的基准恰好是序列中的最大值或最小值,则处理区间只比上一次减少一个元素,此时比较次数为 $O(n^2)$。在平均情况下该算法的时间复杂度为 $O(n)$。

14. 设 n 个元素 $R[0..n-1]$ 的关键字只取 3 个值,即 0、1、2,采用基数排序方法将这 n 个元素递增排序,并用相关数据进行测试。

解: 采用基数排序法,将关键字为 3 个值的元素分别放到 3 个队列中,然后收集起来即可。对应的算法如下:

```
# include "seqlist.cpp"                        //顺序表的基本运算算法
# include < malloc. h >
# define Max 3
typedef struct node
{   RecType Rec;
    struct node * next;
} NodeType;
void RadixSort1(RecType R[ ], int n)
{   NodeType * head[Max], * tail[Max], * p, * t;    //定义各链队的首指针和尾指针
    int i,k;
    for ( i = 0; i < Max; i++)                      //初始化各链队的首指针和尾指针
        head[ i] = tail[ i] = NULL;
    for ( i = 0; i < n; i++)
    {   p = (NodeType * )malloc(sizeof(NodeType)); //创建新结点
        p - > Rec = R[ i];
        p - > next = NULL;
        k = R[ i].key;                             //找第 k 个链队, k = 0, 1 或 2
        if (head[k] == NULL)                       //进行分配,采用前插法建表
        {   head[k] = p; tail[k] = p; }
        else
        {   tail[k] - > next = p; tail[k] = p; }
    }
    p = NULL;
    for ( i = 0; i < Max; i++)                      //对于每一个链队进行循环收集
        if (head[ i]!= NULL)                       //产生以 p 为首结点指针的单链表
        {   if ( p == NULL)
            {   p = head[ i]; t = tail[ i]; }
            else
            {   t - > next = head[ i]; t = tail[ i];}
        }
        i = 0;
        while (p!= NULL)                           //将排序后的结果放到 R[]数组中
        {   R[ i++] = p - > Rec;
```

```
            p = p -> next;
        }
    }
```

设计以下主函数：

```
int main()
{    int i, n = 5;
    RecType R[MAXL] = {{1,'A'},{0,'B'},{0,'C'},{2,'D'},{1,'F'}};
    printf("排序前:\n  ");
    for (i = 0; i < n; i++)
        printf("[%d, %c] ", R[i].key, R[i].data);
    printf("\n");
    RadixSort1(R, n);
    printf("排序后:\n  ");
    for (i = 0; i < n; i++)
        printf("[%d, %c] ", R[i].key, R[i].data);
    printf("\n");
    return 1;
}
```

程序的执行结果如下：

```
排序前:
  [1,A]  [0,B]  [0,C]  [2,D]  [1,F]
排序后:
  [0,B]  [0,C]  [1,A]  [1,F]  [2,D]
```

显然，RadixSort1()算法的时间复杂度为 $O(n)$。

10.3 补充练习题及参考答案 ✳

10.3.1 单项选择题

1. 在下列排序方法中，执行时间不受数据初始状态影响，总为 $O(n\log_2 n)$ 的是_____。

　　A. 堆排序　　　　　　B. 冒泡排序　　　　　C. 简单选择排序　　D. 快速排序

2. 在下列排序方法中，某一趟结束后未必能选出一个元素放在其最终位置上的是_____。

　　A. 堆排序　　　　　　B. 冒泡排序　　　　　C. 直接插入排序　　D. 快速排序

3. 在下列排序方法中，若待排序的数据已经有序，花费时间反而最多的是_____。

　　A. 快速排序　　　　　B. 希尔排序　　　　　C. 冒泡排序　　　　　D. 堆排序

4. 在以下排序方法中，最耗费内存的是_____。

　　A. 快速排序　　　　　　　　　　　　　　　B. 堆排序

    C. 二路归并排序　　　　　　　　　D. 直接插入排序

　　5. 对同一个排序序列分别进行折半插入排序和直接插入排序,两者之间可能的不同之处是_____。

    A. 排序的总趟数　　　　　　　　　B. 元素的移动次数

    C. 使用辅助空间的数量　　　　　　D. 元素之间的比较次数

　　6. 数据序列(8,9,10,4,5,6,20,1,2)只能是_____算法的两趟排序后的结果。

    A. 简单选择排序　　　B. 冒泡排序　　　C. 直接插入排序　　　D. 堆排序

　　7. 对数据序列(15,9,7,8,20,−1,4)进行排序,第一趟排序后数据序列变为(4,9,−1,8,20,7,15),则采用的是_____算法。

    A. 简单选择排序　　　B. 冒泡排序　　　C. 希尔排序　　　D. 快速排序

　　8. 依次将待排序序列中的元素插入有序子序列中并扩大有序子序列的排序方法是_____。

    A. 快速排序　　　　B. 直接插入排序　　　C. 冒泡排序　　　D. 堆排序

　　9. 若排序表 R 的初始数据接近正序排列,则_____方法的比较次数最少。

    A. 直接插入排序　　　B. 快速排序　　　C. 归并排序　　　D. 简单选择排序

　　10. 已知排序表 R 中的每个元素距其最终位置不远,采用_____方法最节省时间。

    A. 堆排序　　　　B. 直接插入排序　　　C. 快速排序　　　D. 简单选择排序

　　11. 在下列排序方法中,关键字比较的次数与元素的初始排列次序无关的是_____。

    A. 希尔排序　　　　　　　　　　　B. 冒泡排序

    C. 直接插入排序　　　　　　　　　D. 简单选择排序

　　12. 快速排序方法在_____情况下最不利于发挥其长处。

    A. 要排序的数据量太大　　　　　　B. 要排序的数据中含有多个相同值

    C. 要排序的数据已基本有序　　　　D. 要排序的数据个数为奇数

　　13. 若 R 中有 10 000 个元素,如果仅要求求出其中最大的 10 个元素的递减序列,则采用_____方法最节省时间。

    A. 堆排序　　　　B. 希尔排序　　　C. 快速排序　　　D. 基数排序

　　14. 内排序方法的稳定性是指_____。

    A. 该排序算法不允许有相同的关键字元素

    B. 该排序算法允许有相同的关键字元素

    C. 平均时间为 $O(n\log_2 n)$ 的排序方法

    D. 以上都不对

　　15. 在以下各排序方法中,_____是不稳定的排序方法。

    A. 直接插入排序　　　B. 冒泡排序　　　C. 二路归并排序　　　D. 堆排序

　　16. 在以下各排序方法中,_____是稳定的排序方法。

    A. 直接插入排序和快速排序　　　　B. 快速排序和堆排序

    C. 简单选择排序和二路归并排序　　D. 二路归并排序和冒泡排序

　　17. 在以下各排序方法中,_____是稳定的排序方法。

    A. 简单选择排序　　　B. 折半插入排序　　　C. 希尔排序　　　D. 快速排序

　　18. 若需在 $O(n\log_2 n)$ 的平均时间内完成对顺序表的排序,且要求排序是稳定的,可选择的排序方法是_____。

    A. 快速排序   B. 堆排序   C. 二路归并排序   D. 直接插入排序

19. 在以下各排序方法中,辅助空间为 $O(n)$ 的是_____。

    A. 堆排序   B. 二路归并排序   C. 希尔排序   D. 快速排序

20. 若一组元素的关键字序列为(46,79,56,38,40,84),利用堆排序的方法建立的初始堆为_____。

        A. 79,46,56,38,40,80   B. 84,79,56,38,40,46

        C. 84,79,56,46,40,38   D. 84,56,79,40,46,38

21. 若一组元素的关键字序列为(46,79,56,38,40,84),则利用快速排序的方法,以第1个元素为基准得到的一次划分结果为_____。

        A. 38,40,46,56,79,84   B. 40,38,46,79,56,84

        C. 40,38,46,56,79,84   D. 40,38,46,84,56,79

22. 一组元素的关键字序列为(25,48,16,35,79,82,23,40,36,72),其中含有 5 个长度为 2 的有序表,按二路归并排序方法对该序列再进行一趟归并后的结果为_____。

        A. 16,25,35,48,23,40,79,82,36,72

        B. 16,25,35,48,79,82,23,36,40,72

        C. 16,25,48,35,79,82,23,36,40,72

        D. 16,25,35,48,79,23,36,40,72,82

23. 已知含 10 个元素的序列为(54,28,16,34,73,62,95,60,26,43),对该序列按从小到大的顺序排序,经过一趟冒泡排序后的序列为_____。

        A. 16,28,34,54,73,62,60,26,43,95

        B. 28,16,34,54,62,73,60,26,43,95

        C. 28,16,34,54,62,60,73,26,43,95

        D. 16,28,34,54,62,60,73,26,43,95

24. 用某种排序方法对线性表(25,84,21,47,15,27,68,35,20)进行排序时元素序列的变化情况如下:

    (1) 25,84,21,47,15,27,35,68,20

    (2) 21,25,47,84,15,27,35,68,20

    (3) 15,21,25,27,35,47,68,84,20

    (4) 15,20,21,25,27,35,47,68,84

其所采用的排序方法是_____。

    A. 简单选择排序   B. 希尔排序

    C. 二路归并排序   D. 快速排序

25. 有一个序列(48,36,68,99,75,24,28,52)进行快速排序,要求结果从小到大排序,则进行一次划分之后结果为_____。

        A. [24 28 36] 48 [52 68 75 99]   B. [28 36 24] 48 [75 99 68 52]

        C. [36 88 99] 48 [75 24 28 52]   D. [28 36 24] 48 [99 75 68 52]

26. 在以下排序方法中,最好情况下时间复杂度为 $O(n)$ 的依次是____①____、____②____。

    A. 直接插入排序   B. 简单选择排序

C. 冒泡排序 D. 快速排序

27. 在以下排序方法中,最坏情况下时间复杂度为 $O(n^2)$ 的依次是 ___①___ 、
___②___ 。

A. 直接插入排序 B. 简单选择排序

C. 堆排序 D. 二路归并排序

28. 在以下排序方法中,平均时间复杂度为 $O(n^2)$ 的依次是 ___①___ 、 ___②___ 。

A. 直接插入排序 B. 冒泡排序

C. 二路归并排序 D. 基数排序

10.3.2 填空题

1. 若不考虑基数排序,则在其他几种内排序方法中主要进行的两种基本
操作是关键字的 ___①___ 和元素的 ___②___ 。

2. 对一个序列 (4,48,96,23,12,60,45,73) 采用直接插入排序算法进行递增排序,当把
60 插入有序表中时,为寻找插入位置需比较_____次。

3. 对一个序列 (4,48,96,23,12,60,45,73) 采用折半插入排序算法进行递增排序,当把
60 插入有序表中时,为寻找其插入位置需比较_____次。

4. 对一个序列 (50,40,95,20,15,70,60,45,80) 进行希尔排序时,第 2 趟排序结束后前
4 个元素为_____。

5. 对一个序列 (5,1,7,9,8,6,3,4,2,10) 采用冒泡排序方法进行递增排序,每趟排序通
过交换归位关键字最小的元素,经过 3 趟排序后的结果是_____。

6. 快速排序算法在初始数据_____时呈现最差的时间性能。

7. 在元素按关键字有序时快速排序的时间复杂度为_____。

8. 有一个序列 (50,40,95,20,15,70,60,45,80),采用简单选择排序方法进行递增排
序,第 4 次交换和选择后的未排序元素(即无序表)为_____。

9. 对含有 n 个元素的序列进行简单选择排序,总的关键字比较次数是_____。

10. 对含有 n 个元素的序列进行简单选择排序,最好情况下元素移动的次数
是_____。

11. 设一个序列为 (72,73,71,23,94,16,5),则快速排序的第 1 趟结果为_____。

12. 堆是一种有用的数据结构。堆排序是一种 ___①___ 排序,堆实际上是一棵 ___②___
的结点层次序列。在对含有 n 个元素的序列进行排序时,堆排序的时间复杂度为 ___③___ ,空
间复杂度为 ___④___ 。关键字序列 (5,23,16,68,94,72,71,73)(满足/不满足) ___⑤___ 堆
的性质(小根堆)。

13. 在堆排序过程中,由 n 个待排序的元素建立初始堆需要进行 ___①___ 次筛选,由初
始堆到排序结束需要进行 ___②___ 次筛选。

14. 对于关键字序列 (12,13,11,18,60,15,7,20,25,100),用筛选法建立初始堆,应从
关键字为_____的元素开始筛选。

15. 一个关键字序列为 (50,40,95,20,15,70,60,45,80),采用堆排序方法进行递增排
序,在建立初始堆后最后 4 个关键字为_____。

16. 在二路归并排序中,若待排序元素的个数为 20,则共需要进行 ___①___ 趟归并,在

第3趟归并中,把长度为 ___②___ 的有序表归并为长度为 ___③___ 的有序表。

17. 一个序列(8,7,6,5,4,3,2,1)采用二路归并排序方法进行递增排序,所需要的关键字比较次数是_____。

18. 在堆排序和快速排序中,若初始序列接近正序或反序,则选用 ___①___ ;若初始序列随机分布,则最好选用 ___②___ 。

19. 在直接插入排序和简单选择排序中,若初始序列基本有序,则选用 ___①___ ;若初始序列基本反序,则选用 ___②___ 。

20. 在排序过程中,任何情况下都不比较关键字大小的排序方法是_____。

21. 对于一个序列(288,371,260,531,287,235,56,299,18,23),采用最低位优先的基数排序进行递增排序,第1趟排序后的结果是_____。

10.3.3 判断题

习题答案

1. 判断以下叙述的正确性。

(1) 只有在排序数据的初始状态为反序的情况下,冒泡排序过程中元素的移动次数才会达到最大值。

(2) 只有在排序数据的初始状态为反序的情况下,简单选择排序过程中元素的移动次数才会达到最大值。

(3) 对 n 个元素进行简单选择排序,关键字的比较次数总是 $n(n-1)/2$。

(4) 只有在排序数据的初始状态为反序的情况下,在直接插入排序的过程中元素的移动次数才会达到最大值。

(5) 只有在排序数据的初始状态为反序的情况下,在堆排序的过程中关键字的比较次数才会达到最大值。

(6) 快速排序和冒泡排序都属于交换类排序方法,每趟产生的有序区都是全局有序的。

2. 判断以下叙述的正确性。

(1) 快速排序方法的时间性能与初始排序表的状态无关。

(2) 基数排序是依照对关键字值的比较来实施的。

(3) 排序的稳定性是指排序算法中比较的次数保持不变,且算法能够终止。

(4) 快速排序的速度是所有排序方法中最快的,且所需的辅助空间也最少。

(5) 对一个堆按二叉树层次进行遍历可以得到一个有序序列。

(6) 在任何情况下二路归并排序都比直接插入排序快。

(7) 冒泡排序和快速排序都是基于交换的两种排序方法,前者的最坏时间复杂度为 $O(n^2)$,后者的最坏时间复杂度为 $O(n\log_2 n)$,所以快速排序在任何情况下都比冒泡排序的效率高。

(8) 在任何情况下折半插入排序都优于直接插入排序。

3. 判断以下叙述的正确性。

(1) 在执行某个排序算法的过程中出现了元素朝着最终排序序列位置的相反方向移动,则该算法是不稳定的。

(2) 在任何情况下折半插入排序和直接插入排序移动元素的次数一样多。

(3) 希尔排序算法的每一趟都要调用一次或多次直接插入排序算法,所以其效率比直接插入排序算法差。

（4）冒泡排序在最好情况下元素移动的次数为 0。

（5）如果要从 10 000 个元素中选择前 10 个最小的元素，在二路归并排序和冒泡排序之间选择，应选择二路归并排序。

（6）快速排序的每一趟只能归位无序区中的第一个元素。

（7）堆排序需要建立初始堆，所以空间复杂度为 $O(n)$。

（8）一个递增的关键字序列一定构成一个大根堆。

（9）在大根堆中，堆中任一结点的关键字均大于或等于它的左、右孩子的关键字。

（10）n 个元素采用二路归并排序算法，总的归并趟数为 n。

（11）基数排序只适用于以数字为关键字的情况，不适用于以字符串为关键字的情况。

（12）基数排序与初始数据的次序无关。

10.3.4 简答题

习题答案

1. 以关键字序列 $(15,18,29,12,35,32,27,23,10,20)$ 为例，分别写出执行以下排序算法的各趟排序结束时关键字序列的状态：

（1）直接插入排序 （2）希尔排序 （3）冒泡排序 （4）快速排序

（5）简单选择排序 （6）堆排序 （7）二路归并排序

2. 一组关键字序列为 $(265,301,751,129,937,863,742,694,076,438)$，给出以最低位优先的基数排序的各趟的排序结果。

3. 在希尔排序算法（如果初始分组个数 d 为 2 的幂，且每次缩小一半）中，位于每个 d 间隔上的一组数据构成一个数据子序列，然后对这些子序列进行排序。如果这些子序列采用冒泡排序、堆排序、二路归并排序和快速排序，问哪种排序方法比较好？简要说明理由。

4. 证明：对一个长度为 n 的任意顺序表进行排序至少需要进行 $n\log_2 n$ 次比较。

5. 指出堆和二叉排序树的区别。

6. 在对 n 个元素组成的线性表进行快速排序时，所需要进行的比较次数与这 n 个元素的初始排列有关。问：

（1）当 $n=7$ 时，最好情况下需进行多少次比较？请说明理由。

（2）当 $n=7$ 时，给出一个最好情况的初始排列的实例。

（3）当 $n=7$ 时，在最坏情况下需进行多少次比较？请说明理由。

（4）当 $n=7$ 时，给出一个最坏情况的初始排列的实例。

7. 某关键字序列 R 为 $(6,2,9,7,3,8,4,5,0,10)$，用下列各排序方法将 R 中的元素递增排序。

（1）取第一个元素 6 作为划分基准，给出快速排序第 1 趟的结果。

（2）给出将 R 调整成初始堆的过程。

（3）采用基数为 3 的基数排序法，给出每趟分配和收集后的结果。

8. 有以下快速排序算法，指出该算法是否正确，若不正确，请说明错误的原因。

```
void QuickSort(RecType R[ ],int s,int t)      //对 R[s]至 R[t]的元素进行快速排序
{    int i = s,j = t,tmp;
```

```
                if (s < t)
                {   tmp = s;
                    while (i != j)
                    {   while (j > i && R[j].key > R[tmp].key)
                            j--;
                        R[i] = R[j];
                        while (i < j && R[i].key < R[tmp].key)
                            i++;
                        R[j] = R[i];
                    }
                    R[i] = R[tmp];
                    QuickSort(R,s,i-1);                    //对左区间递归排序
                    QuickSort(R,i+1,t);                    //对右区间递归排序
                }
            }
```

9. 在二路归并排序中，对 $R[low..high]$（$R[low..mid-1]$ 和 $R[mid..high]$ 是有序的）调用一次二路归并都需要开辟 $O(high-low+1)$ 的辅助空间，共需 $\lceil \log_2 n \rceil$ 趟排序，为什么总的辅助空间仍为 $O(n)$？

10. 基数排序过程通常用单链表存放排序的元素，是否适合用顺序表来存放排序的元素？为什么？

10.3.5　算法设计题

1.【直接插入排序算法】已知顺序表中有 n 个元素，设计一个算法，采用直接插入排序方法为该顺序表建立一个有序的索引表（依关键字递增排列），索引表中的每一项应含元素的关键字和该元素在顺序表中的序号。

解：对应的算法如下。

```
typedef struct
{   KeyType key;                                          //关键字
    int no;                                               //序号
} IndexType;                                              //索引类型
void CreateIndex(RecType R[], IndexType idx[], int n)     //建立 R 的索引 idx
{   IndexType tmp;
    int i, j;
    for (i = 0; i < n; i++)                               //建立 idx
    {   idx[i].key = R[i].key;
        idx[i].no = i;
    }
    for (i = 1; i < n; i++)                               //对 idx 按 key 排序
    {   if (idx[i].key < idx[i-1].key)
        {   tmp = idx[i];
            j = i - 1;
            do
            {   idx[j+1] = idx[j];
                j--;
```

```
    } while(j>= 0 && idx[j].key > tmp.key);
        idx[j + 1] = tmp;
    }
  }
}
```

2.【折半插入排序算法】设计一个折半插入排序算法将初始序列从大到小递减排序，并要求在初始序列正序时移动元素的次数为零。

解：对应的算法如下。

```
void BinInsertSort3(RecType R[ ], int n)        //对 R[0..n-1]按递减有序进行折半插入排序
{   int i,j,low,high,mid;
    RecType tmp;
    for (i = 1;i < n;i++)
    {   if (R[i-1].key < R[i].key)
        {   tmp = R[i];                         //将 R[i]保存到 tmp 中
            low = 0;high = i-1;
            while (low <= high)                 //在 R[low..high]中折半查找有序插入的位置
            {   mid = (low + high)/2;           //取中间位置
                if (tmp.key > R[mid].key)
                    high = mid-1;               //插入点在左半区
                else
                    low = mid + 1;              //插入点在右半区
            }
            for (j = i-1;j >= high + 1;j--)     //元素后移
                R[j + 1] = R[j];
            R[high + 1] = tmp;                  //插入 R[i]
        }
    }
}
```

3.【冒泡排序算法】设计一个奇偶排序算法，第 1 趟对所有奇数的 i，将 $R[i]$ 和 $R[i+1]$ 进行比较，第 2 趟对所有偶数的 i，将 $R[i]$ 和 $R[i+1]$ 进行比较，每次比较时若 $R[i].key > R[i+1].key$，则将两者交换，以后重复上述两趟过程，直到整个数据有序。

解：比较 R 中相邻(奇—偶)位置的关键字对，如果该奇偶对是逆序的(第一个大于第二个)，则交换。下一步重复该操作，但针对所有的(偶—奇)位置的关键字对，如此交替进行下去。对应的算法如下：

```
void OeSort(RecType R[ ], int n)
{   int i;
    bool sorted = false;
    while (!sorted)
    {   sorted = true;
        for (i = 0;i < n-1;i += 2)              //奇数扫描
            if (R[i].key > R[i + 1].key)
            {   sorted = false;
                swap(R[i],R[i + 1]);
```

```
            }
        for (i = 1; i < n − 1; i += 2)              //偶数扫描
            if (R[i].key > R[i + 1].key)
            {   sorted = false;
                swap(R[i], R[i + 1]);
            }
        }
    }
}
```

4.【快速排序算法】设计快速排序的非递归算法。

解：利用一个含有 low 和 high 两个整数的结构体类型的数组 St[] 作为栈，其中 low 和 high 分别指示某个子区间的首、尾地址。先将 $(0, n − 1)$ 进栈，在栈不空时循环：出栈一个子区间 $R[low..high]$，对其按 $R[low]$ 进行划分，分为两个子区间 $R[low..i − 1]$ 和 $R[i + 1.. high]$，分别将 $(low, i − 1)$ 和 $(i + 1, high)$ 进栈。对应的算法如下：

```
void QuickSort1(RecType R[ ], int n)              //对 R[0..n − 1]进行快速排序
{   int i, low, high, top = − 1;
    struct
    {   int low, high;
    } St[MAXL];
    RecType tmp;
    top++;                                        //进栈
    St[top].low = 0; St[top].high = n − 1;
    while (top > − 1)                             //栈不空时取出一个子区间进行划分
    {   low = St[top].low; high = St[top].high;   //出栈
        top − − ;
        if (low < high)                           //区间内至少存在两个元素的情况
        {   i = Partition(R, low, high);          //调用《教程》中的划分算法
            top++;                                //左区间进栈
            St[top].low = low; St[top].high = i − 1;
            top++;                                //右区间进栈
            St[top].low = i + 1; St[top].high = high;
        }
    }
}
```

5.【快速排序算法】在执行快速排序算法时，把栈换为队列对最终的排序结果不会产生任何影响。设计将栈换为队列的非递归快速排序算法。

解：把栈换为队列即可。对应的算法如下：

```
void QuickSort2(RecType R[ ], int n)              //对 R[0..n − 1]进行快速排序
{   int i, low, high;
    int front = − 1, rear = − 1;                  //队首、队尾指针
    struct
    {   int low;
        int high;
    } Qu[MaxSize];
```

```
    rear++;                                          //进队
    Qu[rear].low = 0;Qu[rear].high = n - 1;
    while (front!= rear)                             //队不空时取出一个子区间进行划分
    {   front = (front + 1) % MaxSize;
        low = Qu[front].low;high = Qu[front].high;   //出队
        i = Partition(R,low,high);                   //调用《教程》中的划分算法
        rear = (rear + 1) % MaxSize;
        Qu[rear].low = low;Qu[rear].high = i - 1;    //左区间进队
        rear = (rear + 1) % MaxSize;
        Qu[rear].low = i + 1;Qu[rear].high = high;   //右区间进队
    }
}
```

6.【简单选择排序算法】采用单链表存放排序序列,设计相应的简单选择排序算法。

解:用 p 遍历单链表 L 的数据结点,找到 p 结点开始的最小结点 minp。若 minp 结点不是 p 结点,将它们的值交换。对应的算法如下:

```
void SelSort(LinkNode * &L)
{   LinkNode * p = L -> next, * q, * minp;
    ElemType tmp;
    while(p -> next!= NULL)            //至少有两个数据结点
    {   minp = p;                       //minp 指向 p 结点开始的最小结点
        q = p -> next;
        while (q!= NULL)                //找最小结点 minp
        {   if (q -> data < minp -> data)
                minp = q;
            q = q -> next;
        }
        if (minp!= p)                   //若 minp 结点不是 p 结点,交换两个结点的值
        {   tmp = minp -> data;
            minp -> data = p -> data;
            p -> data = tmp;
        }
        p = p -> next;
    }
}
```

7.【堆排序算法】设计一个算法 HeapInsert(R,k,n),将关键字 k 插入大根堆 $R[1..n]$ 中,并保证插入后 R 仍是堆。请分析算法的时间。

解:先将 k 插入 R 中已有元素的尾部(即原堆的长度加 1 的位置,插入后堆的长度加1),然后从下往上调整,使插入的关键字满足堆的性质。对应的算法如下:

```
void HeapInsert(RecType R[],KeyType k,int &n)    //将 k 插入堆 R[1..n]中
{   int i,j;
    n++;
    R[n].key = k;                                  //增加新值到原表的尾部且表长加 1
    i = n/2;j = n;
    while (i > 0)                                   //调整为堆
```

```
    {    if (R[i].key < R[j].key)
             swap(R[i],R[j]);                     //交换
         j = i;i = i/2;                           //继续自底向上查找
    }
}
```

时间复杂度分析：设该堆对应的树高 h，则满足 $h \leqslant \log_2 n$，调整是自底向上查找，最多查找到树根，所以时间复杂度为 $O(\log_2 n)$。

8.【堆排序算法】设计一个建堆算法 $\text{BuildHeap}(R, A, n)$，从空堆开始，依次读入元素并调用上题中的堆插入算法将其插入堆中。

解：建堆算法如下。

```
void BuildHeap(RecType R[ ],KeyType A[ ],int m,int &n)     //建立堆 R[1..n]
{    int i;
     n = 0;                                        //n 为堆中结点的个数,初始时为 0
     for (i = 0;i < m;i++)                          //m 为插入的元素个数
         HeapInsert(R,A[i],n);                      //调用上题中的堆插入算法
}
```

9.【堆排序算法】设计一个大根堆删除结点算法 $\text{HeapDelete}(R, n)$，从堆 $R[1..n]$ 中删除 $R[1]$ 并调整为堆。

解：将 $R[1]$ 与 $R[n]$ 交换，元素个数减 1，再筛选为堆。对应的算法如下：

```
void HeapDelete(RecType R[ ],int &n)              //将 R[1]从 R[1..n]的堆中删除
{    swap(R[1],R[n]);
     n -- ;
     sift(R,1,n);                                  //调用《教程》中的筛选算法
}
```

10.【堆排序算法】设计一个算法，判断一个数据序列 $R[1..n]$ 是否构成一个大根堆。

解：当元素个数 n 为偶数时，最后一个分支结点（编号为 $n/2$）只有左孩子（编号为 n），其余分支结点均为双分支结点；当 n 为奇数时，所有分支结点均为双分支结点。对每个分支结点进行判断，如果有一个分支结点不满足大根堆的定义，返回 false；如果所有分支结点均满足大根堆的定义，返回 true。对应的算法如下：

```
bool IsHeap(RecType R[ ],int n)
{    int i;
     if (n % 2 == 0)                               //n 为偶数时
     {    if (R[n/2].key < R[n].key)                //最后一个分支结点只有左孩子(编号为 n)
              return false;
          for (i = n/2 - 1;i >= 1;i -- )             //判断所有双分支结点
              if (R[i].key < R[2 * i].key ‖ R[i].key < R[2 * i + 1].key)
                  return false;
     }
     else                                          //n 为奇数时
     {    for (i = n/2;i >= 1;i -- )                 //所有分支结点均为双分支结点
```

```
            if (R[i].key < R[2 * i].key ‖ R[i].key < R[2 * i + 1].key)
                return false;
    }
    return true;
}
```

11.【计数排序算法】有一种简单的排序算法叫计数排序,这种排序算法对一个待排序的表进行排序,并将排序结果存放到另一个新的表中。必须注意的是,表中所有待排序的关键字互不相同。计数排序算法针对表中的每个元素,遍历待排序的表一趟,统计表中有多少个元素的关键字比该元素的关键字小。假设针对某一个元素,统计出的计数值为 count,那么这个元素在新的有序表中的合适存放位置即为 count。

(1)设计计数排序的算法。

(2)对于有 n 个元素的表,关键字的比较次数是多少?

(3)与简单选择排序相比较,这种方法是否更好?为什么?

解:(1)计数排序的算法如下(由无序表 $A[0..n-1]$ 产生有序表 $B[0..n-1]$)。

```
void CountSort(RecType A[ ], RecType B[ ], int n)
{    int i, j, count;
    for (i = 0; i < n; i++)
    {    count = 0;
        for (j = 0; j < n; j++)
            if (A[j].key < A[i].key)        //统计小于 A[i].key 的记录个数
                count++;
        B[count] = A[i];                   //A[i]应为第 count 大的记录
    }
}
```

(2)对于有 n 个元素的表,i 从 0 到 $n-1$ 循环,j 从 0 到 $n-1$ 循环,每次循环进行一次关键字比较,所以关键字的比较次数为 n^2。

(3)简单选择排序比计数排序更好,因为对具有 n 个元素的数据表进行简单选择排序只需进行 $n(n-1)/2$ 次比较,且可原地进行排序。

第11章 外排序

11.1 本章知识体系

1. 知识结构图

本章的知识结构如图 11.1 所示。

图 11.1　第 11 章知识结构图

2. 基本知识点

（1）外排序的基本步骤。

（2）败者树的构造过程及其在磁盘排序中的应用。

（3）多路平衡归并过程。

（4）最佳归并树的构造过程。

3. 要点归纳

（1）外排序是指排序过程中需要进行内、外存数据交换的排序方法。

（2）外排序的过程是先生成若干初始归并段，然后进行多路归并。

（3）外排序的时间主要花费在关键字的比较和记录的读写上，可以简单理解为外排序执行时间＝关键字比较时间＋记录读写时间。

（4）置换-选择排序算法用于生成初始归并段,通常产生的初始归并段的个数较少。

（5）在多路平衡归并中,归并路数 k 越大,记录的读写次数越小。

（6）在多路平衡归并中采用简单比较时,k 越大,关键字的比较次数越大。

（7）在多路平衡归并中采用败者树时,关键字的比较次数与 k 无关,所以 k 越大越好。

（8）败者树用于在归并中从 k 个记录中挑选最小记录。

（9）最佳归并树给出了一种记录读写最少的归并方案。

11.2　教材中的练习题及参考答案 ※

1. 外排序中两个相对独立的阶段是什么？

答：外排序中两个相对独立的阶段是产生初始归并段和多路归并排序。

2. 给出一组关键字 $T=(12,2,16,30,8,28,4,10,20,6,18)$,设内存工作区中可容纳 4 个记录,给出用置换-选择排序算法得到的全部初始归并段。

答：置换-选择排序算法的执行过程如表 11.1 所示,共产生两个初始归并段,归并段 1 为 $(2,8,12,16,28,30)$,归并段 2 为 $(4,6,10,18,20)$。

表 11.1　初始归并段的生成过程

读入记录	内存工作区的状态	$R_{\min}$	输出之后的初始归并段的状态
12,2,16,30	12,2,16,30	$2(i=1)$	归并段 1：{2}
8	12,8,16,30	$8(i=1)$	归并段 1：{2,8}
28	12,28,16,30	$12(i=1)$	归并段 1：{2,8,12}
4	4,28,16,30	$16(i=1)$	归并段 1：{2,8,12,16}
10	4,28,10,30	$28(i=1)$	归并段 1：{2,8,12,16,28}
20	4,20,10,30	$30(i=1)$	归并段 1：{2,8,12,16,28,30}
6	4,20,10,6	$4(4<30,$开始新归并段 $i=2)$	归并段 1：{2,8,12,16,28,30} 归并段 2：{4}
18	18,20,10,6	$6(i=2)$	归并段 1：{2,8,12,16,28,30} 归并段 2：{4,6}
	18,20,10,	$10(i=2)$	归并段 1：{2,8,12,16,28,30} 归并段 2：{4,6,10}
	18,20,,	$18(i=2)$	归并段 1：{2,8,12,16,28,30} 归并段 2：{4,6,10,18}
	,20,,	$20(i=2)$	归并段 1：{2,8,12,16,28,30} 归并段 2：{4,6,10,18,20}

3. 设输入的关键字满足 $k_1>k_2>\cdots>k_n$,内存工作区的大小为 m,用置换-选择排序算法可产生多少个初始归并段？

答：可产生 $\lceil n/m \rceil$ 个初始归并段。设记录 R_i 的关键字为 $k_i(1\leqslant i\leqslant n)$,先读入 m 个记录 R_1、R_2、$\cdots$、R_m,采用败者树选择最小记录 R_m,将其输出到归并段 1,$R_{\min}=k_m$；在该

位置上读入 R_{m+1},采用败者树选择最小记录 R_{m-1},将其输出到归并段 1,$R_{\min}=k_{m-1}$;在该位置上读入 R_{m+2},采用败者树选择最小记录 R_{m-2},将其输出到归并段 1,$R_{\min}=k_{m-2}$;以此类推,产生归并段 $1(R_m,R_{m-1},\cdots,R_1)$。同样产生其他归并段 $(R_{2m},R_{2m-1},\cdots,R_{m+1})$、$(R_{3m},R_{3m-1},\cdots,R_{2m+1})$、$\cdots$,一共有 $\lceil n/m \rceil$ 个初始归并段。

4. 什么是多路平衡归并? 多路平衡归并的目的是什么?

答:归并过程可以用一棵归并树来表示。在多路平衡归并对应的归并树中,每个结点都是平衡的,即每个结点的所有子树的高度相差不超过 1。

k 路平衡归并的过程是第 1 趟归并将 m 个初始归并段归并为 $\lceil m/k \rceil$ 个归并段,以后每一趟归并将 l 个初始归并段归并为 $\lceil l/k \rceil$ 个归并段,直到最后形成一个大的归并段为止。

m 个归并段采用 k 路平衡归并,总的归并趟数 $s=\lceil \log_k m \rceil$。其趟数是所有归并方案中最少的,所以多路平衡归并的目的是减少归并趟数。

5. 什么是败者树? 其主要作用是什么? 用于 k 路归并的败者树中共有多少个结点(不计冠军结点)?

答:败者树是一棵有 k 个叶子结点的完全二叉树,从叶子结点开始,两个结点进行比较,将它们中的败者(较大者)上升到双亲结点,胜者(较小者)参加更高一层的比较。

败者树的主要作用是从 k 个记录中选取关键字最小的记录。

败者树中有 k 个叶子结点,且没有度为 1 的结点,即 $n_0=k$,$n_1=0$,$n_2=n_0-1=k-1$,所以 $n=n_0+n_1+n_2=2k-1$。

6. 如果某个文件经内排序得到 80 个初始归并段,试问:

(1) 若使用多路平衡归并执行 3 趟完成排序,那么可取的归并路数至少为多少?

(2) 如果操作系统要求一个程序同时可用的输入/输出文件的总数不超过 15 个,则按多路平衡归并至少需要几趟可以完成排序? 如果限定这个趟数,可取的最少路数是多少?

答:(1) 设归并路数为 k,初始归并段的个数 $m=80$,根据多路平衡归并趟数的计算公式 $s=\lceil \log_k m \rceil=\lceil \log_k 80 \rceil=3$,则 $k^3 \geqslant 80$,即 $k \geqslant 5$。也就是说,可取的最少路数是 5。

(2) 设多路平衡归并的归并路数为 k,需要 k 个输入缓冲区和一个输出缓冲区。一个缓冲区对应一个文件,有 $k+1=15$,因此 $k=14$,可做 14 路归并。$s=\lceil \log_k m \rceil=\lceil \log_{14} 80 \rceil=2$,即完成排序至少需要两趟归并。

若限定两趟归并,由 $s=\lceil \log_k 80 \rceil=2$,有 $80 \geqslant k^2$,可取的最少路数是 9,即要在两趟内完成排序,进行 9 路排序即可。

7. 若采用置换-选择排序算法得到 8 个初始归并段,它们的记录个数分别为 37、34、300、41、70、120、35 和 43。画出这些磁盘文件进行归并的 4 阶最佳归并树,计算出总的读写记录数。

答:$k=4$,$m=8$,$k-(m-1) \bmod (k-1)-1=2$,设两个虚段。4 阶最佳归并树如图 11.2 所示。

第 1 趟读记录数:$34+35=69$。

第 2 趟读记录数:$69+37+41+43=190$。

第 3 趟读记录数:$190+70+120+300=680$。

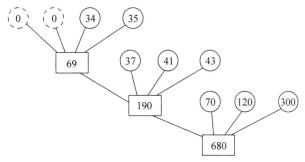

图 11.2 一棵 4 阶最佳归并树

总的读记录数＝69＋190＋680＝939,总的读写记录数＝939×2＝1878。

11.3 补充练习题及参考答案 ✳

11.3.1 单项选择题

1. 外排序和内排序的主要区别是_____。

    A. 内排序速度快,而外排序速度慢

    B. 内排序不涉及内、外存数据交换,而外排序涉及内、外存数据交换

    C. 内排序所需的内存小,而外排序所需的内存大

    D. 内排序的数据量小,而外排序的数据量大

2. 多路平衡归并的目的是_____。

    A. 减少初始归并段的段数   B. 便于实现败者树

    C. 减少归并趟数   D. 以上都对

3. 当内存工作区可容纳的记录个数 $w＝2$ 时,记录序列$(5,4,3,2,1)$采用置换-选择排序算法产生_____个递增有序段。

    A. 1   B. 2   C. 3   D. 5

4. 有 m 个初始归并段,在采用 k 路归并时,所需的归并趟数是_____。

    A. $\log_2 k$ B. $\log_2 m$ C. $\log_k m$ D. $\lceil \log_k m \rceil$

5. 设有 100 个初始归并段,如果采用 k 路平衡归并 3 遍完成排序,则 k 值最大是_____。

    A. 3   B. 4   C. 5   D. 6

6. m 个初始归并段采用 k 路平衡归并时,构建的败者树中共有_____个结点(不计冠军结点)。

    A. $2k-1$ B. $2k$ C. $2m$ D. $2m-1$

7. 在用败者树进行 k 路平衡归并的外排序算法中,总的关键字比较次数与 k _____。

    A. 成正比   B. 成反比   C. 无关   D. 以上都不对

11.3.2　填空题

习题答案

1. 归并外排序有两个基本阶段,第一个阶段是 ＿＿① ,第二个阶段是 ＿＿② 。

2. 外排序的基本方法是归并排序,但在此之前必须先生成＿＿＿＿＿。

3. 置换-选择排序算法的作用是＿＿＿＿＿。

4. 有一组关键字(12,2,16,30,8,28,4,10,20,6,18),设内存工作区中可容纳 4 个记录,采用置换-选择排序,则产生＿＿＿＿＿个初始归并段。

5. m 个初始归并段采用 k 路平衡归并,归并的趟数是＿＿＿＿＿。

6. 在败者树中,"败者"是指＿＿＿＿＿。

7. 对于 98 个长度不等的初始归并段,在构建 5 路最佳归并树时需要增加＿＿＿＿＿个虚段。

11.3.3　判断题

习题答案

1. 判断以下叙述的正确性。

(1) 外排序与外部设备的特性无关。

(2) 外排序是把外存文件调入内存,可以利用内排序的方法进行排序,因此排序所花的时间只取决于内排序的时间。

(3) 在外排序的 k 路平衡归并中,当采用败者树时,关键字的比较次数与 k 无关。

(4) 采用多路平衡归并方法可以减少初始归并段的个数。

(5) 在对磁盘文件进行 k 路平衡归并排序时,k 值越大所需的归并趟数越少。

2. 判断以下叙述的正确性。

(1) 内排序过程在数据量很大时就变成了外排序过程。

(2) 败者树中没有度为 1 的结点。

(3) 置换-选择排序算法的作用是由一个无序文件生成若干个有序的子文件。

(4) k 路最佳归并树在外排序中的作用是设计 k 路归并排序的优化方案。

(5) k 路最佳归并树在外排序中的作用是产生初始归并段。

11.3.4　简答题

习题答案

1. 设输入的关键字满足 $k_1 < k_2 < \cdots < k_n$,缓冲区的大小为 m,用置换-选择排序方法可产生多少个初始归并段?

2. 文件中记录的关键字序列为(41,39,28,32,22,19,11,50,13,21,1,33,37,3,52,16,4,8,72,12,32),设内存工作区 WA 可容纳 5 个记录。采用置换-选择排序方法求初始归并段。

3. 以归并排序为例说明内排序和外排序的不同,说明外排序如何提高操作效率?

4. 外排序中的"败者树"和堆有什么区别?若用败者树求 k 个数中的最小值,在某次比较中得到 $a > b$,那么谁是败者?

5. 简述最佳归并树的作用。

6. 有 m 个初始归并段,在构建 k 路最佳归并树时为什么在有些情况下要增加若干个虚段?

7. 设有 11 个长度不同的初始归并段,它们所包含的记录个数分别为 25、40、16、38、77、64、53、88、9、48、98。试根据它们做 4 路平衡归并,要求:

(1) 指出总的归并趟数;

(2) 构造最佳归并树;

(3) 根据最佳归并树计算每一趟及总的读记录数。

8. 设有 13 个初始归并段,长度分别为 28、16、37、42、5、9、13、14、20、17、30、12、18。试画出 4 路归并时的最佳归并树,并计算它的带权路径长度 WPL。

附录 A 5 份本科生期末考试试题

本科生期末考试试题 1 及参考答案

试题答案

要求：所有题目的解答均写在答题纸上，需写清楚题目的序号。每张答题纸都要写上姓名和学号。

一、单项选择题（共 15 小题，每小题 2 分，共计 30 分）

1. 数据结构是指_____。
   A. 一种数据类型
   B. 数据的存储结构
   C. 一组性质相同的数据元素的集合
   D. 相互之间存在一种或多种特定关系的数据元素的集合

2. 以下算法的时间复杂度为_____。

```
void fun( int n)
{   int i = 1, s = 0;
    while (s <= n)
    {   s += i + 100; i++;   }
}
```

   A. $O(n)$ B. $O(\sqrt{n})$ C. $O(n\log_2 n)$ D. $O(\log_2 n)$

3. 在一个长度为 n 的有序顺序表中删除第一个值为 x 的元素时，查找元素 x 采用二分查找方法，此时删除算法的时间复杂度为_____。
   A. $O(n)$ B. $O(n\log_2 n)$ C. $O(n^2)$ D. $O(\sqrt{n})$

4. 若一个栈采用数组 $s[0..n-1]$ 存放其元素，初始时栈顶指针为 n，则以下元素 x 进栈的操作正确的是_____。
   A. top++; $s[\text{top}]=x$;   B. $s[\text{top}]=x$; top++;
   C. top--; $s[\text{top}]=x$;   D. $s[\text{top}]=x$; top--;

5. 若用一个大小为 6 的数组来实现环形队列，队头指针 front 指向队列中队头元素的前一个位置，队尾指针 rear 指向队尾元素的位置。若当前 rear 和 front 的值分别为 0 和 3，当从队列中删除一个元素，再加入两个元素后，rear 和 front 的值分别为_____。
   A. 1 和 5   B. 2 和 4   C. 4 和 2   D. 5 和 1

6. 用循环单链表表示队列，下列说法中正确的是_____。
   A. 可设一个头指针使入队、出队都方便
   B. 可设一个尾指针使入队、出队都方便
   C. 必须设头、尾两个指针才能使入队、出队都方便
   D. 无论如何只能使入队方便，无法实现出队操作

7. 一棵高度为 $h(h \geqslant 1)$ 的完全二叉树至少有_____个结点。

　　A. 2^{h-1}　　　　　B. 2^h　　　　　C. 2^h+1　　　　　D. $2^{h-1}+1$

8. 设一棵哈夫曼树中有 999 个结点,该哈夫曼树用于对_____个字符进行编码。

　　A. 999　　　　　B. 499　　　　　C. 500　　　　　D. 501

9. 一个含有 n 个顶点的连通图采用邻接矩阵存储,则该矩阵一定是_____。

　　A. 对称矩阵　　　B. 非对称矩阵　　　C. 稀疏矩阵　　　D. 稠密矩阵

10. 设连通图有 n 个顶点、e 条边,若满足_____,则图中一定有回路。

　　A. $e \geqslant n$　　　B. $e < n-1$　　　C. $e = n-1$　　　D. $2e \geqslant n$

11. 如果从无向图的任一顶点出发进行一次广度优先遍历即可访问所有顶点,则该图一定是_____。

　　A. 完全图　　　　B. 连通图　　　　C. 有回路　　　　D. 一棵树

12. 设有一个含 100 个元素的有序表,采用折半查找法,不成功查找时最大的比较次数是_____。

　　A. 25　　　　　B. 50　　　　　C. 10　　　　　D. 7

13. 在 100 个元素的顺序表中查找任意元素(关键字为正整数),如果最多只进行 5 次元素之间的比较,则采用的查找方法只可能是_____。

　　A. 折半查找　　　　　　　　B. 顺序查找

　　C. 哈希查找　　　　　　　　D. 二叉排序树查找

14. 有一个含有 $n(n > 1000)$ 个元素的数据序列,某人采用了一种排序方法对其按关键字递增排序,该排序方法需要进行关键字比较,其平均时间复杂度接近最好的情况,空间复杂度为 $O(1)$,该排序方法可能是_____。

　　A. 快速排序　　　　　　　　B. 堆排序

　　C. 二路归并排序　　　　　　D. 基数排序

15. 对一个线性序列进行排序,该序列采用单链表存储,最好采用_____方法。

　　A. 直接插入排序　　　　　　B. 希尔排序

　　C. 堆排序　　　　　　　　　D. 都不适合

二、问答题(共 **3** 小题,每小题 **10** 分,共计 **30** 分)

1. 如果对含有 $n(n > 1)$ 个元素的线性表的运算只有 4 种,即删除第一个元素、删除最后一个元素、在第一个元素的前面插入新元素、在最后一个元素的后面插入新元素,则最好采用以下哪种存储结构?并简要说明理由。

　　(1) 只有尾结点指针没有头结点指针的循环单链表。

　　(2) 只有尾结点指针没有头结点指针的非循环双链表。

　　(3) 只有头结点指针没有尾结点指针的循环双链表。

　　(4) 既有头结点指针也有尾结点指针的循环单链表。

2. 对于一个带权连通图 G,可以采用 Prim 算法构造出从某个顶点 v 出发的最小生成树,问该最小生成树是否一定包含从顶点 v 到其他所有顶点的最短路径?如果回答是,请予以证明;如果回答否,请给出反例。

3. 有一棵二叉排序树按先序遍历得到的序列为(12,5,2,8,6,10,16,15,18,20)。回答以下问题:

（1）画出该二叉排序树。

（2）给出该二叉排序树的中序遍历序列。

（3）求在等概率下查找成功和不成功时的平均查找长度。

三、算法设计题（共 3 小题，共计 40 分）

1.（15 分）假设二叉树 b 采用二叉链存储结构，结点值为单个字符并且所有结点值唯一，设计一个算法求值为 x 的结点的双亲结点，若结点 x 没有双亲时返回 NULL。

2.（10 分）假设一个有向图 G 采用邻接表存储，设计一个算法判断顶点 i 和顶点 $j(i \neq j)$ 之间是否相互连通，假设这两个顶点均存在。

3.（15 分）有一个含有 n 个整数的无序数据序列，其中所有的数据元素均不相同，采用整数数组 $R[0..n-1]$ 存储，请完成以下任务：

（1）设计一个尽可能高效的算法，输出该序列中第 $k(1 \leqslant k \leqslant n)$ 小的元素（不是第 k 个不同的元素，而是递增排序后序号为 $k-1$ 的元素），并在算法中给出适当的注释信息。提示：利用快速排序的思路。

（2）分析所设计的求解算法的平均时间复杂度，并给出求解过程。

本科生期末考试试题 2 及参考答案

试题答案

要求：所有题目的解答均写在答题纸上，需写清楚题目的序号。每张答题纸都要写上姓名和学号。

一、单项选择题（共 20 小题，每小题 1.5 分，共计 30 分）

1. 以下数据结构中_____属非线性结构。

    A. 栈　　　　　　　B. 串　　　　　　　C. 队列　　　　　　　D. 平衡二叉树

2. 以下算法的时间复杂度为_____。

```
void func(int n)
{    int i = 0, s = 0;
     while (s <= n)
     {    i++;
          s = s + i;
     }
}
```

    A. $O(n)$　　　　　B. $O(\sqrt{n})$　　　　C. $O(n\log_2 n)$　　　D. $O(\log_2 n)$

3. 在一个双链表中，删除 p 所指结点（非首、尾结点）的操作是_____。

    A. $p->\text{prior}->\text{next}=p->\text{next}; p->\text{next}->\text{prior}=p->\text{prior}$

    B. $p->\text{prior}=p->\text{prior}->\text{prior}; p->\text{prior}->\text{prior}=p$

    C. $p->\text{next}->\text{prior}=p; p->\text{next}=p->\text{next}->\text{next}$

    D. $p->\text{next}=p->\text{prior}->\text{prior}; p->\text{prior}=p->\text{prior}->\text{prior}$

4. 设 n 个元素进栈序列是 1、2、3、$\cdots$、n，其输出序列是 p_1、p_2、$\cdots$、p_n，若 $p_2=2$，则 p_1 的值为_____。

    A. 一定是 1　　　B. 一定不是 1　　　C. 可以是 1 或者 3　　D. 以上都不对

5. 在数据处理过程中经常需要保存一些中间数据，如果要实现先保存的数据先处理，则应采用_____来保存这些数据。

    A. 线性表   B. 栈   C. 队列   D. 单链表

6. 中缀表达式 $a*(b+c)-d$ 对应的后缀表达式是_____。

    A. $abcd*+-$ B. $abc+*d-$

    C. $abc*+d-$ D. $-+*abcd$

7. 设栈 s 和队列 q 的初始状态都为空,元素 a、b、c、d、e 和 f 依次通过栈 s,一个元素出栈后即进入队列 q,若 6 个元素出队的序列是 b,d,c,f,e,a,则栈 s 至少能存_____个元素。

    A. 2   B. 3   C. 4   D. 5

8. 在执行以下_____操作时,需要使用队列作为辅助存储空间。

    A. 图的深度优先遍历   B. 二叉树的先序遍历

    C. 平衡二叉树查找   D. 图的广度优先遍历

9. 若将 n 阶上三角矩阵 A 按列优先顺序压缩存放在一维数组 $B[1..n(n+1)/2]$ 中,A 中第一个非零元素 $a_{1,1}$ 存于 B 数组的 b_1 中,则应存放到 b_k 中的元素 $a_{i,j}(1\leqslant i\leqslant j)$ 的下标 i、j 与 k 的对应关系是_____。

    A. $i(i+1)/2+j$ B. $i(i-1)/2+j$

    C. $j(j+1)/2+i$ D. $j(j-1)/2+i$

10. 一棵结点个数为 n、高度为 h 的 $m(m\geqslant 3)$ 次树,其总分支数是_____。

    A. nh B. $n+m$ C. $n-1$ D. $h-1$

11. 设森林 F 对应的二叉树为 B,B 中有 m 个结点,其根结点的右子树的结点个数为 n,森林 F 中第一棵树的结点个数是_____。

    A. $m-n$ B. $m-n-1$

    C. $n+1$ D. 条件不足,无法确定

12. 一棵二叉树的先序遍历序列为 ABCDEF、中序遍历序列为 CBAEDF,则后序遍历序列为_____。

    A. CBEFDA   B. FEDCBA   C. CBEDFA   D. 不确定

13. 在一个具有 n 个顶点的有向图中,构成强连通图时至少有_____条边。

    A. n B. $n+1$ C. $n-1$ D. $n/2$

14. 对于有 n 个顶点的带权连通图,它的最小生成树是指图中任意一个_____。

    A. 由 $n-1$ 条权值最小的边构成的子图

    B. 由 $n-1$ 条权值之和最小的边构成的子图

    C. 由 $n-1$ 条权值之和最小的边构成的连通子图

    D. 由 n 个顶点构成的极小连通子图,且边的权值之和最小

15. 对于有 n 个顶点、e 条边的有向图,采用邻接矩阵表示,求单源最短路径的 Dijkstra 算法的时间复杂度为_____。

    A. $O(n)$ B. $O(n+e)$ C. $O(n^2)$ D. $O(ne)$

16. 一棵高度为 h 的平衡二叉树,其中每个非叶子结点的平衡因子均为 0,则该树的结点个数是_____。

A. $2^{h-1}-1$ B. 2^{h-1} C. $2^{h-1}+1$ D. 2^h-1

17. 在对线性表进行折半查找时,要求线性表必须_____。

    A. 以顺序方式存储

    B. 以链接方式存储

    C. 以顺序方式存储,且结点按关键字有序排序

    D. 以链表方式存储,且结点按关键字有序排序

18. 假设有 k 个关键字互为同义词,若用线性探测法把这 k 个关键字存入哈希表中,至少要进行_____次探测。

    A. $k-1$ B. k C. $k+1$ D. $k(k+1)/2$

19. 在以下排序算法中,某一趟排序结束后未必能选出一个元素放在其最终位置上的是_____。

    A. 堆排序   B. 冒泡排序

    C. 直接插入排序   D. 快速排序

20. 在以下排序方法中,_____不需要进行关键字的比较。

    A. 快速排序   B. 归并排序   C. 基数排序   D. 堆排序

二、问答题(共 4 小题,每小题 10 分,共计 40 分)

1. 已知一棵度为 m 的树中有 n_1 个度为 1 的结点、n_2 个度为 2 的结点、$\cdots$、n_m 个度为 m 的结点,问该树中有多少个叶子结点?(需要给出推导过程)

2. 设关键字序列 $D=(1,12,5,8,3,10,7,13,9)$,试完成下列各题:

(1) 依次取 D 中的各关键字,构造一棵二叉排序树 bt。

(2) 如何依据此二叉树 bt 得到 D 的一个关键字递增序列。

(3) 画出在二叉树 bt 中删除 12 后的树结构。

3. 一个有 $n(n>10)$ 个整数的数组 $R[1..n]$,其中的所有元素是有序的,将其看成一棵完全二叉树,该树是否构成一个堆?若不是,请给一个反例;若是,请简要说明理由。

4. 若要在 n 个海量数据(超过十亿,不能一次全部放入内存)中找出最大的 k 个数(内存可以容纳 k 个数),最好采用什么数据结构和策略?请详细说明你采用的数据结构和策略,并用时间复杂度和空间复杂度来说明理由。

三、算法设计题(共 2 小题,共计 30 分)

1. (15 分)有一个由正整数构成的线性表$(a_1,a_2,\cdots,a_n)$,其中 $n>3$,采用顺序表 L 存储,顺序表的类型如下:

```
typedef struct
{    int data[MaxSize];          //存放顺序表的元素
     int length;                 //存放顺序表的长度
}SqList;                         //顺序表的类型定义
```

设计一个空间复杂度为 $O(1)$ 的算法删除其中的所有奇数元素,关键之处给出注释。

2. (15 分)假设二叉树 b 采用二叉链存储结构存储,试设计一个算法,求该二叉树中从根结点出发的任一条最长的路径的长度,并输出此路径上各结点的值。

本科生期末考试试题 3 及参考答案

要求：所有题目的解答均写在答题纸上，需写清楚题目的序号。每张答题 试题答案
纸都要写上姓名和学号。

一、单项选择题（共 10 小题，每小题 2 分，共计 20 分）

1. 小明设计了某个问题的两个求解算法 A 和 B，算法 A 的平均时间复杂度为 $O(n\log_2 n)$，算法 B 的平均时间复杂度为 $O(n^2)$，则_____。

 A. 对于任何输入实例，算法 A 的执行时间少于算法 B 的执行时间

 B. 对于任何输入实例，算法 A 的执行时间多于算法 B 的执行时间

 C. 对于某些输入实例，算法 A 的执行时间可能多于算法 B 的执行时间

 D. 以上都不对

2. 设不带头结点的非空循环单链表中的结点类型为 (data, next)，且 rear 指向尾结点。若想删除该链表中的第一个结点，则正确的操作序列（s 是临时指针）是_____。

 A. $s = $rear; rear $= $rear$->$next; free($s$);

 B. $s = $rear; rear $= $rear$->$next; free($s$);

 C. rear $= $rear$->$next; free(rear);

 D. $s = $rear$->$next; rear$->$next $= s->$next; free(s);

3. 设 n 个元素的进栈序列是 $1, 2, 3, \cdots, n$，其输出序列是 $p_1, p_2, \cdots, p_n$，若 $p_1 = 3$，则 p_2 的值_____。

 A. 一定是 2　　　　B. 一定是 1　　　　C. 不可能是 1　　　　D. 以上都不对

4. 在队列中，下列说法正确的是_____。

 A. 每次插入总是在队尾，每次删除总是在队头

 B. 每次插入总是在队尾，每次删除也总是在队尾

 C. 每次插入总是在队头，每次删除也总是在队头

 D. 每次插入总是在队头，每次删除总是在队尾

5. 设有一个 C 语言的二维数组 $A[m][n]$，假设 $A[0][0]$ 的地址是 644，$A[2][2]$ 的地址是 676，每个元素占一个存储单元，则 $A[3][3]$ 中存放的地址是_____。

 A. 688　　　　　B. 678　　　　　C. 692　　　　　D. 696

6. 设某棵二叉树（每个结点值为单个大写字母）的中序遍历序列为 ABCD、先序遍历序列为 CABD，则后序遍历该二叉树得到的序列为_____。

 A. BADC　　　　B. BCDA　　　　C. CDAB　　　　D. CBDA

7. 一个有向图含 n 个顶点、e 条边，顶点的最大出度为 d，采用邻接矩阵存储，判断两个顶点之间是否有边的时间复杂度是_____。

 A. $O(1)$　　　　B. $O(n)$　　　　C. $O(e)$　　　　D. $O(d)$

8. 对某个带权连通图构造最小生成树，以下说法中正确的是_____。

 Ⅰ. 该图的所有最小生成树的总代价一定是相同的

 Ⅱ. 其所有权值最小的边一定会出现在所有的最小生成树中

 Ⅲ. 用 Prim 算法从不同顶点开始构造的所有最小生成树一定相同

 Ⅳ. 使用 Prim 算法和 Kruskal 算法得到的最小生成树总不相同

 A. 仅Ⅰ　　　　B. 仅Ⅱ　　　　C. 仅Ⅰ、Ⅲ　　　　D. 仅Ⅱ、Ⅳ

9. 设哈希表的表长 $m=14$,哈希函数为 $h(k)=k\%11$。表中已有 4 个元素,$h(15)=4$,$h(38)=5$,$h(61)=6$,$h(84)=7$,其余地址为空,如用线性探测法处理冲突,则关键字为 49 的结点的地址是_____。

  A. 8   B. 3   C. 5   D. 9

10. 设有 5000 个待排序的元素关键字,如果需要用最快的方法选出其中最小的 10 个元素,则用下列_____方法可以达到此目的。

  A. 基数排序   B. 堆排序   C. 二路归并排序   D. 直接插入排序

二、填空题(共 5 小题,每小题 4 分,共计 20 分)

1. 利用大小为 n 的数组 data[0..n−1]存储一个栈,top 为栈顶指针,并用 top==n 表示栈空,则向这个栈插入一个元素时,首先应执行_____语句修改 top 指针。

2. 后缀表达式 9 2 3 + − 1 0 2 / − 的值是_____。

3. 设一棵完全二叉树中有 500 个结点,则该二叉树的高度为_____。

4. 下面程序段的功能是采用二分查找方法在递增有序整数数组 $a[0..n−1]$ 中查找 k,请在下画线处填上正确的语句。

```
int bisearch(int a[], int n, int k)
{   int low = 0, mid, high = n − 1;
    while(_____)
    {   mid = (low + high)/2;
        if(a[mid] == k)
            return mid;
        else if (k < a[mid])
            high = mid − 1;
        else
            low = mid + 1;
    }
    return − 1;
}
```

5. 快速排序算法的平均时间复杂度接近最好时间复杂度,为_____。

三、问答题(共 3 小题,每小题 10 分,共计 30 分)

1. 有如图 A.1 所示的一个带权连通图,回答以下问题:

(1) 求从顶点 0 出发的一棵深度优先生成树。

(2) 求其中的一棵最小生成树。

2. 给定一棵非空二叉排序树(所有关键字均不相同)的先序序列,可以唯一确定该二叉排序树吗? 如果回答可以,请说明理由;如果回答不可以,请给出一个反例。

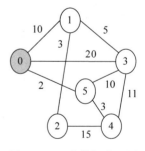

图 A.1 一个带权连通图

3. 已知关键字序列为 {72,87,61,23,94,16,5,58},采用堆排序法对该序列进行递增排序,给出整个排序过程。

四、算法设计题(共 2 小题,每小题 15 分,共计 30 分)

1. (15 分)有一个整数线性表 $(a_1,a_2,\cdots,a_n)$,其中 $n>3$,采用顺序表 L 存储,顺序表的类型如下:

```
typedef struct
{   int data[MaxSize];            //存放顺序表的元素
    int length;                   //存放顺序表的长度
}SqList;                          //顺序表的类型定义
```

设计一个尽可能高效的算法,将所有小于或等于 x 的整数移动到前面,其他整数移动到后面,关键之处给出注释,并且给出算法的时间复杂度和空间复杂度。

2.(15分)一棵二叉树采用二叉链存储,所有结点值为整数,结点类型如下:

```
typedef struct node
{   int data;                     //结点值
    struct node * lchild;         //指向左孩子结点
    struct node * rchild;         //指向右孩子结点
}BTNode;
```

设计一个算法求二叉树中第 k($1 \leqslant k \leqslant$ 二叉树的高度)层的最左结点。

本科生期末考试试题 4 及参考答案

试题答案

要求:所有题目的解答均写在答题纸上,需写清楚题目的序号。每张答题纸都要写上姓名和学号。

一、单项选择题(共 10 小题,每小题 2 分,共计 20 分)

1. 有一个带头结点的非空单链表 h,结点类型为(data,next),p 指向其中的一个结点,在结点 p 之后插入结点 s 的操作是_____。

    A. s—>next=p—>next; p—>next=s;

    B. p—>next=s; s—>next=p;

    C. s—>next=p; p—>next=s;

    D. 以上都不对

2. 在一个带头结点的非空双链表 h 中删除 p 所指结点的时间复杂度是_____。

    A. $O(1)$　　　　B. $O(n)$　　　　C. $O(\log_2 n)$　　　　D. 以上都不对

3. 用 data[0..n−1]存放栈中的元素,则以下叙述中正确的是_____。

    A. 该栈总的进栈操作最多为 n 次

    B. 该栈总的连续进栈操作最多为 n 次

    C. 该栈总的出栈操作最多为 n 次

    D. 以上都不对

4. 以下_____算法需要使用队列作为辅助数据结构。

    A. 哈希表查找　　　　　　　　　　B. 图的深度优先遍历

    C. 图的广度优先遍历　　　　　　　D. 二叉树的先序遍历

5. 设哈夫曼树中的叶子结点总数为 m,若用二叉链表作为存储结构,则该哈夫曼树中总共有_____个空指针域。

    A. $2m-1$　　　　B. $2m$　　　　C. $2m+1$　　　　D. $4m$

6. 在一个非空连通图中，_____。
　　A. 每个顶点都有到其他顶点的边　　　　B. 每个顶点都有到其他顶点的路径
　　C. 每个顶点的度均大于 2　　　　　　　D. 以上都不对

7. 有一个带权连通图 G，边数 $e>3$，以下关于最小生成树的叙述中正确的是_____。
　　A. 若恰好有两条最小权值的边，则这两条边一定出现在 G 的所有的最小生成树中
　　B. 若恰好有 3 条最小权值的边，则这 3 条边一定出现在 G 的所有的最小生成树中
　　C. G 的最小生成树可能有多棵，它们的权值之和可能不同
　　D. G 可能没有最小生成树

8. 以下不能构成折半查找中关键字比较序列的是_____。
　　A. 500,200,450,180　　　　　　　　　B. 500,450,200,180
　　C. 180,500,200,450　　　　　　　　　D. 180,200,500,450

9. 设一个关键字序列为(50,40,95,20,15,70,60,45)，第 1 趟以增量 $d=4$ 进行希尔排序，该趟结束后前 4 个元素的关键字为_____。
　　A. 40,50,20,95　　　　　　　　　　　B. 15,40,60,20
　　C. 15,20,40,45　　　　　　　　　　　D. 45,40,15,20

10. 以下排序方法中排序的趟数与初始状态有关的是_____。
　　A. 直接插入排序　　B. 简单选择排序　　C. 堆排序　　D. 冒泡排序

二、填空题（共 **5** 小题，每小题 **4** 分，共计 **20** 分）

1. 采用栈求中缀表达式 $3-1+5*2$ 的值，那么最先执行的运算是　①　，最后执行的运算是　②　。

2. 循环队列的存储空间是 data[0..19]，f 和 r 分别为队头、队尾指针（f 指向当前队中队头元素的前一个位置，r 指向当前队中队尾元素的位置），若某个时刻 $f=8$，$r=2$，则队中元素的个数是_____。

3. 目标串 s 和模式串 t 的长度分别为 m 和 n，则 KMP 算法的平均时间复杂度是_____。

4. 一个 10×10 的对称矩阵采用压缩存储方法，存储的元素个数是_____。

5. 递归函数 f 的定义如下：

```
f(1) = 1
f(2) = 2
f(n) = f(n-2) * f(n-1)    当 n＞2 时
```

则 $f(6)$ 的值是_____。

三、问答题（共 **3** 小题，每小题 **10** 分，共计 **30** 分）

1. 对于一棵完全二叉树，给出其先序遍历序列、中序遍历序列、后序遍历序列和层次遍历序列中的任意一种，是否可以确定该完全二叉树。若回答可以，说明理由；若回答不可以，给出一个反例。

2. 一个带权有向图的邻接表存储结构如图 A.2 所示，回答以下问题：

(1) 画出该图的逻辑结构表示。

（2）给出该图的一个拓扑序列。

（3）求出关键路径的长度和一条关键路径。

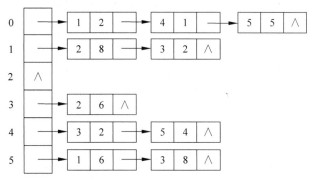

图 A.2　一个带权有向图的邻接表存储结构

3. 回答以下有关快速排序的问题。

（1）快速排序通过划分实现排序，假设划分算法是 $\text{Partition}(R,s,t)$，给出快速排序的递归模型。

（2）快速排序的最坏时间复杂度为 $O(n^2)$，为什么仍然说快速排序是高效的排序算法？

（3）当初始排序表接近有序时快速排序呈现最差的时间性能，给出一种方法避免出现这样的情况。

四、算法设计题（共 2 小题，每小题 15 分，共计 30 分）

1. 给定两个非空递增有序的整数顺序表 A 和 B，它们分别含 m 和 n 个整数，顺序表的类型如下：

```
typedef struct
{int data[MaxSize];      //存放顺序表的元素
 int length;             //存放顺序表的长度
}SqList;                 //顺序表的类型定义
```

设计一个尽可能高效的算法求出 A 中任意整数与 B 中任意整数差的绝对值的最小值，关键之处给出注释。

2. 给定一棵关键字为整数的二叉排序树（所有的关键字是唯一的），采用二叉链存储结构存储，结点类型如下：

```
typedef struct node
{int key;                    //关键字
 struct node * lchild, * rchild;   //左、右孩子指针
}BSTNode;                     //结点类型
```

设计一个尽可能高效的算法求关键字 k 的前驱结点，若存在这样的结点，返回该结点的地址，若不存在返回 NULL，关键之处给出注释。

本科生期末考试试题5及参考答案

要求：所有题目的解答均写在答题纸上，需写清楚题目的序号。每张答题纸都要写上姓名和学号。

一、单项选择题（共 10 小题，每小题 2 分，共计 20 分）

1. 采用不带头结点的单链表 h 和 r 作为链队（h 指向首结点，r 指向尾结点），结点 s 进队的操作是_____。

　　A. $s->next=h$；$h=s$；　　　　　　B. $s->next=h->next$；$h=s$；

　　C. $r->next=s$；$r=s$；　　　　　　D. $r=s$；$r->next=s$；

2. 采用 data$[0..m-1]$ 数组表示循环队列，f 和 r 分别为队头、队尾指针（f 指向当前队中队头元素的前一个位置，r 指向当前队中队尾元素的位置），则下面选项中正确的是_____。

　　A. r 总是大于或等于 f

　　B. f 总是大于或等于 r

　　C. 可以由 f 和 r 计算出队中元素的个数

　　D. 不能由 f 和 r 计算出队中元素的个数

3. 下列有关稀疏矩阵的叙述中正确的是_____。

　　A. 稀疏矩阵采用压缩存储的目的是减少存储空间

　　B. 稀疏矩阵采用压缩存储的目的是方便运算

　　C. 稀疏矩阵的三元组存储结构具有随机存取特性

　　D. 稀疏矩阵的十字链表存储结构具有随机存取特性

4. 一棵非空树 T 转换为二叉树 B，以下叙述中错误的是_____。

　　A. T 和 B 的结点个数相同

　　B. T 和 B 的分支数相同

　　C. T 的先根遍历序列与 B 的先序遍历序列相同

　　D. T 的层次遍历序列与 B 的层次遍历序列相同

5. 利用 3、6、8、12 这 4 个值作为叶子结点的权生成一棵哈夫曼树，该树的带权路径长度为_____。

　　A. 55　　　　　　B. 29　　　　　　C. 58　　　　　　D. 38

6. 在采用 Dijkstra 算法求带权图 G 中源点 v 到其他顶点的最短路径时，若先求出 v 到 s 的最短路径，后求出 v 到 t 的最短路径，则_____。

　　A. v 到 s 的最短路径长度一定小于或等于 v 到 t 的最短路径长度

　　B. v 到 s 的最短路径长度一定小于 v 到 t 的最短路径长度

　　C. v 到 s 的最短路径长度一定大于或等于 v 到 t 的最短路径长度

　　D. v 到 s 的最短路径长度一定大于 v 到 t 的最短路径长度

7. 一个非空的图 G 能够产生包含全部顶点的拓扑序列，则_____。

　　A. 图 G 一定是无向图　　　　　　B. 图 G 一定是有环的有向图

　　C. 图 G 一定是没有环的有向图　　D. 图 G 可能是有环的无向图

8. 对于顺序查找，假设查找成功与不成功的概率相同，对每个元素查找的概率相同，则顺序查找的平均查找长度是_____。

    A. $0.5(n+1)$ B. $0.25(n+1)$ C. $0.5(n+1)$ D. $0.75(n+1)$

9. 分别以以下序列构造一棵二叉排序树,与其他 3 个序列所构造的二叉排序树不同的是_____。

    A. $100,80,90,60,120,110,130$

    B. $100,120,110,130,80,60,90$

    C. $100,60,80,90,120,110,130$

    D. $100,80,60,90,120,130,110$

10. 在采用拉链法处理冲突的哈希表中查找某个关键字,则在查找成功的情况下所探测的单链表中结点的关键字_____。

    A. 一定都是同义词   B. 不一定都是同义词

    C. 都相同   D. 一定不是同义词

二、填空题(共 5 小题,每小题 4 分,共计 20 分)

1. 某个算法的执行时间 $T(n)=(n^3+n^2\log_2 n+14n)/n^2$,其时间复杂度是_____。

2. 设不带权有向图 G 用邻接矩阵 $A[n][n]$ 作为存储结构,则该邻接矩阵中第 i 行上的所有元素之和等于顶点 i 的   ① ,第 i 列上的所有元素之和等于顶点 i 的   ② 。

3. 向一棵高度为 5 的 3 阶 B 树插入一个关键字,结果导致根结点发生分裂,则插入后 B 树的高度是_____。

4. 若关键字序列是 $(1,5,6,8)$,采用折半查找,成功情况下的平均查找长度是_____。

5. 在快速排序、堆排序和二路归并排序中,_____是稳定的。

三、问答题(共 3 小题,每小题 10 分,共计 30 分)

1. 假设含 n 个结点的单链表的结点类型为(data,next)(《教材》中的单链表求长度运算的时间复杂度为 $O(n)$),请给出一种单链表的设计方式,使得求长度运算的时间复杂度为 $O(1)$。

2. 假设 $f(0)=1,f(1)=1$,当 $n>1$ 时有:

$$f(n)=\sum_{j=0}^{n-1}f(j)*f(n-j-1)$$

可以推出 $f(n)$ 的通项公式是

$$f(n)=\frac{1}{n+1}C_{2n}^n$$

由此说明 n 个不同的元素通过一个栈可以得到 $\frac{1}{n+1}C_{2n}^n$ 个不同的出栈序列。

3. 回答以下问题:

(1) 一棵完全二叉树只做查找某个结点的双亲结点和查找某个结点的孩子结点两种运算,问应该用何种存储结构来存储该完全二叉树?

(2) 一棵二叉树有 50 个叶子结点,其总结点个数最少是多少?

四、算法设计题(共 3 小题,每小题 10 分,共计 30 分)

1. 设计一个支持以下两种操作的数据结构 ds。

void addWord(ds,word):向数据结构 ds 中添加一个字符串 word。

bool search(ds,word)：在数据结构 ds 中查找是否存在 word，word 只包含字母'.' 或小写字母 a~z，其中'.'可以匹配任何一个字母。例如：

```
addWord("bad")
addWord("dad")
addWord("mad")
search("pad") -> false
search("bad") -> true
search(".ad") -> true
search("b..") -> true
```

提示：假设最多添加 1000 个字符串，每个字符串的长度小于或等于 10。

2. 给定一个不带权的连通图 G（顶点个数 $n>2$，顶点编号为 $0\sim n-1$，边数 $e>2$），采用邻接表存储，邻接表的定义如下：

```
typedef struct ANode
{    int adjvex;                      //该边的邻接点的编号
     struct ANode * nextarc;         //指向下一条边的指针
}ArcNode;                            //边结点类型
typedef struct Vnode
{
     ArcNode * firstarc;            //指向第一条边
}VNode;                              //邻接表的头结点类型
typedef struct
{    VNode adjlist[MAXV];           //邻接表的头结点数组
     int n,e;                        //图中顶点数 n 和边数 e
}AdjGraph;                          //图的邻接表类型
```

图 G 中两个顶点之间的路径长度是指连接这两个顶点的路径上的边数，设计一个尽可能高效的算法求 G 中任意两个顶点之间的最短路径长度的最大值。

3. 给定一个带头结点的含 n 个整数的单链表 h，结点类型如下：

```
typedef struct LNode
{    int data;
     struct LNode * next;           //指向后继结点
}LinkNode;                          //声明单链表结点类型
```

设计一个算法采用简单选择排序方法实现单链表 h 的递增排序，关键之处给出注释，并且给出算法的时间和空间复杂度。

附录 B　3 份研究生入学考试（单考）数据结构部分试题

研究生入学考试(单考)数据结构部分试题 1 及参考答案

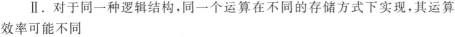

一、单项选择题（共 11 小题，每小题 2 分，共计 22 分）

1. 以下叙述中正确的是_____。

Ⅰ. 对于同一种逻辑结构，可以有多种逻辑结构表示方法

Ⅱ. 对于同一种逻辑结构，同一个运算在不同的存储方式下实现，其运算效率可能不同

Ⅲ. 在设计某种逻辑结构的存储结构时主要考虑的是存储数据元素

Ⅳ. 对于一种逻辑结构，可以采用多种存储结构进行存储

    A. 仅Ⅰ、Ⅱ、Ⅲ
                    B. 仅Ⅱ、Ⅲ、Ⅳ

    C. 仅Ⅰ、Ⅱ、Ⅳ
                    D. Ⅰ、Ⅱ、Ⅲ、Ⅳ

2. 顺序表具有随机存取特性指的是_____。

    A. 查找值为 x 的元素与顺序表中元素的个数 n 无关

    B. 查找值为 x 的元素与顺序表中元素的个数 n 有关

    C. 查找序号为 i 的元素与顺序表中元素的个数 n 无关

    D. 查找序号为 i 的元素与顺序表中元素的个数 n 有关

3. 在一个算法中需要建立 $n(n \geqslant 3)$ 个栈时可以选择下列 3 种方案之一，对以下各种解决方案进行比较，其中错误的是_____。

Ⅰ. 分别用多个顺序存储空间建立多个独立的栈

Ⅱ. 多个栈共享一个顺序存储空间

Ⅲ. 分别建立多个独立的链栈

    A. Ⅰ方案的优点是操作简便
        B. Ⅱ方案的缺点是时间效率低

    C. Ⅲ方案的优点是存储效率高
       D. 以上都不对

4. 某环形队列的元素类型为 char，队头指针 front 指向队头元素的前一个位置，队尾指针 rear 指向队尾元素，如图 B.1 所示，则队中元素为_____。

    A. abcd123456
    B. abcd123456c
    C. dfgbca
    D. cdfgbca

图 B.1　一个环形队列

5. 一个对称矩阵 $A[1..10, 1..10]$ 采用压缩存储方式，将其下三角部分按行优先存储到一维数组 $B[1..m]$ 中，则 $A[8][5]$ 元素在 B 中的位置 k 是_____。

A. 33　　　　　　B. 37　　　　　　C. 45　　　　　　D. 60

6. 在高度为 $h(h \geqslant 1)$ 的哈夫曼树中，最少有　①　个结点，最多有　②　个结点。

A. $2^h - 1$　　　B. 2^{h-1}　　　C. $2h$　　　D. $2h - 1$

7. 用 Dijkstra 算法求一个带权有向图 G 中从顶点 0 出发的最短路径，在算法执行的某时刻，$S = \{0, 2, 3, 4\}$，选取的目标顶点是顶点 1，则可能修改的最短路径是_____。

    A. 从顶点 0 到顶点 2 的最短路径

    B. 从顶点 2 到顶点 4 的最短路径

    C. 从顶点 0 到顶点 1 的最短路径

    D. 从顶点 0 到顶点 3 的最短路径

8. 在有向图 G 的拓扑序列中，若顶点 i 在顶点 j 之前，则以下情况不可能出现的是_____。

    A. G 中有边 $<i, j>$　　　　　　　　B. G 中有一条从顶点 i 到顶点 j 的路径

    C. G 中没有边 $<i, j>$　　　　　　　D. G 中有一条从顶点 j 到顶点 i 的路径

9. 在二叉排序树中，最小关键字结点的_____。

    A. 左指针一定为空　　　　　　　　B. 右指针一定为空

    C. 左、右指针均为空　　　　　　　　D. 左、右指针均不空

10. 数据序列 $(5, 4, 15, 10, 3, 2, 9, 6, 11)$ 是某排序方法第 1 趟排序后的结果，该排序方法可能是_____。

    A. 冒泡排序　　　　　　　　　　　B. 二路归并排序

    C. 堆排序　　　　　　　　　　　　D. 简单选择排序

11. 设有 1000 个无序的元素，希望用最快的速度挑选出其中前 10 个最大的元素，最好选用_____法。

    A. 冒泡排序　　　B. 快速排序　　　C. 堆排序　　　D. 基数排序

二、综合应用题（共 **2** 小题，共计 23 分）

1. （13 分）一棵二叉树采用二叉链存储结构存放，结点类型如下：

```
typedef struct node
{   ElemType data;
    struct node * lchild, * rchild;
} BTNode;
```

假设所有结点的 data 域均不相同，设计一个算法删除并释放其中 data 域为 x 的结点及其子孙结点，在算法中给出必要的注释。

2. （10 分）有一个含有 n 个元素的学生成绩线性表，每个元素含有姓名和分数（百分制），成绩等级划分的标准是分数大于或等于 90 为 A 类，不及格为 C 类，其余为 B 类。学生成绩线性表采用带头结点的单链表存储，结点类型如下：

```
typedef struct node
{   char name[10];              //姓名
    int score;                  //分数
```

```
        struct node * next;
} LinkNode;
```

设计一个在时间和空间两方面尽可能高效的算法,使该学生成绩单链表按成绩等级 A、B、C 的次序排列,并给出所设计算法的时间和空间复杂度,在算法中给出必要的注释。

研究生入学考试(单考)数据结构部分试题 2 及参考答案

一、单项选择题(共 **11** 小题,每小题 **2** 分,共计 **22** 分)

1. 设 n 是描述问题规模的非负整数,以下算法的时间和空间复杂度分别为_____。

```
int fun(int n)
{   int i = 1, s = 1;
    while (i < = n)
    {   s++;
        i = 3 * i;
    }
    return s;
}
```

    A. $O(\log_3 n)$、$O(n)$ B. $O(\log_2 n)$、$O(1)$

    C. $O(\log_2 n)$、$O(n)$ D. $O(n\log_3 n)$、$O(1)$

2. 设有 5 个元素的进栈序列是 a,b,c,d,e,其出栈序列是 c,e,d,b,a,则该栈的容量至少是_____。

    A. 2   B. 3   C. 4   D. 5

3. 以下各链表均不带有头结点,其中最不适合用作链栈的链表是_____。

    A. 只有表头指针没有表尾指针的循环双链表

    B. 只有表尾指针没有表头指针的循环双链表

    C. 只有表尾指针没有表头指针的循环单链表

    D. 只有表头指针没有表尾指针的循环单链表

4. 设环形队列中数组的下标是 0~N-1,其队头、队尾指针分别为 f 和 r(f 指向队首元素的前一位置,r 指向队尾元素),已知 f 和队列中的元素个数 c,则 r 为_____。

    A. $(f+c)\%N$ B. $(f-c)\%N$

    C. $(f-c+N)\%N$ D. $f+c$

5. 一个 10 阶对称矩阵 $A[1..10,1..10]$ 采用压缩存储方式,将其上三角和主对角部分按行优先存储到一维数组 $B[1..m]$ 中,则 $A[8][5]$ 元素值在 B 中的存储位置 k 是_____。

    A. 10   B. 37   C. 45   D. 60

6. 一棵度为 5、结点个数为 20 的树,其高度的范围是_____。

    A. 3~20   B. 5~18   C. 3~16   D. 3~4

7. 如果从某个非空无向图的任一顶点出发进行一次深度优先遍历即可访问所有顶点,则该图一定是_____。

    A. 完全图   B. 连通图   C. 有回路   D. 一棵树

8. Dijkstra 算法是_____求出图中从初始点到其余顶点的最短路径的。

    A. 按长度递减的顺序   B. 按长度递增的顺序

    C. 通过深度优先遍历   D. 通过广度优先遍历

9. 按关键字 13、24、37、90、53 的次序构造一棵平衡二叉树,该平衡二叉树的高度是_____。

    A. 3   B. 4   C. 5   D. 不确定

10. 当一组待排序的数据已基本有序时,采用快速排序方法时的时间性能与采用_____方法接近。

    A. 希尔排序   B. 堆排序

    C. 二路归并排序   D. 简单选择排序

11. 有 $n(n>100)$ 个十进制正整数进行基数排序,其中最大的整数为 5 位,则基数排序过程中临时建立的队列个数是_____。

    A. 10   B. n C. 5   D. 以上都不对

二、综合应用题(共 **2** 小题,共计 **23** 分)

1. (12 分)假设一个年级有若干个班,每个班有唯一的班号(如 1、2 等),一个班有若干个学生,每个学生的信息包括学号和姓名(同一个班的学号唯一,不同班的学号可能重复),学生记录按时间的先后顺序插入。其中最频繁的操作如下:

    ① 删除某班某学号的学生记录。

    ② 在某班中插入一个某学号的学生记录。

    ③ 查找某班某学号的学生记录。

回答以下问题:

    (1) 设计一个你认为最合适的存储结构用于存储该年级的所有学生信息,并画出相应的示意图。

    (2) 给出在你设计的存储结构下实现上述操作②的过程,并说明其时间复杂度(用文字叙述即可,不必考虑插入学号与该班中其他记录的学号重复的情况)。

2. (11 分)一个含有 $n(n>10)$ 个整数的序列可以看成一棵完全二叉树,该树采用二叉链存储结构存储,每个结点存放一个整数,根结点指针为 b,结点类型的定义如下:

```
typedef struct node
{    int data;
     struct node * lchild, * rchild;
} BTNode;
```

设计一个算法判断该序列是否为一个大根堆,如果是一个大根堆,返回 true,否则返回 false,在算法中给出适当的注释。

研究生入学考试(单考)数据结构部分试题 3 及参考答案

一、单项选择题(共 **24** 小题,每小题 **2** 分,共计 **48** 分)

1. 在计算机中存储数据时,通常不仅要存储各数据元素的值,还要存储_____。

    A. 数据的处理方法   B. 数据元素的类型

    C. 数据元素之间的关系   D. 数据的存储方法

试题答案

2. 以下关于单链表的叙述中正确的是_____。

Ⅰ. 结点除自身信息外还包括指针域,其存储密度小于顺序表

Ⅱ. 找第 i 个结点的时间为 $O(1)$

Ⅲ. 在插入、删除运算中不必移动结点

  A. 仅Ⅰ、Ⅱ   B. 仅Ⅱ、Ⅲ   C. 仅Ⅰ、Ⅲ   D. Ⅰ、Ⅱ、Ⅲ

3. 有两个长度均为 n 的升序顺序表,将它们合并为一个长度为 $2n$ 的降序顺序表,算法的时间复杂度为_____。

  A. $O(1)$ B. $O(n)$ C. $O(n^2)$ D. $O(n\log_2 n)$

4. 在长度为 $n(n\geqslant 1)$ 的循环双/单链表 L 中,删除尾结点的时间复杂度为_____。

  A. $O(1)$ B. $O(n)$ C. $O(n^2)$ D. $O(n\log_2 n)$

5. 设有5个元素的进栈序列是 a,b,c,d,e,其输出序列是 c,e,d,b,a,则该栈的容量至少是_____。

  A. 1   B. 2   C. 3   D. 4

6. 当用一个数组 data[0..n−1] 存放栈中的元素时,栈底最好_____。

  A. 设置在 data[0]处   B. 设置在 data[n−1]处

  C. 设置在 data[0]或 data[n−1]处 D. 设置在 data 数组的任何位置

7. 循环队列_____。

  A. 不会产生下溢出   B. 不会产生上溢出

  C. 不会产生假溢出   D. 以上都不对

8. 设循环队列的存储空间为 a[0..20],且当前队头指针(f 指向队首元素的前一个位置)和队尾指针 r(r 指向队尾元素)的值分别为8和3,则该队列中元素的个数为_____。

  A. 5   B. 6   C. 16   D. 17

9. 在 KMP 模式匹配中,用 next 数组存放模式串的部分匹配信息。当模式串位 j 与目标串位 i 比较时,两字符不相等,则 j 的位移方式是_____。

  A. $j++$ B. $j=0$ C. j 不变   D. $j=\text{next}[j]$

10. 设 C/C++二维数组 a[10][20]采用顺序存储方式,每个数组元素占用一个存储单元,a[0][0]的存储地址为200,a[6][2]的存储地址为322,则该数组_____。

  A. 只能按行优先存储   B. 只能按列优先存储

  C. 按行优先存储或按列优先存储均可 D. 以上都不对

11. 一棵结点个数为 n、高度为 h 的 $m(m\geqslant 3)$ 次树,其分支数是_____。

  A. nh B. $n+h$ C. $n-1$ D. $h-1$

12. 一棵哈夫曼树中共有199个结点,它用于_____个字符的编码。

  A. 99   B. 100   C. 101   D. 199

13. 设 G 是一个含有6个顶点的有向图,该图最多有_____条边。

  A. 5   B. 15   C. 20   D. 30

14. 一个图的邻接矩阵不是对称矩阵,则该图可能是_____。

  A. 无向图   B. 有向图   C. 无向图或有向图 D. 以上都不对

15. 对一个无向图进行深度优先遍历,当该图退化为一棵树时,其遍历过程类似于树的_____算法。

A．先根遍历　　　　　B．后根遍历　　　　　C．层次遍历　　　　　D．以上都不对

16．用 Prim 和 Kruskal 算法构造最小生成树，前者采用选顶点的方式，后者采用选边的方式，所得到的最小生成树_____。

　　A．是相同的　　　　　　　　　　　　B．是不同的

　　C．可能相同，可能不同　　　　　　　D．以上都不对

17．用 Dijkstra 算法求一个带权（权值均为正数）有向图 G 中从顶点 0 出发的最短路径，在算法执行的某时刻，$S=\{0,2,3,4\}$，则以后可能修改的最短路径是_____。

　　A．从顶点 0 到顶点 2 的最短路径　　　B．从顶点 0 到顶点 3 的最短路径

　　C．从顶点 0 到顶点 4 的最短路径　　　D．从顶点 0 到顶点 1 的最短路径

18．设有 n 个顶点、e 条边的无环有向图采用邻接表表示，进行拓扑排序的时间复杂度为_____。

　　A．$O(n\log_2 e)$　　　B．$O(n+e)$　　　C．$O(e\log_2 e)$　　　D．$O(en)$

19．对一个有序序列采用折半查找方法，第 i 次查找成功找到的元素个数最多为_____。

　　A．$2i$　　　　　　　B．2^i+1　　　　　C．2^i-1　　　　　D．2^{i-1}

20．哈希表中出现同义词冲突是指_____。

　　A．两个元素具有相同的关键字

　　B．两个元素的关键字不同，而其他属性相同

　　C．数据元素过多

　　D．两个元素的关键字不同，而对应的哈希函数值相同

21．序列(3,2,4,1,5,6,8,7)是第 1 趟递增排序后的结果，则采用的排序方法可能是_____。

　　A．快速排序　　　　　B．冒泡排序　　　　　C．堆排序　　　　　D．简单选择排序

22．有 n 个十进制整数进行基数排序，其中最大的整数为 5 位，则基数排序过程中临时建立的队列个数是_____。

　　A．10　　　　　　　B．n　　　　　　　C．5　　　　　　　D．2

23．若要求在 $O(n\log_2 n)$ 的平均时间内完成排序，且要求算法是稳定的，则应选择的排序方法是_____。

　　A．快速排序　　　　　　　　　　　　B．堆排序

　　C．二路归并排序　　　　　　　　　　D．直接插入排序

24．有一组数据(15,9,7,8,20,−1,7,4)，用堆排序的筛选方法建立的初始堆为_____。

　　A．(−1,4,8,9,20,7,15,7)　　　　　　B．(−1,7,15,7,4,8,20,9)

　　C．(−1,4,7,8,20,15,7,9)　　　　　　D．以上都不对

二、综合应用题（共 **3** 小题，共计 **42** 分）

1．（12 分）小明要输入一个整数序列 $a_1,a_2,\cdots,a_n$（所有整数均不相同），他在输入过程中随时要删除当前输入部分或者全部序列中的最大整数或最小整数，为此小明设计了一个结构 S 和如下功能算法。

（1）insert(S,x)：向结构 S 中添加一个整数 x。

（2）delmin(S)：在结构 S 中删除最小整数。

（3）delmax(S)：在结构 S 中删除最大整数。

请帮助小明设计一个好的结构 S，尽可能在时间和空间两方面高效地实现上述算法。只需要用文字描述 S 结构的设计方案和空间复杂度，给出实现上述 3 个算法的基本过程和时间复杂度，不必给出算法的代码。

2.（15 分）有一个含 n 个整数的无序序列，其中可能存在两个或者多个相邻元素值相同的情况。设计一个尽可能在时间和空间两方面高效的算法，使相邻两个或者多个重复的元素仅保留一个，删除其他重复的相邻元素，算法返回新的序列长度。例如，$n=10$，$a=(1,3,3,3,2,2,5,5,3,2)$，算法执行后返回 5，$a=(1,3,2,5,3,2)$。

3.（15 分）假设一棵非空二叉树采用二叉链存储结构 b 存储，给定一个整数 $h(1 \leqslant h \leqslant$ 二叉树 b 的高度)，求 b 中第 h 层上叶子结点的个数，其中根结点的层次为 1。假设二叉链中的结点类型如下：

```
typedef struct node
{    int data;              //结点值
    struct node * lchild;  //左孩子结点指针
    struct node * rchild;  //右孩子结点指针
}BTNode;
```

附录 C　两份全国计算机学科专业考研题数据结构部分试题

2020 年试题及参考答案

一、单项选择题(共 11 小题,每小题 2 分,共计 22 分)

1. 将一个 10×10 的对称矩阵 M 的上三角部分的元素 $m_{i,j}$ $(1 \leqslant i \leqslant j \leqslant 10)$ 按列优先存入 C 语言的一维数组 N 中,元素 $m_{7,2}$ 在 N 中的下标是_____。

  A. 15　　　　　　B. 16　　　　　　C. 22　　　　　　D. 23

2. 对空栈 S 进行 Push 和 Pop 操作,入栈序列为 a,b,c,d,e,经过 Push、Push、Pop、Push、Pop、Push、Push、Pop 操作后,得到的出栈序列是_____。

  A. b,a,c　　　　B. b,a,e　　　　C. b,c,a　　　　D. b,c,e

3. 对于任意一棵高度为 5 且有 10 个结点的二叉树,若采用顺序存储结构保存,每个结点占一个存储单元(仅存放结点的数据信息),则存放该二叉树需要的存储单元的数量至少是_____。

  A. 31　　　　　　B. 16　　　　　　C. 15　　　　　　D. 10

4. 已知森林 F 及与之对应的二叉树 T,若 F 的先根遍历序列是 a,b,c,d,e,f,后根遍历序列是 b,a,d,f,e,c,则 T 的后序遍历序列是_____。

  A. b,a,d,f,e,c　　　　　　　　　B. b,d,f,e,c,a

  C. b,f,e,d,c,a　　　　　　　　　D. f,e,d,c,b,a

5. 在下列给定的关键字输入序列中,不能生成如图 C.1 所示的二叉排序树 T1 的是_____。

  A. 4,5,2,1,3　　　　　　　　　B. 4,5,1,2,3

  C. 4,2,5,3,1　　　　　　　　　D. 4,2,1,3,5

6. 修改以递归方式实现的图的深度优先搜索(DFS)算法,将输出(访问)顶点信息的语句移到退出递归前(即执行输出语句后立即退出递归)。采用修改后的算法遍历有向无环图 G,若输出结果中包含 G 中的所有顶点,则输出的顶点序列是 G 的_____。

  A. 拓扑有序序列　　　　　　　　B. 逆拓扑有序序列

  C. 广度优先搜索序列　　　　　　D. 深度优先搜索序列

7. 已知无向图 G 如图 C.2 所示,使用 Kruskal 算法求图 G 的最小生成树,加到最小生成树中的边依次是_____。

  A. (b,f),(b,d),(a,e),(c,e),(b,e)

  B. (b,f),(b,d),(b,e),(a,e),(c,e)

  C. (a,e),(b,e),(c,e),(b,d),(b,f)

  D. (a,e),(c,e),(b,e),(b,f),(b,d)

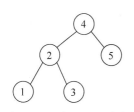

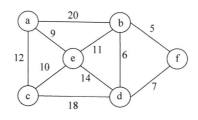

图 C.1 一棵二叉排序树   图 C.2 一个带权无向图

8. 若使用 AOE 网估算工程的进度,则下列叙述中正确的是_____。

    A. 关键路径是从源点到汇点边数最多的一条路径

    B. 关键路径是从源点到汇点长度最长的一条路径

    C. 增加任一关键活动的时间不会延长工程的工期

    D. 缩短任一关键活动的时间不会缩短工程的工期

9. 下列关于大根堆(至少含两个元素)的叙述中正确的是_____。

Ⅰ. 可以将堆看成一棵完全二叉树

Ⅱ. 可以采用顺序存储方式存放堆

Ⅲ. 可以将堆看成一棵二叉排序树

Ⅳ. 堆中的次大值一定在根的下一层

    A. 仅Ⅰ、Ⅱ   B. 仅Ⅱ、Ⅲ

    C. 仅Ⅰ、Ⅱ、Ⅳ   D. 仅Ⅰ、Ⅱ、Ⅲ

10. 依次将关键字 5,6,9,13,8,2,12,15 插到初始为空的 4 阶 B 树后,根结点中包含的关键字是_____。

    A. 8   B. 6,9   C. 8,13   D. 9,12

11. 在对大部分元素已有序的数组进行排序时,直接插入排序比简单选择排序的效率更高,其原因是_____。

Ⅰ. 直接插入排序过程中元素之间的比较次数更少

Ⅱ. 直接插入排序过程中所需要的辅助空间更少

Ⅲ. 直接插入排序过程中元素的移动次数更少

    A. 仅Ⅰ   B. 仅Ⅲ   C. 仅Ⅰ、Ⅱ   D. 仅Ⅰ、Ⅱ、Ⅲ

二、综合应用题(共 2 小题,共计 23 分)

1. (13 分)定义三元组 (a,b,c)(a、b、c 均为整数)的距离 $D=|a-b|+|b-c|+|c-a|$。给定 3 个非空整数集合 $S1$、$S2$ 和 $S3$,按升序分别存放在 3 个数组中。请设计一个尽可能高效的算法,计算并输出所有可能的三元组 (a,b,c)($a \in S1, b \in S2, c \in S3$)中的最小距离。

例如,$S1=\{-1,0,9\}$,$S2=\{-25,-10,10,11\}$,$S3=\{2,9,17,30,41\}$,则最小距离为 2,相应的三元组是 $(9,10,9)$。要求:

(1) 给出算法的基本设计思想。

(2) 根据设计思想,采用 C 或 C++语言描述算法,关键之处给出注释。

(3) 说明所设计算法的时间复杂度和空间复杂度。

2. (10 分)若任一字符的编码都不是其他字符编码的前缀,则称这种编码具有前缀特性。现有某个字符集(字符个数≥2)的不等长编码,每个字符的编码均为二进制的 0、1 序

列,最长为 L 位,且具有前缀特性。请回答下列问题:

(1) 哪种设计结构适合保存上述具有前缀特性的不等长编码?

(2) 基于所设计的数据结构,简述从 0/1 串到字符串的译码过程。

(3) 简述判定某个字符集的不等长编码是否具有前缀特性的过程。

2021 年试题及参考答案

一、单项选择题(共 **11** 小题,每小题 **2** 分,共计 **22** 分)

1. 已知头指针 h 指向一个带头结点的非空单链表,结点结构为(data, next),其中 next 是指向直接后继结点的指针,p 是尾指针,q 是临时指针。现在删除该链表中的第一个元素,正确的语句序列是_____。

试题答案

  A. h->next=h->next->next; q=h->next; free(q);

  B. q=h->next; h->next=h->next->next; free(q);

  C. q=h->next; h->next=q->next; if(p!=q) p=h; free(q);

  D. q=h->next; h->next=q->next; if(p==q) p=h; free(q);

2. 已知初始为空的队列 Q 的一端仅能进行入队操作,另外一端既能进行入队操作又能进行出队操作。若 Q 的入队序列是 1,2,3,4,5,则不能得到的出队序列是_____。

  A. 5,4,3,1,2   B. 5,3,1,2,4

  C. 4,2,1,3,5   D. 4,1,3,2,5

3. 已知二维数组 A 按行优先方式存储,每个元素占用一个存储单元。若元素 $A[0][0]$ 的存储地址是 100,$A[3][3]$ 的存储地址是 220,则元素 $A[5][5]$ 的存储地址是_____。

  A. 295   B. 300   C. 301   D. 306

4. 某森林 F 对应的二叉树为 T,若 T 的先序遍历序列是 a,b,d,c,e,g,f,中序遍历序列是 b,d,a,e,g,c,f,则 F 中树的棵数是_____。

  A. 1   B. 2   C. 3   D. 4

5. 若某二叉树有 5 个叶结点,其权值分别为 10、12、16、21、30,则其最小的带权路径长度(WPL)是_____。

  A. 89   B. 200   C. 208   D. 289

6. 给定平衡二叉树如图 C.3 所示,在插入关键字 23 后,根中的关键字是_____。

  A. 16   B. 20   C. 23   D. 25

7. 给定如图 C.4 所示的有向图,该图的拓扑有序序列的个数是_____。

  A. 1   B. 2   C. 3   D. 4

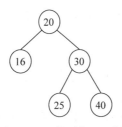

图 C.3　一棵平衡二叉树

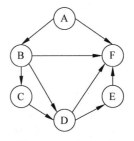

图 C.4　一个有向图

8. 使用 Dijkstra 算法求如图 C.5 所示图中从顶点 1 到其余各顶点的最短路径,将当前找到的从顶点 1 到顶点 2、3、4、5 的最短路径长度保存在数组 dist 中,求出第二条最短路径后,dist 中的内容更新为_____。

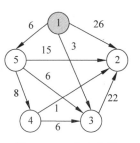

图 C.5 一个有向图

    A. 26,3,14,6

    B. 25,3,14,6

    C. 21,3,14,6

    D. 15,3,14,6

9. 在一棵高度为 3 的 3 阶 B 树中,根为第 1 层,若第 2 层中有 4 个关键字,则该树的结点个数最多是_____。

    A. 11   B. 10

    C. 9   D. 8

10. 设数组 S[]={93,946,372,9,146,151,301,485,236,327,43,892},采用最低位优先(LSD)基数排序将 S 排成升序序列。第 1 趟分配、收集后,元素 372 之前、之后紧邻的元素分别是_____。

    A. 43,892   B. 236,301   C. 301,892   D. 485,301

11. 将关键字 6、9、1、5、8、4、7 依次插到初始为空的大根堆 H 中,得到的大根堆 H 是_____。

    A. 9,8,7,6,5,4,1   B. 9,8,7,5,6,1,4

    C. 9,8,7,5,6,4,1   D. 9,6,7,5,8,4,1

二、综合应用题(共 2 小题,共计 23 分)

1. (15 分)已知无向连通图 G 由顶点集 V 和边集 E 组成,|E|>0,当 G 中度为奇数的顶点个数为不大于 2 的偶数时,G 存在包含所有边且长度为 |E| 的路径(称为 EL 路径)。设图 G 采用邻接矩阵存储,类型定义如下:

```
typedef struct          //图的定义
{   int numVertices,numEdges;  //图中实际的顶点数和边数
    char VerticesList[MAXV];   //顶点表,MAXV 为已定义常量
    int Edge[MAXV][MAXV];      //邻接矩阵
}MGraph;
```

请设计算法 IsExistEL(MGraph G),判断 G 是否存在 EL 路径,若存在,返回 1,否则返回 0。要求:

(1) 给出算法的基本设计思想。

(2) 根据设计思想,采用 C 或 C++语言描述算法,关键之处给出注释。

2. (8 分)已知某排序算法如下:

```
int cmpCountSort(int a[], int b[], int n)
{   int i,j, * count;
    count = (int * )malloc(sizeof(int) * n);       //C++语言: count = new int[n];
    for(i = 0; i < n; i++) count[i] = 0;
```

```
    for(i = 0; i < n - 1; i++)
        for(j = i + 1; j < n; j++)
            if(a[i] < a[j]) count[j]++;
            else count[i]++;
    for(i = 0; i < n; i++) b[count[i]] = a[i];
    free(count);                //C++语言: delete count;
}
```

请回答下列问题。

(1) 若有"int a[] = {25, -10, 25, 10, 11, 19}, b[6];",则调用 cmpCountSort(a, b, 6) 后数组 b 中的内容是什么?

(2) 若 a 中含有 n 个元素,则算法执行过程中元素之间的比较次数是多少?

(3) 该算法是稳定的吗? 若是,阐明理由,否则修改为稳定排序算法。